新文京開發出版股份有限公司

NEW WCDP

新世紀・新視野・新文京 — 精選教科書・考試用書・專業參考書

New Wun Ching Developmental Publishing Co., Ltd.

New Age · New Choice · The Best Selected Educational Publications—NEW WCDP

第 4 版

Fourth
Edition

醫事放射師國考適用

放射

Radiochemistry

化學

葉錫溶・蔡長書　編著

　　核能、原子能有三大應用，即核武、核電及同位素和放射線之應用，前者為軍事用途，後兩者則為和平用途，此三大應用對人類社會均造成巨大、深廣之影響。世界著名的物理學家恩立克・費米(Enrico Fermi)在第二次世界大戰剛結束不久的一次原子能和平用途國際研討會上即很有遠見的預測，由同位素和放射線技術誘發科學造成的成果將較核武和核電更為壯觀，證諸事實發展，確屬先見之明。今日同位素和放射線在醫、農、工、礦各行業，考古、地質、海洋、天文、物理、化學、材料、環境各學科領域之應用真是蓬勃發展不斷膨脹，對人類社會做出實質貢獻。「放射化學」這門課便是教導學生從事同位素與放射線應用所需具備的基礎知識。

　　葉錫溶教授為國內放射化學界開山始祖，從事放射化學研究、教學數十年，曾任清華大學代理校長、原子科學院院長、原子科學技術發展中心主任、原子科學研究所所長，桃李滿天下。於原子科學系教授退休後仍孜孜不倦繼續授課，並利用課後時間與其高足蔡長書教授，將任教多年之教學講義與研究資料整理成「放射化學」教科書出版，嘉惠學子，為國內原子能和平用途推廣人才培育貢獻心力，一代宗師風範令人由衷敬佩。

國立清華大學原子科學院

江祥輝　教授

　　化學是一門研究物質及其變化的自然科學，舉凡物質的種類、來源、組成、結構、性質及反應等都是研究的題材和領域。同時，它也觸及我們生活各個層面。幾百年來，透過化學的研究已不斷累積人類對自然科學的知識和經驗，同時也促進其它相關領域科學之進展，如生物學、基礎醫學等。此外，應用化學理論之實務與成果，不但提昇人類整體生活品質，對一個國家、社會各項經濟、醫療發展等更產生實質的助益和貢獻。

　　然而，化學從哪裡開始呢？「原子學說」可說是旅程的第一站。物質是由極微小的原子所組成，而原子包含原子核與核外電子兩大部份。一般的化學反應或特性，如分子幾何與鍵結、化學平衡與分子動力學、氧化還原、酸鹼作用；元素活性、分子極性等，主要都取決於組成原子的核外電子，而占原子組成另一重要部份的原子核，卻遲至十九世紀末期至二十世紀中葉才慢慢受到重視和理解。這中間包含很多原子科學重大的發現和突破，如侖琴(W. Rontgen)發現 X 射線、貝克(H. Becquerel)發現放射線、拉塞福(E. Rutherford)原子模型與實驗結果、居里夫人(M. Curie)發現釙和鐳及對放射特性的研究、查兌克(J. Chadwick)發現中子；哈恩和史托斯曼(O. Hahn & F. Strasmann)發現核分裂以及核分裂能。加上核反應器、迴旋加速器及其他粒子加速器在這時期陸續的被開發研究與應用，更打破化學碰撞學說的藩籬與庫侖排斥力的障壁，揭開核化學的大門。

　　放射化學從原子核的結構及其放射性出發，是一門探討放射物質特性及其技術之應用，以解決化學各領域問題之學門。研習內容主要包含放射性物質衰變特性；核反應與能量變化；放射性之檢測、定量、統計、分析與應用技術以及同位素在醫學、農業、工業、生命科學、物理化學、環保、天文、地理等各領域之應用。放射化學是化學的一支，其研究結合近代物理，具體推動原子與原子理論的進一步發展，其應用亦對各學門領域產生極關鍵和具效益的幫助，可說是一門極為重要的學科。

　　本校前教務長蔡長書教授與國立清華大學葉錫溶教授合著「放射化學」一書，歷經兩年餘，內容豐富而多元且深入淺出，極適宜作為大學教科書以及研究所或相關領域選讀之參考書籍。此外，作者在放射化學專業領域從事教學與研究多年，學養俱豐聲譽卓著，本書自出版以來倍受大專院校放射科學相關系所莘莘學子肯定與讚賞，適逢本書四版出版在即，個人特予推薦並樂為之序！

慈濟科技大學前校長

洪當明　教授

　　本書內容主要係依據恩師葉錫溶教授與我在清華大學、長庚大學、慈濟大學及慈濟科技大學、中台科技大學等校，任教「放射化學」及相關課程多年的教學及研究相關資料加以整理而成。民國四十五年清華大學在台灣新竹復校，政府並決定建造國內首座研究用核子反應器。為了配合這個重大的政策，清華大學復校後積極籌建一座一百萬瓦功率研究用水池式核反應器(THOR)，同時成立原子科學研究所，招收碩士班研究生以培育原子科學的專門人才，並展開原子科學各類學術與應用相關領域的研究工作。在原子科學研究所主修「放射化學」學程的學生，基本上，他們不必具備很深的數學、物理或量子力學等背景，一般大學學生修習過微積分、普通物理、普通化學、分析化學、化學數學或物理化學等基本課程即可以選修放射化學。因此，選修這門課的學生除了本研究所主修放射化學學程的學生以外，亦常有其他相關系所的學生，例如保健物理、化學、生物、生科等研究所的學生來選修。數年前，在清大校方一系多所的政策下，原子科學研究所改制為原子科學系碩士班、博士班並增設大學部，因此放射化學被列為大學部必修課程，以銜接研究所學程之要求。國內大專院校相關或專門之學系如放射技術、醫學影像、化學、生技、醫檢、核工等科系（所），也因課程安排及教學目標之需要亦將放射化學列為必修或選修科目。

　　除了上述正規學制的養成教育外，清華大學原子科學研究所亦經常舉辦各種中、短期有關核能科技理論與應用的訓練班，例如：同位素基礎訓練班，同位素在醫學、農業、工業方面的應用訓練班或相關之國際學術研討會。另外，也接受台灣電力公司委託辦理中、長期的核能基礎訓練班，做為員工的在職教育與進修。在這些訓練班或學術研討會中，放射化學的理論及同位素相關的應用技術皆是重要的教授課程和研究領域。

　　本書的內容就課程設計而言，適合列入大學部相關科系組二、三年級學生的必修課程或作為高年級與研究所初期研究生選修，並銜接高等放射化學等碩、博士班學程與研究。以一學期三學分或兩學期各二個學分為宜，教師可依實際需要及開設學分數，作內容單元的取捨或增補，或規劃設計小論文與專題研究。此外，亦可提供相關產業或學術研究單位如核子工程或生物化學、醫學影像、生物科技、核子醫學以及生命科學等專業人士作為參考書籍。而本書更期盼能提供學生或有興趣的讀者一個較為完整且有系統的基本概念和認知，尤其是放射性同位素在各領域之研究與應用發展。

　　本書的內容共分為十章。第一章為「原子核與核種」，簡述原子與原子核結構及原子核模型並介紹核種與相關常用術語及定義，讓初學者對原子核及核種有一較完整清晰之概念。其中，探討原子軌域與電子組態及原子核角動量與核自旋等部份，係針對普通化學中有關原子結構再作進一步闡述，相關量子理論部份教師在授課過程，可斟酌參考或略過。第二章為「原子核的穩定性與放射性核種」，介紹原子核相關的核物理與核化學特性，並討論原子核穩定性與能量的關係。第三章介紹「放射性衰變」，包含各種核衰變模式及衰變過程的守恆定律，並以實例計算說明各種核反應的能量變化。第四章為「放射性衰變之速率」，介紹放射性衰變反應之動力學以及測定放射性核種半衰期的各種實驗方法，其中也說明三種不同狀態的連續衰變平衡，包括過渡平衡、永久平衡及無平衡狀態。第五章為「核反應」，介紹有關核反應過程中各種反應機制及型態，提供學習放射化學更廣泛的理論架構和研究方向。第六章主要介紹「輻射與物質的相互作用」，包含重荷電粒子如阿伐粒子，及其他常見的放射源如貝他粒子、加馬射線及中子等與物質之相互作用模式及特性，本章亦可提供作為游離輻射之安全屏蔽設計之理論依據，同時，亦可瞭解輻射照射對物質影響之效應。第七章為「放射性偵測及其度量儀器」，主要介紹放射線偵測基本原理與技術以及度量儀器基本系統組合。相關偵檢器方面，著重在較具實用性及學術研究之充氣式偵檢器、閃爍偵檢器及固態半導體偵檢器。第八章為「放射計數統計」，延續第七章放射偵測及度量之觀念，提供放射計數相關誤差運算及統計學入門之重要觀念，內容包含有標準誤差、百分標準誤差、準確度、精密度、計數率標準誤差及計數誤差之演算，與計數時間最佳分配值探討等介紹。第九章為「放射性同位素之製備與放射性示蹤劑之應用」，著重在同位素生產製程之理論模式、種類及其產率，並介紹同位素作為放射性示蹤劑之條件設定及選擇。第十章為「放射性同位素在不同科技領域中的和平用途與應用」，內容主要著重在一般物理和化學、醫學、農業和工業領域方面，並舉過去我國在放射性同位素技術應用方面之成果和經驗作為範例介紹和參考。

　　本書為兼顧理論與實用，並考量內容的廣度和深度，故章節設計上力求內容簡明嚴謹而不失精確，篇幅廣泛多元而不失凌亂，相關文字敘述亦注意口語化及順暢。此外，為提昇讀者學習興趣及學習效果，且能易於抓住各章節重點，本書亦於各章篇末附錄各類練習題，內容包含原理、計算與應用實務，並以選擇、填充、申論或計算等多元方式呈現，期能達到溫故知新並收事半功倍之成效。四版仍延續一~三版原有之章節規劃，增列彩色元素週期表與元素相關電子組態表以及醫用放射同位素表（附錄 D）部分內容，方便讀者參閱。另外並針對游離輻射防護法規舊的部分內容更新及文字增補或修正，每章節練習題亦增加及搜集國內外大專院校、國家考試、證照考試等題目，附上詳細解說提供練習及參考，如第六章與第十章。第三版應讀者之建議增加放射計數統計之單元，另原第二版第八章「輻射防護」章節限於篇輻及法規修正，加上與其他專業領域如保健物理學等科目有重覆之編排，故亦予以調整更換。

　　當然，一本書在漫長的書寫、製圖、編排及校對過程中，錯誤、遺漏及缺點在所難免，本書自出版以來，歷經一~四版出書，逐年加強充實改進，加求品質與研讀成效不斷提升，謹祈望碩學先進、讀者諸君能不吝批評指正，使本書精益求精、更臻完善之境。最後，要感謝清華大學中文所謝安安同學、慈濟科技大學醫放系柯端端小姐、戴君妃同學，協助本書內容的整理與文字、圖表的繕打；新文京開發出版股份有限公司編輯部全體同仁協助本書美工、圖表及編排設計，業務楊子宏先生提供各項出版業務的支援與聯繫，皆使得本書得以順利完成及出版。尤其，更要感謝清華大學原子科學院前院長江祥輝教授、慈濟科技大學前校長洪當明教授百忙之中為我們作序，受益良多更增添無比光彩和榮耀。

編著者

蔡長書 謹識

中華民國一〇八年十月

葉錫溶

➜ 學　歷：
- 國立臺灣大學理學士、美國南加大碩士、美國辛辛那堤大學博士

➜ 經　歷：
- 國立清華大學教授、長庚大學兼任教授
- 曾任國立清華大學代校長、原子科學院院長、原子科學技術發展中心主任、原子科學研究所所長

➜ 專　長：
- 放射化學、分析化學、核子醫學

蔡長書

➜ 學　歷
- 國立臺灣師範大學理學士、國立清華大學碩、博士

➜ 經　歷
- 慈濟護理專科學校放射技術科主任兼輻防委員會執行秘書
- 慈濟技術學院放射技術系主任兼輻防委員會執行秘書、教務長
- 慈濟大學、國立花蓮教育大學、中台科技大學兼任副教授
- 中華民國醫事放射學會理事、國際學術委員、繼續教育委員
- 慈濟科技大學醫學影像暨放射科學系所主任、所長

➜ 現　職
- 慈濟科技大學醫學影像暨放射科學系、放射醫學科學研究所副教授

➜ 專　長
- 放射化學、核子醫學技術學、輻射安全學、奈米材料、核子醫學藥物學

Contents

第 10 章　放射性同位素在不同科技領域中的和平用途與應用　293

第 1 章

原子核與核種

1-1 原子與原子核結構概述

　　原子(Atom)是組成物質的最小單位。西元 1911 年，英國物理學家拉塞福(Rutherford)的阿伐粒子實驗結果，證實了原子係由兩大部分所構成，其中心為帶正電荷的原子核(Nucleus)，核的外面由帶負電荷的電子雲(Electron Cloud)所包圍。一般而言，電子雲是由 1~100 多個不等的電子(Electron)，分別位於離原子核不等距離的各種軌道(Orbit)所構成。此電子雲所含電子數即為一般所稱的原子序(Atomic Number)，其代號為 Z。

　　原子核中存在兩種主要粒子，其中之一為帶正電荷的質子(Proton)，其質量約為電子的 1836 倍，另一種粒子為不帶任何電荷的中子(Neutron)。此兩者均稱為核子(Nucleon)。由於原子本身呈電中性，因此在原子核內的質子數(Proton Number, P)與一般穩定的原子核外電子軌道中所有的電子總數必須相等，也就是說質子數(P)與原子序(Z)相等。由於原子序可決定元素之種類，因此由已知之質子數亦可得知該原子核是屬於什麼元素。原子核內所含的質子數(P)與中子數(Neutron Number, N)的總和稱為質量數(Mass Number, A)，如式(1.1)所示。

$$P+N=A \quad 或 \quad Z+N=A \dotfill (1.1)$$

A 值即等於原子核中的核子總數目，且其值為一整數。它所代表意義與吾人所認知之原子質量不同。雖然目前尚不能完全了解核力(Nuclear Force)的本質是什麼，但一般認為它與原子核中的質子和中子所組成的結構可能有密切的關係。

1-1-1 原子軌域與電子組態

拉塞福雖然證實了原子包含原子核和核外電子兩大部分，但對核外電子以什麼樣的方式占據原子的大部分的空間，並沒有進一步的研究和探討。因此，當時的科學家也就無法解釋氫原子光譜為何是線狀光譜(Line Spectrum)，因為氫原子光譜不像白光色散所得到的連續光譜一般，它是非連續光譜，包括大家熟知的三個特殊系列。如紫外光區發現的來曼系列(Lymanr Series)，可見光及近紫外光區發現的巴耳麥系列(Balmer Series)以及紅外光區發現的帕申系列(Paschen Series)。

1913 年丹麥物理學家波耳(Niels Bohr)試圖深入探究氫原子光譜，並提出有關氫原子核外電子的理論，包含以下幾點：(1)氫原子的電子，只能在離開原子核一定距離的軌道(Orbit)上，亦即所謂量子化(Quantized)軌道上做圓周運動，在這種特定能量的軌道上，電子將無法放射出能量，亦不會呈螺旋狀掉入原子核中。此點與古典力學的原理不同且可證明電子可存在於原子核外，因為根據古典力學如果電子在運動必將在一定的軌道上作圓周運動而繞核運轉，使正負電荷的向心引力等於離心力，且必會以輻射方式放出能量，如此一來，電子的能量必會隨之減少而終被核吸引，而呈螺旋狀掉入核中。(2)在各量子化軌道運動的電子，具有特定的能量，其能量之高低以能階(Energy Level)來表示，為了簡化分別以阿拉伯數字 1, 2, 3, 4 等量子數來區分。在正常狀態下，氫原子的電子處於最低能階之狀態，稱為基態(Ground State)，當氫原子吸收外來的能量時電子則躍遷到較高能階，此時氫原子電子所處能量狀態稱之為激發態(Excited State)。(3)當電子由一個穩定的能階掉到另一個較低的能階時，會放出一個相當於此兩能階差的光。反之，會吸收一個相當於此兩能階差的光。這也可於說明吸收光譜(Absorption Spectrum)（如以照射原子的光通過分光儀，便可發現在底片上出現不連續的暗帶）和放射光譜

(Emission Spectrum)（如將原子或分子加熱，使之放出不同頻率的光而通過分光儀，得到黑底片上出現數道亮紋的光譜）其成因雖不同，但其上的譜線卻是相同的原因。另外，也可說明電子只存在於能階上，而無法存在於兩能階之間，所以根據此點我們亦可將早期（1900 年）蒲郎克(Max Planck)提出的理論相結合，蒲郎克認為電磁波的能量並不是連續的(Discrete Energy)（此點與古典物理有所不同），而是以一袋一袋(Package)的方式傳導的，稱為量子(Quantum)，而此種能量形式與光的頻率成正比，即 E=hv，其中 h 稱為蒲郎克常數(Planck Constant)，其值為 6.6262×10^{-34} Js，v 為頻率，單位為 1/s，E 為能量，單位為焦耳(J)。因此依據波耳的理論能階與光的關係為 $\Delta E = E_2 - E_1 = hv$，其中 E_2 為較高之能階，E_1 為較低之能階，v 為相當於此兩能階差光的頻率，ΔE 即電子中高能階到低能階放出光的能量。(4)電子在核外作圓周運動時，具一速度 v，則其將存在一個角動量(Angular Momentum)，mvr，等於蒲郎克常數除以 2π 的正整數倍，即 $mvr = n(\dfrac{h}{2\pi})$，其中 n 為正整數，m 為電子質量，v 為電子速度，r 為圓周運動之半徑，h 為蒲郎克常數，此外，電子在軌道上所受核的正電吸引力，即為圓周運動時之向心力，可以式 $\dfrac{Ze^2}{r^2} = \dfrac{mv^2}{r}$，Z 為原子序，e 為電子電量，r 為圓周半徑，v 為電子速度，電子在軌道上的能量 E 為電子的動能與位能之和，以式 $E = \dfrac{1}{2}mv^2 + (-\dfrac{Ze^2}{r})$ 表示之。由上述這些式子可求得氫原子光譜的譜線公式即 $v = CR(\dfrac{1}{n_2^2} - \dfrac{1}{n_1^2}) = 3 \times 10^{10}$ cm/sec × 109678 cm^{-1} $(\dfrac{1}{n_2^2} - \dfrac{1}{n_1^2})$，在此 v 代表頻率，C 代表光速，R 代表雷德堡常數(Rydberg Constant)，其中 n_1 及 n_2 為正整數，且 $n_2 > n_1$。n_1 和 n_2 之值隨氫原子光譜各系列而有所變動，例如，來曼系列 $n_1=1$，$n_2=2, 3, 4\cdots$；巴耳麥系列 $n_1=2$，$n_2=3, 4, 5\cdots$。

　　由上述所知，波耳的氫原子理論能圓滿詮釋氫原子光譜，並涵蓋拉塞福原子具有核的概念以及蒲郎克頻率與電磁波能量關係和電子具有特定能量之能階觀念相結合，同時更可準確計算氫原子能階之能量。然而，波耳的原子理論只能適用氫原子或其他似氫原子之單電子離子，對於其他更複雜的多電子原子或分子的結構，如化學鍵結形成原理卻發生了困難。同時，波耳的原子模型理論也未能符合當時二十年代物理學家若干實驗的結果，包括 1927 年湯普森(Thomson)，達維生(Davisson)及革馬(Germer)等人以電子所作的繞射實驗。因此，波耳的原子理論經由德布洛依(Louis de Broglie)、海森堡(Heisenberg)和薛丁格(Schrodinger)之修正遂發展為量子論(Quantum Theory)，並透過物理實驗之驗證終於了解，電子猶似光子具有波(Wave)和粒子(Particle)之雙重性，而電子的運動情形，可由薛丁格波動方程式(Wave Equation)來加以描述。根據量子論，原子中之電子只有在原子核附近之特定空間環繞原子核運行，電子的位置和動量無法同時準確測定（此即海森堡的測不準原理），而只能指出電子在空間出現的機率(Probability)，原子核周遭出現電子的特定區域，稱之為軌域(Orbital)，而原子的軌域中電子的排列方式，稱之為電子組態(Electron Configuration)，原子電子組態也就是原子一般化學特性的關鍵和依據。

　　為了說明原子軌域和電子組態，根據詳細的波耳原子結構理論及量子論，每個電子分別以四個量子數(Quantum Number)來加以描述，電子所處能階亦以所謂的 K 殼層(K-shell)、L 殼層、M 殼層、N 殼層…等來加以命名，此四個量子數分別為 n, l, m, s。其中第一個量子數 n，稱為主量子數(Principal Quantum Number)，為一整數(Integer)，其值可為 n=1, 2, 3, 4…∞，代表原子的電子能階，例如 K 殼層主量子數 n=1，L 殼層 n=2，M 殼層 n=3，以此類推。n 在此除代表電子的能階；亦可用以決定

5

電子距原子核的平均距離，n 值愈大的殼層電子距原子核的平均距離也愈大，當一個電子從較高的殼層跳躍至較低殼層時，兩殼層間的能量差則以電磁輻射或光子型式顯現而被釋放出來，反之，電子從較低殼層被提昇到較高殼層時則必須供給一能量之吸收。此外，每一能階殼層又可再細分為次殼層(Subshells)或軌道(Orbitals)，且命名為 s, p, d, f, g 等，每一主量子數 n，就有 n 個軌道，這些軌道被指定為角動量量子數 l (Azimuthal Quantum Numbers, l)即電子的第二個量子數，代表其角動量(Angular Momentum)，且以數字來表示 l=0, 1, 2, 3,…(n–1)。例如 s 軌道的 l 值於 0，p 軌道的 l 值等於 1，d 軌道的 l 值等於 2，f軌道等於 3，以此類推。根據上述描述，K 殼層電子有一個軌道，命名為 1s；L 殼層有二個軌道，命名為 2s 和 2p；M 殼層有三個軌道命名為 3s、3p 和 3d 等。l 量子數除可表示電子的角動量外，亦可說明軌域的形狀和不對稱的程度。

　　第三個量子數為 m，稱為磁量子數(Magnetic Quantum Number)代表電子在磁場的磁動量(Magnetic Momentum)的方位(Orientation)，m 值等於 $-l, -(l-1), -(l-2),…0, 1, 2, 3,…(l-1), l$。每一個電子繞著它自己的軸作順時鐘自轉(Clockwise)或反時鐘自轉(Anti-clockwise)，因此，自旋量子數(Spin Quantum Number)，即電子的第四個量子數，符號為 s 或 m_s，被指定為每一個電子特定的旋轉方位，s 值等於 $-\frac{1}{2}$ 或 $+\frac{1}{2}$。

　　因此，根據波耳理論之描述，不同元素原子的電子組態(Electron Configuration)可以下列五點規則來加以規範，包括：(1)在已知的原子中，沒有兩個電子在同一原子內擁有相同的四個量子數。此理論乃是庖立 (Wolfgang Pauli) 所提出的所謂庖立不相容原理 (Pauli Exclusion Principle)。(2)最低能量的軌道將最先被填滿，其次填入次高之能階軌道，而軌道相對能量大小依序為 1s<2s<2p<3s<3p<4s<3d<4p<5s<4d< 5p<6s<4f<5d<6p<7s，此一能階順序適用於較輕元素，但在較重元素中則會有一點點例外或不同。(3)每一軌道所能容納的最大電子數，其值等於 $2(2l+1)$。例如 K 殼層，其 n=1，共一個軌道，即 1s 軌域，l=0（s 軌域）則 1s 軌域所能容納最大的電子數為 $2(2×0+1)=2$；L 殼層，其 n=2，共二個軌域即 2s 和 2p 軌域，對 s 軌域而言，l=0，故 2s 軌域所能容納的最大電子數為 $2(2×0+1)=2$，另一個 p 軌域，l=1，故對 2p 軌域而言，具有最大的電子數為 $2(2×1+1)=6$ 個。(4)對已知 n 和 l 值而言，每一個可提供的軌道，皆被最先單獨占據一個電子，不可有電子對(Electron Pair)出現，只有當所有軌道都被單獨占有一個電子時，電子對才能出現。此一定則稱為罕德定則(Hund's Rule)，其內容為「電子分開地占據相同能量的軌域且旋轉方向相同，才是最穩定的存在狀態」。(5)每一個能階殼層含有的最大電子數值為 $2n^2$。例如 L 殼層，n=2，則 L 能階殼層含有的最大電子數為 $2×2^2=8$ 個，其中 2s 軌域占有 2 個，2p 軌域占有 6 個；M 殼層，n=3，含有的最大電子數為 $2×3^2=18$ 個，其中 3s 軌域占有 2 個，3p 軌域占有 6 個，3d 軌域占有 10 個。另外，原子的電子結構可用來說明元素的化學特性，在大部分穩定且化學鈍性(Chemically Inert)的元素，如 Ne, Ar, Kr 及 Xe 等惰性氣體元素，其最外殼層的電子組態為 ns^2np^6（氦為例外，它僅具有 $1s^2$ 電子組態）。元素的電子組態若不同於上述所謂的貴重氣體(Noble gas)，則有失去或獲得電子以成為 ns^2np^6 之結構的傾向。在此殼層的這些電子稱為價電子(Valence Electrons)，主要是因為化學鍵的形成之故。

　　此外，我們亦需討論到電子被「束縛」在原子的原因。一般而言，在不同殼層的電子，皆被原子的原子核以所謂的束縛能(Binding Energy)所束縛。電子的束縛能被定義為「從一殼層移去此電子所需提供的能

量」。對同一元素原子而言，K 層的束縛能最大，其次隨殼層愈高，如 L, M, N……等束縛能則依序漸減。對同一殼層，如 K 殼層的束縛能而言，不同元素的原子序數愈大，其束縛能也愈大，如原子序為 43 的鎝，其 K 殼層的束縛能為 21.05 KeV，就比原子序為 11 的鈉之 K 殼層的束縛能 1.08 KeV 大，不同元素的 K 殼層的束縛能，依序如碳(0.28 KeV, Z=6)、鎵(10.37 KeV, Z=31)、鎝(21.05 KeV, Z=43)、銦(27.93 KeV, Z=49)、碘(33.16 KeV, Z=53)、鉛(88.00 KeV, Z=82)。而當一個電子在一個原子中被完全移去時，此一過程稱為游離(Ionization)，此時原子被游離後即變成為一個離子(Ion)，另一方面，如果電子從較低的能量殼層被提昇到一個較高的能量殼層，則此過程稱為激發(Excitation)，而不論游離或激發皆需要從原子外提供能量如熱、電場、輻射等，而電子從較高能階跳躍至較低能階可藉由釋出電磁輻射而獲得穩定，例如溴(Br)的 K 殼層電子的束縛能為 13.5 KeV，而 L 殼層電子束縛能為 1.8 KeV，當電子從 L 殼層轉移至 K 殼層將釋出 11.7 KeV 能量的光子(13.5−1.8=11.7 KeV)，而此光子稱為特性 X-光(Characteristic X-rays)。

1-1-2　原子核之大小

為了要表達原子核之大小，通常可以用一種單位來表示，稱為費米(Fermi, fm)，此單位與一般常用的長度單位的關係為：

1 fermi＝1 femtometer＝1 fm＝10^{-15}m＝10^{-15}公尺＝$10^{-5} \times 10^{-10}$公尺＝10^{-5} Å(埃)

比較重的原子核的半徑約為 $1 \times 10^{-14} \sim 2 \times 10^{-14}$m，就是 10~20 fm 之譜。

原子核之半徑大小亦可利用式(1.2)加以估算之：

$$R = R_0 A^{1/3} \quad\text{...}(1.2)$$

在式(1.2)中：

　　R：為原子核之半徑。

　　A：為質量數。

　　$R_0 = 1.4\,\text{fm}$（常數）。

　　事實上，所謂的原子核半徑值之估算仍需視所使用的測量方法而定。除此之外，從式(1.2)可知，原子核的體積大約與其半徑立方成正比，因此原子核的比重幾乎是一個常數。簡單的計算方法得到如下的結果。代表性的原子半徑約為 1Å (10^{-10}m)，其原子核之半徑為 10^{-4}Å (10^{-14}m)，電子雲的半徑與原子之半徑一般視為相似，因此可知原子核在原子內所占的空間是非常的小。以原子量為 1.000g 的氫為例，每個氫原子之質量即為 $1.000\text{g}/6.02 \times 10^{23} \eqsim 1.66 \times 10^{-24}\text{g}$，原子核半徑 $1.2 \times 10^{-15}\text{m}$ 或 $1.2 \times 10^{-13}\text{cm}$，其體積為$(1.2 \times 10^{-13}\text{cm})^3$，故其密度(Density)即為：

$$D = \text{Mass/Volume} = 1.66 \times 10^{-24}/(1.2 \times 10^{-13})^3 \eqsim 1.0 \times 10^{15}\,(\text{g/cm}^3)$$

由此估計獲悉氫原子核的密度約為：

$$1.0 \times 10^{15}\,(\text{g/cm}^3) = 1.0 \times 10^9\,(\text{Tons/cm}^3)$$
$$= 1.0 \times 10^9\,（公噸／立方公分）$$

　　此值顯示原子核之密度是異常的高。因此，可想像原子核在這樣小的體積中要為維持如此高的密度，在原子核中必須存在著異常巨大的力量，即所謂的核力(Nuclear Force)，才能將原子核內之核子（質子和中子）維繫在一起。換言之，在原子核中的粒子間作用力必須異常之大，始可把它們繫合在原子核內。

由上述簡單的估算不難推測，在原子核中一旦其結構產生變化，其所引起的能量變化，相對的必定很大。在一般化學反應中，其能量變化本質上是由反應物質原子軌道上電子間相互作用所引起者，而其能量變化值基本上並不大，約在 10 eV/mole 之譜，但在原子核中產生的核反應，其能量變化以每個原子核而言，卻可達 10^6 eV，兩者間的能量相差可說十分顯著。

另外，也要探討為何一般的化學如普通化學、有機化學、物理化學、無機化學等近代化學早在十七世紀即萌芽且快速發展，而牽涉到核反應的核化學(Nuclear Chemistry)為何其發展歷史約僅一百多年？一般而言，其主要理由即與原子碰撞學說及原子核本身大小與電荷性有關。根據化學動力學碰撞學說理論(Collision Theory)，不論是物體型態如固、液氣體或則是原子、離子、分子間的反應，皆必需互相靠近而碰撞才有可能有機會發生化學反應，而核反應(Nuclear Reaction)亦然。就一般原子的大小而言，直徑等級約為 1Å（10^{-10} 公尺），與原子核的大小，直徑等級約為 10^{-4}~10^{-5}Å（約為 10^{-14}~10^{-15} 公尺），兩者相比相差一萬倍以上，同時也可知道兩個原子的原子核間的距離，遠較原子核直徑大很多。因此，原子與原子碰撞的機會遠比兩原子的原子核與原子核之間碰撞的機會大很多，也因此，取決於原子核核外電子的一般化學反應，例如物質間的氧化還原酸鹼反應，元素陰電性、活性、極性，反應的共價鍵結、配位鍵結等，其發生的機會則遠大於核反應發生的機會，也因此核反應亦較不易被觀察到。另外，原子在正常狀態下是電中性(Neutral)的，因此較易碰撞，而原子核本身帶正電，當兩個帶正電荷的原子核互相靠近時，會產生極大的庫侖排斥力而造成所謂的庫侖障壁(Coulomb Barrier)，相對的，亦使核反應不易發生，尤其從能量觀點來看，要克服原子核核子間的巨大核力，在一般實驗室亦無法達成，常需藉助於核反應器(Nuclear Reactor)和粒子加速器(Particle Accelerator)。

1-1-3 原子核的總角動量與核自旋

角動量是用來描述物體轉動的一種向量，基本上轉動具有兩種形式即軌道(Orbital)和自旋(Spin)。例如地球繞太陽轉動，沿著軌道在一年內完成；而這個軌道角動量和地球的質量、速度及軌道大小有關。另外，地球也繞著自己的軸轉動，自轉一次約需一天，此自旋角動量只和地球的特性有關。1930 年庖立(Pauli)發現，原子電子除了圍繞原子核旋轉外，也會自己旋轉，並且具有角動量(Angular Momentum)與磁偶極矩(Magnetic Dipole Moment)，且同樣的現象亦發生於原子核的核子。原子核的核子包括質子和中子，它們藉著核力(Nuclear Force)緊緊地結合在一起，每個核子除了自旋外，也繞著原子核的核心轉動。因此，原子核的總角動量係由原子核的核子（中子與質子）本身的自旋(Spin)及其在原子核內軌道運動的角動量兩方面所造成，亦即所謂的自旋角動量和軌道角動量。中子和質子兩者本質均具有自旋(s)，即 $\pm 1/2$。核子的軌道角動量(l)與核外電子一樣，皆是量子化的(Quantized)且為一整數值。對於單一核子之總角動量(j)等於其自旋和軌道角動量(Orbital Angular Momentum)之和，如式(1.3)所示：

$$j = l + s = l + (\pm 1/2) \dots\dots\dots\dots\dots\dots\dots\dots\dots\dots\dots\dots (1.3)$$

對整個原子核而言，總角動量（I，原子核自旋）是等於所有的核子角動量的向量和(Vector Sum)，如式(1.4)

$$I = \sum j \dots\dots\dots\dots\dots\dots\dots\dots\dots\dots\dots\dots\dots\dots\dots\dots (1.4)$$

當自旋方向相反的核子成對時，例如質子和質子或中子和中子，會互相抵消它們的自旋角動量，因此大部分核子都會自行配對以降低其能階，但要特別說明的是質子和中子不能成對。原子核的自旋角動量 I，其

值是由未成對的質子和中子的自旋角動量所構成的，共有下列三個可能：(1)質量數(A)為偶數(Even)，原子序亦為偶數，則 I=0；(2)質量數為偶數，原子序為奇數(Odd)，則 I 為整數(Integral)。(3)質量數為奇數，則 I 是半整數（如 $\frac{1}{2}, \frac{3}{2}, \frac{5}{2}$ 等）。此外，對於質子和中子均為偶數的原子核(Even-Even Nuclei)，在基態下其自旋值等於零。

1-1-4　原子核之磁矩

一般而言，任何移動中的帶電荷物體，均會產生磁偶極矩(Magnetic Dipole Moment)，或簡稱為磁矩(μ)，其定義可由式(1.5)表示之。

$$\mu =（磁極強度）\times（磁極間距離） \dotfill (1.5)$$

原子核的磁矩主要是由：(1)質子的軌道運動，(2)質子的自旋，以及(3)中子的自旋所引起的。質子的運動對磁矩有所貢獻是易於了解，但是對於中子而言，不易預測其與質子具相同功能或程度的貢獻在磁矩的產生，因為它不帶電荷，因此無法預期其能產生磁矩。然而，由中子和質子一樣皆可測得造成磁矩現象之存在，此一事實可以說明如下，即兩個核子應具有各別不同的內部結構（每個核子由三個所謂夸克(Quark)所組成）。中子內部電荷分離必須導致其磁矩約為 $-1.91\ \mu_N$ (Nuclear Magnetons)，($1\ \mu_N = 5.051 \times 10^{-24}$ ergs/gauss)。負的符號是表示中子的自旋(s)與磁矩(μ)並不是平行。若原子核的核自旋值為零(Zero Spin)，則其磁矩亦為零，例如 $_6^{12}C$，$_8^{16}O$，$_{12}^{24}Mg$，$_{16}^{32}S$ 等。這是因為所有的核子自旋是「成對(Paired)」的，而個別的核子磁矩是相互抵消。原子核的磁矩若不為零則可使用核磁共振(Nuclear Magnetic Resonance, NMR)技術加以偵測。例如人體內具有核自旋的元素有 ^1H, ^{13}C, ^{19}F, ^{23}Na, ^{31}P 等，在臨床上可作為核磁共振造影(MRI)，其中又以氫(^1H)為主，因其含量最多，共振能力也最強。

1-1-5 原子核的模型

已有很多學者提出各種不同的原子核模型，藉以闡明原子核的形狀，反應及其特性等。然而迄今尚無一完整的模型符合理論的根據，以及可以完全又充分的說明實驗所觀察的結果，僅可以利用不同的模型解釋原子核各種不同的特性或現象，或在特殊情形下予以定量的描述。到目前為止，比較廣泛的且可被接受的模型計有：(1)殼層模型(Shell Model)，(2)液滴模型(Liquid Drop Model)，(3)費米氣體模型(Fermi Gas Model)，(4)光學模型(Optical Model)以及(5)聚合模型(Collective Model)等。以下謹就上述五種原子模型做簡單介紹。

一、殼層模型(Shell Model)

殼層模型(Shell Model)也稱為單粒子模型(Single-Particle Model)是根據原子核穩定性(Stability)的實際觀察結果所提出的。此模型說明，原子核的質子和中子是以不連續的能量殼層(Discrete Energy Shells)依序排列，其方式類似於波耳原子理論(Bohr's Atomic Theory)所提出原子的電子能量殼層一般，而且類似貴重氣體原子(Noble Gas Atom)如氖、氬、氦等的電子組態 ns^2np^6 一般，當核子擁有一些特殊組態時，其化性亦較穩定而不活潑，換句話說，原子核中具有特定數目的質子或中子時，該原子核特別穩定。此數目分別是 2, 8, 20, 28, 50, 82 及 126，稱為原子核的奇異數或魔數(Magic Number)，也就是說，某一原子核的質子數或中子數為奇異數（魔數）時，則具有較高度的穩定性和結合能，具有奇異數（魔數）的中子數和質子數的原子核，例如 $_2^4He$，$_8^{16}O$，$_{20}^{40}Ca$，$_{20}^{48}Ca$ 及 $_{82}^{208}Pb$ 等，是特別穩定的。原子核殼層模型可以說明奇異數（魔數）的觀察結果，尤其在大多數原子被發現奇數(Odd)的質子或中子，通常比偶數的質子或中子其原子原子核較不穩定，^{12}C 和 ^{13}C 就是一個明顯的例子，^{12}C 擁有 6 個質子和 6 個中子比 ^{13}C 擁有 6 個質子和 7 個中子較為穩定。

二、液滴模型(Liquid Drop Model)

液滴模型(Liquid Drop Model)是在 1930 年代末期由 Bohr 和 Wheeler 所提出。此一模型的特徵是將原子核看成相似的液滴型態，並以傳統力學的方法加以處理而不考慮個別核子的特性。液滴模型在說明原子核的激發狀態行為以及在低能量反應與核分裂的機制(Mechanism)時很有用，例如說明鈾－235 受到中子撞擊後產生分裂碎片之描述。它也可以提供以半實驗方式處理結合能的理論基礎。然而，此模型本身亦有缺點，它無法說明殼層模型及成對效應，並且不能適用於所有的原子核。

三、費米氣體模型(Fermi Gas Model)

費米氣體模型(Fermi Gas Model)，其特點是應用統計力學的方法來處理原子核的模型。在此模型中，原子核被視為統計力學上很多的小粒子之集合，但其個別粒子之間的運動及互相碰撞不予考慮。所謂的核力是以原子核的位能(Nuclear Potential)或原子核井(Nuclear Well)表示之。費米氣體模型對於核反應及一些衰變轉移(Decay Transition)的研究是有用的，它可以用於表達激發的原子核的熱力學特性，例如核熵(Nuclear Entropy)以及核溫度等。它亦可以用於估計核子的動量分布。

四、光學模型(Optical Model)

光學模型又稱為雲狀晶體球模型(Cloud Crystal Ball Model)，於 1940 年代即被提出。主要的理論假設是將原子核視為一雲狀的晶體小球，用來說明核反應發生期間，入射粒子與原子核核子之間有關反射(Reflection)、折射(Refraction)、吸附(Absorption)或傳導(Transmission)等現象。這些現象可透過一般光學(Optics)理論所運用的數學技巧加以描述。光學模型目前雖然仍不能完全充分地預測和反映非彈性散射的結果以及核反應中入射粒子被原子核吸附等現象。但在所有原子核結構模型中，用來解釋核反應中入射粒子與原子核作用所產生的散射現象，卻是最佳的一種模型。

五、聚合模型(Collective Model)

聚合模型是波爾(Niels Bohr)和莫特森(Mottelson)兩人於 1950 年代初期所發展出來的。此模型將原子核視為一整體並考量外部個別核子的運動因素，藉以結合殼層模型和液滴模型兩種模型之特徵。此種聚合模型可以成功的解釋非奇異（魔）數核子的旋轉能階(Rotational Energy Level)。對於核子與核子間庫侖力激發(Coulombic Excitation)所引起的反應截面(Cross Section)以及特定型態的加馬轉移(Gamma Transitation)等之預測，可獲得好的結果。除此之外，此模型亦可用來解釋所觀察到的非奇異（魔）數核子的原子核磁矩(Magnetic Moments)、荷電性相關的四極矩(Quadruple Moments)以及異構物躍遷(Isomeric Transition)。異構物躍遷即質子數和中子數皆相同，僅原子核能階不同的核種之間的轉移。

1-1-6　原子核之形狀

在前節已經對於一些目前已被提出的原子核結構相關的模型加以簡單介紹。但到目前為止，仍尚未發現單一種模型在相對比較上可滿意的用於解釋原子核結構的特性，或在特別的情況下，可提出定量及定性的說明。對於原子核之形狀迄今亦不能利用單一形狀來描述原子核結構的特性。一般而言，以填滿質子和中子的原子核常常是被想像為球狀的或接近球形。但到目前為止，已知的大多數的原子核形狀並不是完全的球形結構。除了長橢圓球形核（如粗雪茄狀）外，尚有扁橢圓形核（像厚餅形狀）、三軸核（像一部分鼓起的足球或向梨形狀）等的變形核形狀。

　　圖 1-1 是提示原子核形狀的概念圖，比預想的要具更多的型態及多樣性。圖中提出了四種不同形狀，說明這些球體的形狀是以互相垂直的三根軸的長短變化來描述，即在球形核(I)中所有加以修改的三根軸不但互相垂直相交，其個別的長度亦是相等。在長橢圓形核(II)中對稱軸比其餘兩根相同的軸長。扁球形核(III)中對稱軸是比另外兩根相同的軸短。在三軸核(IV)中存有不相等長度的三根軸。請參閱圖 1-1。

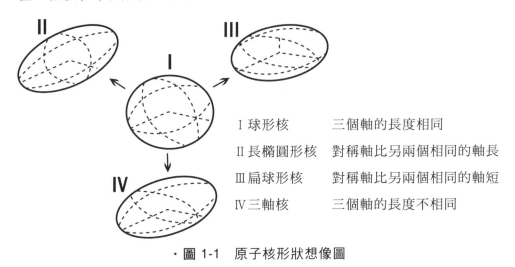

I 球形核　　　　三個軸的長度相同
II 長橢圓形核　　對稱軸比另兩個相同的軸長
III 扁球形核　　　對稱軸比另兩個相同的軸短
IV 三軸核　　　　三個軸的長度不相同

・圖 1-1　原子核形狀想像圖

1-2　核種與相關常用名詞

1-2-1　核　種

　　核種(Nuclide)是指原子的種類，由原子核(Nucleus)內的中子數、質子數及核的能態作區分。構造不同的原子核，如質子數或中子數不同的原子，皆視為不同的核種。但有時候元素的原子核雖然構造相同，但只要它們所處的能態不同或處於介穩狀態(Metastable State)超過 10^{-12} 秒，亦視為不同核種。例如 $^{99m}_{43}\text{Tc}$ 和 $^{99}_{43}\text{Tc}$，兩者雖有相同質子數、中子數和質量數，但所處能階不同，即具有不同核物理特性，亦視為不同核種。

　　在本章 1-1 節已簡單的介紹原子核結構概述，在此將進一步介紹核種的符號表示法及其意義，通常核種的符號可用 $^A_Z\text{X}_N$ 來表示，其中 X 為元素的化學符號，如碳為 C，鈷為 Co；Z 為元素的原子序數，可參考元素的化學週期表，例如氦的原子序數 Z=2，氟的原子序數 Z=9，原子序數亦即為每一元素原子核中的質子數，由於一般元素通常為電中性原子，故不帶電荷非離子性之核種原子序數等於其原子核質子數亦等於其核外電子數。另外，N 代表原子核內的中子數，A 代表核種的質量數，也就是原子核中核子的總數目，在此核子即指質子和中子，因此，質量數亦等於原子序數加上中子數，亦即 A=Z+N，如 1-1 節所述。目前按照國際慣例，有關核種的表示法，如同前述一樣除了元素符號外應註明原子序(Z)及質量數(A)。但通常知道元素以後，就知道它的原子序(Z)，如果再知道質量數(A)，就可以計算出中子數(N)，所以為了簡便計，表示核種只要寫出它的元素符號和質量數即可，例如，氧－16 的核種原子量為 16，原子序為 8，其表示方式為 $^{16}_8\text{O}$ 或簡寫 ^{16}O；鈾－235 的核種的質量數為 235，原子序為 92，其表示方式為 $^{235}_{92}\text{U}$ 或簡寫為 ^{235}U。另外，一般以中文書寫表示時，質量數習慣上橫寫而不以左上標來表示。除此之外，若有帶電荷之原子核，可在元素符號右上方表示之，直接寫上電荷電性及電量即可，如失去一個電子的氚核表示方式為 $^3_1\text{H}^+$ 或簡寫為 $^3\text{H}^+$，而不帶電荷的氚原子則簡寫為 ^3H。

1-2-2　核種和核種相關的常用名詞

有關描述核種原子核結構中質子與中子間的數目與質量數間的特性關係，常見專用名詞及其定義，分述如下：

一、偶偶核(Even-Even Nuclei)與奇奇核(Odd-Odd Nuclei)

具有偶數質子和偶數中子的原子核稱為偶偶核，例如 $^{12}_{6}C$，$^{16}_{8}H$，$^{24}_{12}Mg$，$^{32}_{16}S$ 等。相反的，具有奇數質子和奇數中子的原子核稱為奇奇核，例如 $^{6}_{3}Li$，$^{2}_{1}H$，$^{10}_{5}B$，$^{14}_{7}N$ 等。同理可知，奇偶（或偶奇）核，即表示由奇數（或偶數）的質子和偶數（或奇數）的中子所組成的原子核，例如 $^{31}_{15}P$，$^{35}_{17}Cl$，$^{39}_{19}K$，$^{55}_{25}Mn$ 皆為奇偶核；$^{9}_{4}Be$，$^{13}_{6}C$，$^{17}_{8}O$，$^{21}_{10}Ne$ 為偶奇核。

二、同量異位核種或同重素(Isobars)

同量異位核種簡稱為同量異位素或同重素(Isobars)，此類核種的原子核中，具有相同的質量數(A)，例如下列三核種：$^{96}_{38}Sr$，$^{96}_{39}Y$ 和 $^{96}_{40}Zr$，它們具有相同的質量數($A = 96$)。其中原子序數和中子數雖不同，但其總和卻一樣。另外，像 $^{133}_{54}Xe$，$^{133}_{55}Cs$，$^{133}_{56}Ba$ 也都是質量數皆相同($A=133$)的同重素。

三、同中子異位核種或同中子素(Isotones)

同中子異位核種又稱為同中子素(Isotones)，屬於此類的核種，均具有相同的中子數，例如：$^{36}_{16}S$，$^{37}_{17}Cl$，$^{38}_{18}Ar$，$^{39}_{19}K$，$^{40}_{20}Ca$，這些同中子素的原子核均具有 20 個中子，但其原子序卻都不一樣，此外 $^{54}_{25}Mn$，$^{55}_{26}Fe$，$^{56}_{27}Co$ 亦為中子數為 29 的同中子素。

四、同位素核種或同位素(Isotopes)

同位素核種簡稱同位素(Isotopes)，屬於此類的核種，其原子核均具有相同的質子數，換句話說同位素彼此間都具有相同原子序數，它們之間的區別是在於不同的中子數，亦即有不同的質量數。一核種的同位素均屬於同一個化學元素，在週期表上占據相同位置，此乃同位素名稱之來源。例如：$^{234}_{92}U$，$^{235}_{92}U$，$^{236}_{92}U$，$^{237}_{92}U$，$^{238}_{92}U$，它們都是同位素並具有相同的元素符號(U)與相同的原子序(Z＝92)，但質量數(A)和中子數(N)不同。不同元素所含的同位素數目多寡，彼此之間並不相同。

經驗上已知實例存在且為大家熟知的，如表 1-1 所示的，在原子核中對於一定的質子數可以配置一些不同數目的中子。從表中可以看出，由於原子核中質子數與中子數的比例組合不同，而影響其核種的穩定性。因此，由同位素核種的穩定性，亦可區分為穩定同位素(Stable Isotope)和不穩定同位素(Unstable Isotope)兩種，如表 1-1 所示。穩定同位素在自然界中可以發現其存在，但不穩定同位素則因不穩定的特性會隨著時間的變遷，其原子核內起變化而成為另外其他的核種。不穩定同位素亦稱為放射性同位素(Radioisotopes)。

表 1-1 在氫和碳核中質子數和中子數的組合和各核種的特性

核種名	質子數	中子數	質量數	核種的特性
氫(Hydrogen)	1	0	1	穩定(stable)
氘(Deuterium)	1	1	2	穩定(stable)
氚(Tritium)	1	2	3	不穩定(unstable)
	1	3	4	不存在(nonexistent)
氦(Helium)	2	1	3	穩定(stable)
	2	2	4	穩定(stable)
	2	3	5	不穩定(unstable)
	2	4	6	不穩定(unstable)
	2	6	8	不穩定(unstable)
碳(Carbon)	6	3	9	非常不穩定(extremely unstable)
	6	4	10	不穩定(unstable)
	6	5	11	不穩定(unstable)
	6	6	12	穩定(stable)
	6	7	13	穩定(stable)
	6	8	14	不穩定(unstable)
	6	9	15	不穩定(unstable)
	6	10	16	不穩定(unstable)
	6	11	17	非常不穩定(extremely unstable)

五、同質異能核種（同質異能素）或稱異構物(Isomers)

核種的定義說明原子之種類，由核內之中子數、質子數及核之能態區分。故原子核處於激發狀態能階和低能量狀態，縱使有相同質量數、原子序、中子數仍屬不同核種，例如 $^{99m}_{43}\text{Tc}$ 及 $^{99}_{43}\text{Tc}$，$^{111m}_{49}\text{In}$ 及 $^{111}_{49}\text{In}$，$^{60m}_{27}\text{Co}$ 及 $^{60}_{27}\text{Co}$，前述 m 代表介（半）穩狀態(Metastable State)或激發狀態，雖然 $^{99m}_{43}\text{Tc}$ 及 $^{99}_{43}\text{Tc}$ 皆有相同的質量數 99，原子序皆為 43，中子數皆為 56，但 ^{99m}Tc 物理半衰期為 6 小時，^{99}Tc 物理半衰期卻為 20 萬年，互為不同核種。此類核種稱為異構物。

1-3　核種之分類

1-3-1　穩定的核種

一般來說，各元素所含穩定同位素的數目多寡並不相同，如天然的鈉元素僅有一種穩定的同位素存在(^{23}Na)，其它的所有同位素均為不穩定的核種。迄今已知穩定的同位素核種總數約 273 種左右。事實上，天然界存在的元素，皆為該元素之穩定同位素的混和物。至於同位素占其元素的含量多少，通常以豐度(Abundance)表示，對某一元素來說豐度為常數，並依元素不同而有很大差異，例如：

元素	豐度	元素	豐度	元素	豐度
^1H	~99.985%	^{12}C	~98.89%	^{35}Cl	~75.77%
^2H	~0.015%	^{13}C	~1.11%	^{37}Cl	~24.23%

　　然而至今，吾人尚不能完全理解的是為什麼由一些或特定數目的 N（中子數）與 P（質子數）所構成的核種即為穩定的同位素。由經驗知，核種的穩定性，似乎與其原子核中 N 與 P 之比，通常稱為 N/P 比值(N/P Ratio)，有密切的關係，下列實例頗值得注意：

1. 大部分穩定核種（共有 164 核種）的原子核中，其 N 或 P 兩者均為偶數(Even Number)，例如：$^{12}_{6}\text{C}$，$^{16}_{8}\text{O}$，$^{24}_{12}\text{Mg}$ 和 $^{32}_{16}\text{S}$ 等。

2. 較少數的穩定核種（共有 105 核種）的原子核中，其 N 或 P 中之一為奇數(Odd Number)，例如：$^{7}_{3}\text{Li}$，$^{31}_{15}\text{P}$，$^{35}_{17}\text{Cl}$，$^{39}_{19}\text{K}$，$^{55}_{25}\text{Mn}$，$^{9}_{4}\text{Be}$，$^{17}_{8}\text{O}$，和 $^{21}_{10}\text{Ne}$ 等。

3. 僅有四個穩定的核種，在其原子核中，N 及 P 兩者均為奇數，但其質量數(A)均在 14 以下（屬較輕的元素），包括 $^{2}_{1}\text{H}$，$^{6}_{3}\text{Li}$，$^{10}_{5}\text{B}$，$^{14}_{7}\text{N}$。而質量數大於 14 的奇奇核種，因質子與中子離開較遠，角動量不能抵消，且本身具有 2 個未成對的核子，穩定度較低，所以它們易起 β^- 或 β^+ 衰變而轉變為穩定度較大的偶偶核種。

　　由上述的統計資料可推測，原子核中的核子成對(Paring)的可能性越高，核力(Nuclear Force)則越強。

1-3-2　放射性核種

　　不穩定的核種通常亦稱為放射性核種(Radionuclide)或放射性同位素(Radioisotope)，因其本身不穩定會隨著時間之經過，在原子核內起變化，並自然調整其 N/P 比值，直到成為穩定的核種為止。放射性核種依其來源可區分為天然放射性核種與人工放射性核種兩類。

1-3-3　天然放射性同位素和人工放射性同位素

　　以上是依據原子核的穩定性，將各類核種加以分類。除此分類法外，在文獻上亦常常看到有關不穩定核種的一些術語，例如：天然界存在的放射性同位素或稱為天然放射性同位素，或以人工生產的放射性同位素或稱為人造放射性同位素等名稱，亦可以說是不穩定同位素之另一種分類法。目前已知天然放射性核種約為 53 種，人造放射性核種約有1800 種，可知大多數的原子核都不穩定。

練習題　　　　　　　　　　　　　　　　　　　　*Radiochemistry*

一、選擇題

(　)1. 一般原子的半徑大小，約為多少埃(Å)？已知 1Å 等於 10^{-10} 公尺
(A) 0.01 Å　(B) 1 Å　(C) 10^2 Å　(D) 10^4 Å。

(　)2. 下列哪一個物理單位較適合，也較常被用來表示原子核的大小？
(A)毫米(mm)　(B)公分(cm)　(C)費米(fm)　(D)微米(μm)。

(　)3. 一般原子核之半徑大小，約為多少埃(Å)？　(A)10^{-4}~10^{-5}Å
(B)10^{-2}~10^{-3}Å　(C)1~10Å　(D)10~100Å。

(　)4. 一個氫原子的質量約為 $1.66×10^{-24}$ 公克，原子核半徑為 1.2fm，試問原子核的密度約為多少？已知 1fm 等於 10^{-15} 公尺。
(A)$1.0×10^3$g/cm^3　(B)$1.0×10^9$g/cm^3　(C)$1.0×10^{15}$g/cm^3
(D)$1.0×10^{21}$g/cm^3。

(　)5. 一般化學反應，如物質的氧化還原、酸鹼反應、元素的活性、共價鍵結及配位鍵結等普通化學現象，一般主要取決於？　(A)原子核　(B)核外電子　(C)整個原子　(D)以上皆非。

(　)6. 下列有關原子的敘述，何者錯誤？　(A)原子是由原子核和環繞在原子核周圍做高速運動的電子所構成　(B)原子大部分的質量都集中於核外電子　(C)原子核內包含帶正電的質子和不帶電的中子(D)原子是電中性的，因此易碰撞，但原子核帶正電當一原子核靠近另一原子核時，因兩者的庫侖排斥力極強，會產生所謂的庫侖障壁(Coulomb Barrier)，因此核反應在一般情形下較不易產生。

( ) 7. 每個原子的原子核所含的質子數，稱為該原子的　(A)質量數　(B)攜帶電荷數　(C)原子序數　(D)量子數。

( ) 8. 1897 年，湯木生(J.J. Thomson)研究陰極射線時，發現陰極射線為帶負電的粒子，亦即為　(A)質子　(B)中子　(C)微中子　(D)電子。

( ) 9. 下列敘述何者錯誤？　(A)原子中電子分布在電子軌域上的情形稱為電子組態(Electronic Configuration)　(B)電子的能量分布在最低時的狀態稱之為基態(Ground State)　(C)若電子所分布的能量比基態高時，稱為激態(Excited State)　(D)任何一個中性原子其核外最外層的電子組態含有二個電子時最安定。

( ) 10. 有關「庖立不相容原理」之敘述，下列何者正確？　(A)沒有兩個電子會有相同的四種量子數即 n, l, m 和 m_s　(B)任何一個電子軌域僅可填入兩個自旋方向不同的電子　(C)沒有兩個電子有相同的波型　(D)以上皆對。

( ) 11. 有關電子的發現及其特性研究，下列相關的實驗結論及敘述何者正確？　(A)1878年，克魯克斯(William Crookes)陰極射線(Cathode ray)研究發現電子的存在，當時因它是由真空管的陰極放出，所以稱之為陰極射線　(B)1897年，湯木生(J.J. Thomson)實驗證實電子的負電性，並測得其荷質比(e/m)為-1.759×10^8庫侖／克　(C)密立根(R.Millikan)油滴實驗測知一個電子的電量為-1.602×10^{-19}庫侖　(D)以上皆對。

( ) 12. 有關原子的組成及結構的確定，相關的實驗及敘述，何者正確？　(A)1919年，拉塞福(E. Rutherford)用阿伐粒子撞擊氮核而發現帶正電荷的質子，後來他又用此種粒子去撞擊硼、鋁、氟、磷的原

子核也都能產生質子，故斷定質子也是所有原子結構中所共有的基本粒子，並測知質子帶電量也是1.6×10^{-19}庫侖，不過卻是帶正電荷，且一個質子質量為1.672×10^{-24}克約為一個電子的質量的1837倍 (B)1932年，查兌克(James Chadwick)將阿伐粒子流集中射在一個鈹製的靶上，產生了高度穿透性但無電荷的放射線，稱為中子。其質量與質子幾乎一樣，約為一個電子質量的1839倍 (C)1908年，拉塞福的阿伐粒子散射實驗證實原子核的存在，質子與中子集中在原子核內，而電子則分布在原子核以外的空間 (D)以上皆對。

( )13.下列電子軌域何者不存在？ (A)1s (B)2d (C)3p (D)4f。

( )14.下列電子軌域(Electronic Orbitals)何者能量最低？(A)4s (B)3d (C)5p (D)4f。

( )15.下列電子軌域何者距原子核最遠？ (A)3p (B)4s (C)4f (D)5d。

( )16.角動量量子數(Azimuthal Quantum Numbers, l)等於2，則存在軌域數目和最多可容納之電子數目分別為何？ (A)1,2 (B)3,6 (C)5,10 (D)7,14。

( )17.磁量子數(Magnetic Quantum Number, m)可決定電子軌域的數目，試問屬於 l 型軌域共有多少個電子軌域？ (A) $2l$ (B) $2l+1$ (C) $2(2l+1)$ (D) $l+2$。

( )18.同能階的軌域，電子儘量以不成對方式來填入這些軌域中，稱為 (A)庖立不相容原理 (B)奧夫堡原則(Aufbau Principle) (C)罕德定則(Hund's Rule) (D)以上皆錯。

( )19.依據八隅體學說(Octect theory)，任何一個原子其核外最外層的電子（價電子）為多少個時最安定？ (A)4 (B)8 (C)12 (D)16。

（　）20. 下列何組具有和同週期的鈍氣之相同穩定的電子組態？　(A) K^+ 和 Ca^{2+}　(B) S^{2-} 和 Cl^-　(C) F^- 和 Mg^{2+}　(D)以上皆對。

（　）21. 鎝(Tc)原子序為 43，其電子組態為 $[Kr]4d^65s^1$，故可以知道鎝的氧化態以多少價數為最穩定？　(A)-1　(B)+1　(C)+2　(D)+7。

（　）22. 銦(In)原子序為 49，其電子組態為 $[Kr]4d^{10}5s^25p^1$，故知銦原子的氧化價數以下列何者為穩定？　(A)+1　(B)+2　(C)+3　(D)+5。

（　）23. 對同一殼層電子的束縛能(Binding Energy)而言，下列哪一元素最大？　(A) Be　(B) Mg　(C) Ca　(D) Sr。

（　）24. N 殼層(n=4)電子軌域所能容納最大電子數為多少個？(A)8　(B)18　(C)32　(D)50。

（　）25. 下列有關電子的敘述何者正確？　(A)電子具有粒子性，亦具有波動性　(B)電子並不是循著一定軌跡在運動，而必需考慮如波浪一般作雲霧狀的快速飄動，所以我們常稱之為電子雲　(C)電子的運動軌跡稱為電子軌域(Orbitals)，可以量子力學來加以討論；並可用四個量子數來描述　(D)以上皆對。

（　）26. 同一種元素，其原子序相同，但質量數不同的稱之為　(A)同位素　(B)同中子素　(C)同重素　(D)異構物。

（　）27. 有關 ^{12}C, ^{13}C 和 ^{14}C 的敘述，下列何者正確？　(A)均有 6 個質子　(B)均有 6 個中子　(C)皆為穩定的元素　(D)質子數以 ^{14}C 最多。

（　）28. 試問 $^{35}Cl^-$ (Z=17)分別具有多少個質子(p)、電子(e)和中子(n)？　(A)17,18,18　(B)17,17,18　(C)17,35,18　(D)18,17,35。

（　）29. 試問 $^{63}Cu^{2+}$ (Z=29) 具有多少個質子(p)，電子(e)和中子(n)？　(A)29,29,34,　(B)27,27,36　(C)31,31,32　(D)29,27,34。

( )30. 下列何者是人體內具有核自旋特性的核種？ (A)^{12}C (B)^{16}O (C) ^{18}F (D) ^{31}P。

( )31. 下列何者其原子核的核自旋值為零且其磁距亦為零？ (A) ^{1}H (Z=1) (B) ^{13}C (Z=6) (C) ^{23}Na (Z=11) (D) ^{32}S (Z=16)。

( )32. 一般而言，穩定的原子核具有哪些條件？ (A)在較輕原子核中（例如：原子序小於 20），中子數(N)必大於質子數(P) (B)在較重原子核中 N 等於 P (C)無論是核反應或放射衰變，其趨勢為朝向質量數約為 60 左右 (D)以上皆是。

( )33. 下列何種原子核模型，其本質可說明原子核中的質子與中子具有特別穩定數目的排列，就如同惰性氣體的氦、氖、氬、氪、氙、氡一般原子核外的電子以八隅體排列最為最穩定的組態？ (A) Shell Model (B) Liquid Drop Model (C) Gas Model (D) Collective Model

( )34. 下列哪一核種最穩定？ (A)^{3}H (Z=1) (B)^{39}K (Z=19) (C) ^{60}Co (Z=27) (D) ^{89}Sr (Z=38)。

( )35. 鈹–9 是屬於哪一類型的核種？ (A)偶偶核 (B)奇奇核 (C)偶奇核 (D)奇偶核。

( )36. 下列何者具有科學家所稱的，擁有特別穩定的核子排列（魔數）？ (A) ^{16}O (Z=8) (B) ^{40}Ca (Z=20) (C) ^{208}Pb (Z=82) (D)以上皆是。

( )37. 原子質量數為偶數(Even)；原子序亦為偶數，試問原子核的自旋角動量(I)值為何？ (A)零 (B)整數 (C)半整數 (D)以上皆非。

( )38. 研究放射性元素的化學性質、檢測方法、定量以及追蹤放射性同位素的行為及應用等的化學，稱為　(A)核化學(Nuclear Chemistry) (B)放射化學(Radiochemistry)　(C)輻射化學(Radiation Chemistry) (D)熱原子化學(Hot Atom Chemistry)。

( )39. 研究原子核的穩定性、核衰變、核反應及其所生成新核的特性、核能與及放射性同位素的應用等的科學稱為　(A)核化學　(B)放射化學　(C)輻射化學　(D)熱原子化學。

( )40. 研究游離輻射通過物質所引起的化學效應與應用，如化合、分解、氧化還原、異構化及聚合等的科學稱為　(A)核化學　(B)放射化學　(C)輻射化學　(D)熱原子化學。

( )41. 氫元素(Hydrogen, H)的同位素中，下列何者是具有放射性的？ (A)氕　(B)氘(D)　(C)氚(T)　(D)氘和氚。

( )42. 氯–35,氯–37 是屬於　(A) Isotopes　(B) Isobars　(C) Isotones　(D) Isomers。

( )43. 下列何者屬於同重素？　(A) ^{58}Co, ^{59}Co, ^{60}Co　(B) ^{133}Xe, ^{133}Cs, ^{133}Ba　(C) ^{5}He, ^{6}He, ^{8}He　(D) ^{54}Mn, ^{55}Fe, ^{56}Co。

( )44. ^{2}H 和 ^{3}He；^{3}H 和 ^{4}He　；^{39}K 和 ^{40}Ca 三組皆屬於　(A) Isotopes (B) Isobars　(C) Isotones　(D) Isomers。

( )45. 原子序數大於多少以上的元素在自然界中已不存在，大都是由人工造成的？　(A)82　(B)86　(C)92　(D)103。

( )46. 下列有關原子核核子之自旋特性，何項敘述錯誤？　(A)質子和中子皆有自旋，且亦繞著原子核的核心轉動　(B)自旋方向相反的核子成對時會互相抵消自旋角動量　(C)大部分核子都會自行配對，

以降低能量　(D)質子和質子，中子和中子，質子和中子皆可互相成對。

( )47.質量數為偶數值(Even)，原子序亦為偶數的核種，其原子核的自旋角動量(I)，等於　(A)–1/2　(B)0　(C)+1/2　(D)1。

( )48.質量數為奇數(Odd)的核種；其原子核自旋角動量(I)值，最不可能為以下何者？　(A)–1/2　(B)+1/2　(C)1　(D)+3/2。

( )49.下列哪一種原子核模型其特點主要是應用統計力學的方法，將原子核視為很多的小粒子的集合，對於核反應及一些衰變轉移(Decay Transition)的研究，可作為很有用的理論架構模式？　(A)光學模型　(B)氣體模型　(C)殼層模型　(D)聚合模型。

( )50.常見碳的同位素，下列何者是穩定的(Stable)？　(A)^{11}C　(B)^{13}C (C) ^{14}C　(D)以上皆非。

二、簡答題

1. 何謂同重素 (Isobars)？何謂同中子素 (Isotones)？何謂同位素 (Isotopes)？試申其意並各舉一例說明之！

2. 根據波耳原子結構理論及量子論，請說明每個原子核外電子四個量子數所代表的意義！

3. 何謂海森堡(Heisenberg)測不準原理(Uncertainty Principle)？

4. 何謂游離(Ionization)？何謂激發(Excitation)？

5. 何謂罕德定則(Hund's Rule)？何謂庖立不相容原理(Pauli Exclusion Principle)？

第 2 章

原子核的穩定性 與放射性核種

在前章有關核種分類中已知各元素的核種中，有些是屬於穩定的核種，有些是屬於不穩定的核種。不穩定的核種在經過一段時間之遷移，可能趨向穩定的核種方向變化。在此過程中，亦有可能產生下列一連串的問題值得吾人探討，包括：

1. 不穩定的核種是以何種方式轉變成穩定的核種？
2. 如何觀察這些轉變，藉以了解整個變化之過程？
3. 該變化與原子核內粒子結構或能量有什麼關係？

本章將研討上述幾個問題，藉以瞭解核種放射性之來源及其特性。

2-1 原子核的穩定性與放射性

從事實觀察，在已知約 270 種穩定核種原子核中其中子數(N)和質子數(P)的比值(N/P ratio)與該原子核穩定性(Stability)之間有密切的關係。就已知的核種中，將其原子核的中子數(N)與質子數(P)做圖，即可得圖 2-1，在圖中可畫出一條線 OAB，通常此線稱為穩定線(Line of Stability) 亦即穩定的核種其 N/P 值皆會落在此線上或附近區域。例如，對在 OA 線上以及散布在其附近的較輕核種而言均為穩定的，即低原子序元素 (Z≤20)如 ^{12}C, ^{14}N, ^{16}O 等，而其原子核中 N/P 的比值約為 1.0~1.1 左右。對於比較重的核種而言將隨原子序增加而 N/P 值亦隨之增加，例如針對位於 AB 線上或散布在其附近的核種而言，即較為穩定，通常原子序 Z 介於 20 至 82 間其 N/P 值約等於 1.2~1.54 為穩定核種，例如 ^{127}I (Z=53) 其 N/P 值等於 1.40。^{208}Pb (Z=82)其 N/P 值等於 1.54。而當原子序大於 83 以上(Z>83)，則皆為放射性元素。

位於 OAB 線下方地區的核種（以 Y 區為記號）的原子核中，由於其 N/P 比值大於上述的比值（即 N 大於 P）亦即他們是富於中子或中子

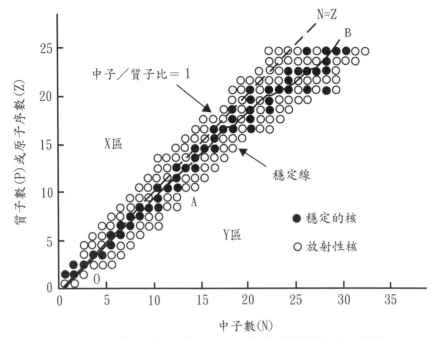

· 圖 2-1 原子核中質子和中子數組成與穩定線之關係

豐富的核種(Neutron-rich Nuclide)，因而不穩定。另外一方面，位於 OAB 線上方地區的核種（以 X 區為記號）的原子核中，其 N/P 比值小於上述的比值（即 P 大於 N）亦即他們是富於質子或質子豐富的核種 (Proton-rich Nuclide)，這些地區的核種亦屬於不穩定的核種。這些不穩定的核種，如果能經由某種方式調整其原子核中的 N/P 比值，即可成為穩定的核種，其調整方式（即進行原子核衰變）如下：

1. 位於 OAB 下方的核種，可藉由減少 N 或增加 P，或兩者同時進行，以達成降低 N/P 比值的目的。其原子核內的變化如下：

   $$n \rightarrow p^+ + \beta^- \text{（放出負電子，Negatron Emission）}$$

2. 位於 OAB 線上方的核種，可藉由減少 P 或增加 N，或兩者同時進行，以達成升高 N/P 比值的目的。其原子核內的變化如下：

$$p^+ \rightarrow n + \beta^+ \text{（放射正子，Positron Emission）}$$
$$p^+ + e^- \rightarrow n \text{（捕獲電子，Electron Capture）}$$

由不穩定原子核變成穩定的原子核過程中，所發射的小粒子流即所謂的放射線。由不穩定核種轉變成為穩定核種的過程，稱之為衰變或蛻變(Decay)；或另稱崩潰或崩解(Disintegration)。

由上面的定義，可知放射性的本質是由不穩定核種變成穩定核種過程中，從其原子核發射出帶有能量的小粒子束。在傳統的物理領域中，這種帶有能量之發射現象歸納為輻射(Radiation)，而由原子核發射出來者亦稱為放射性(Radioactivity)。

2-2 原子核的質量與核結合能

通常化學反應中可以由該系統的能量變化(Energetics)趨勢預測反應的方向。同理，有關原子核中的能量變化，對於原子核的穩定性亦可以獲得定量性的說明。

任何物質的質量與能量是一定的，為一常數。且根據愛因斯坦的質能互換理論，質量與能量是可以互相轉換的。在一般化學反應過程中，由物質之質量轉變為能量是極微量的，且過程亦不容易被偵測出。但對於原子核內的轉變過程，由於所包含的能量變化明顯又巨大，因此與化學反應系統的能量變化及其相關理論就有相當大的差異。

2-2-1 原子核的質量

原子核的質量數代表原子核中的核子數目總和，它是一個整數。核子質量也稱為原子核質量或粒子質量，是以原子質量單位（Atomic Mass Unit，簡稱 a.m.u.或 u）來表示核子的真實質量。科學界自 1962 年開始，就以 ^{12}C 原子量的 1/12 做為原子的質量單位，而稱為統一原子質量單位（Unified atomic mass unit，簡寫為 u）以區別在 1962 年以前，以 ^{16}O 原子核質量的 1/16 為標準的原子質量單位(a.m.u.)。國際上採用此新標準以後，較以往以 ^{16}O 為標準所測得原子質量更接近化學上使用已久的元素原子量的數值。目前國際上共同使用的核子質量即是以 ^{12}C 的質量為基準來表示並明訂 ^{12}C 原子量的 1/12 為 1 a.m.u.或 1u，即一個 ^{12}C 的質量訂為 12 a.m.u.，而 1 a.m.u.約等於 1.66053×10^{-24}g 或 1.66053×10^{-27}kg。這數字是由 ^{12}C 原子核的質量而來。^{12}C 原子核的質量為 1.99269×10^{-23}g，因此以 a.m.u.表示則為 12 a.m.u.。

$$\frac{1.99269 \times 10^{-23} g}{1.66053 \times 10^{-24} g/a.m.u.} = 12.000 \text{ a.m.u.}$$

2-2-2 質量與能量的等量性

在上個世紀初，愛因斯坦(A. Einstein)發展出一個方程式用來描述質量和能量之間的等值(Equivalent)關係，如式(2.1)所示。

$$E = mc^2 \text{..(2.1)}$$

其中，m：物質的質量，以仟克(kg)為單位。

　　　c：光速，約為 2.99793×10^8 公尺／秒(m/s)，是一常數，為光在真空中的速度。

　　　E：能量，以焦耳(J)為單位。

 例 2-1

試計算 1 a.m.u.的質量(1.66053 × 10⁻²⁴g)，若以能量的單位(MeV)來表示約為多少？

1 a.m.u.的質量為 1.66053×10^{-24}g（或以 SI 國際制單位 = 1.66053×10^{-27} kg），依據式(2.1)

$$E = (1.66053 \times 10^{-27}\text{kg}) \times (2.997925 \times 10^8\,\text{m/sec})^2$$
$$= 1.49245 \times 10^{-10}\text{J}$$
$$E = 931.5\,\text{MeV}$$

因 $1\,\text{eV} = 1.602 \times 10^{-19}$J

$$1\text{J} = 6.242 \times 10^{18}\,\text{eV} = 6.242 \times 10^{12}\,\text{MeV}$$
$$E = 1.49245 \times 10^{-10}\text{J} \times 6.242 \times 10^{12}\,\text{MeV/J} = 931.5\text{MeV}$$

在核化學或放射化學裡，核粒子的質量常以它的能量等值(Energy Equivalent)取代，而以道耳吞(Dalton)表示之。1 Dalton 的能量等值可以下式計算出來：

$$1\,\text{Dalton} = (1\,\text{g/mol})/6.02 \times 10^{23}(\text{units/mol})$$
$$= 1.66053 \times 10^{-24}\text{g} = 1.66053 \times 10^{-27}\,\text{kg}$$

由式(2.1)可得：

$$E = (1.66053 \times 10^{-27}\text{kg}) \times (2.997953 \times 10^8\,\text{m/s})^2$$
$$= 1.49245 \times 10^{-10}\text{J} = 1\,\text{Dalton}$$

由 J 轉為 MeV 即：

$$(1.49245 \times 10^{-10}\,\text{J}) \times (1\,\text{MeV}/1.60219 \times 10^{-13}\,\text{J})$$
$$= 931.5\,\text{MeV} = 1\,\text{Dalton}$$

此關係式可用於質量與能量之間的相互轉換。

 例 2-2

試計算一個中子在衰變過程中，變成為一個質子和一個負電子時所釋出的能量（試以 MeV 表示）。

$$^{1}_{1}n \rightarrow\, ^{1}_{1}p^{+} + \beta^{-} + \bar{v}$$

$\bar{v}$ 為 Anti-neutrino（反微中子），係另外一種反粒子。

 解

中子的質量為 1.0086641 道耳吞，質子和電子的質量等於氫原子的質量，為 1.0078250 道耳吞，

$$其轉變的能量(E) = (1.0086641 - 1.0078250) \times (931.5\,\text{MeV})$$
$$= 0.7816\,\text{MeV}$$

 例 2-3

試計算由 1.00 莫耳的 1.00 MeV 加馬射線衰變產生的能量為多少？

$$1\,\text{MeV} = 1.602 \times 10^{-13}\text{J}$$

1.00 莫耳（6.02×10^{23} 個原子）將釋出：

$$(6.02 \times 10^{23}\,\text{MeV/mol}) \times (1.602 \times 10^{-13}\,\text{J/MeV})$$
$$= 9.64 \times 10^{10}\,\text{J/mol}$$

因 $1\,\text{cal}$ 等於 4.18J，所以

$$9.64 \times 10^{10}\,\text{J/mol} \times (1\,\text{cal}/4.18\text{J}) = 2.31 \times 10^{10}\,\text{cal/mol}$$
$$= 2.31 \times 10^{7}\,\text{kcal/mol}$$

Radiochemistry

　　例題 2-3 的計算範例顯示，化學反應與核反應中的能量釋出差異是很顯著且相差數千萬倍以上。因為一般化學反應的能量變化不論吸熱或放熱反應，大致介於數十卡至數千卡之間。

2-2-3 原子核的質量缺陷（虧損）

　　原子核的質量是由構成它的質子和中子的質量總和。經精確的質量測定顯示，由實驗獲得的質量總是小於構成它核子的小粒子的質量之總和。這質量差稱之為質量缺陷或質量虧損(Mass Defect)，以 Δm 表示之。對於某一原子核帶有 Z 個質子及 N 個中子，設其質量為 m，其質量缺陷 (Δm)，我們可由式(2.2)計算得之：

　　設：Zm_p 為質子質量；Nm_n 為中子質量，

　　　　Zm_e 為電子質量；Zm_H 為氫原子質量(^1H)

　　原子在正常狀況下為電中性，質子數和核外電子數相同。

$$\Delta m = Zm_p + Zm_e + Nm_n - m \ \dots\dots\dots\dots\dots\dots\dots\dots\dots\dots\dots(2.2)$$

式(2.2)亦可寫成為式(2.3)

$$\Delta m = Zm_H + Nm_n - m \ \dots\dots\dots\dots\dots\dots\dots\dots\dots\dots\dots\dots(2.3)$$

因為 $m_H = m_p + m_e$（在此 m_e 為電子質量），表示氫原子質量包含原子核一個質子和核外一個電子的總質量但氫原子的原子核沒有中子。

另外，質量缺陷(Δm)亦可以式(2.4)表示

$$\Delta m = M - A \ \dots\dots\dots\dots\dots\dots\dots\dots\dots\dots\dots\dots\dots\dots\dots(2.4)$$

在此 M 為核種的質量(Nuclidic Mass)，A 為該核種的質量數(Mass Number)。

2-2-4 原子核的結合能和每單一核子平均結合能

根據愛因斯坦的質量與能量關係式(2.1)及 $\Delta m = M - A$ 的關係式，吾人亦可知 Δm 相當於 ΔE，因此可得式(2.5)

$$\Delta E = \Delta mc^2 \ \dots\dots\dots\dots\dots\dots\dots\dots\dots\dots\dots\dots\dots\dots\dots(2.5)$$

事實上，這一能量差是用於將原子核中的所有的核子緊密的結合在一起的。通常 ΔE 即稱為結合能(Binding Energy, BE)。事實上，這也是將原子打碎分裂為構成它的核子時所需要的能量。如果把原子核的結合能除以該原子核的質量數（核子總數），即可獲得每單一核子的平均結合能(Binding Energy Per Nucleon, $BEPN$)，有時亦以 BE/A 表示。依上述的方法計算 $_2^4$He 的結合能及每單一核子平均結合能，結果如下：

$$2H + 2N = {}_2^4\text{He}$$

$$BE({}^4\text{He}) = 2M_H + 2M_n - M_{He}$$

$$= (2 \times 1.00813 + 2 \times 1.00896 - 4.00398) = 0.03030\,\text{a.m.u.}$$

如以 MeV 單位表示之：

$$1\,\text{a.m.u.} = 931.5\,\text{MeV}$$

He 原子的質量數(A)為 4，且以 BE/A 表示時：

$$BE/A = 0.03030\,\text{a.m.u.} \times 931.5\,\text{MeV/a.m.u.}$$

$$= 28.22\,\text{MeV}/4 = 7.06\,\text{MeV}$$

至於其他核種也可以相同方式計算，並將原子核結合能和每單一核子的平均結合能對質量數做圖，即可得圖 2-2 及圖 2-3。

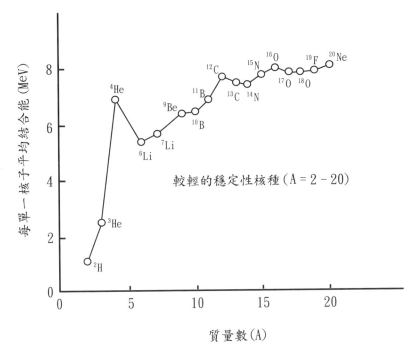

・圖 2-2　每單一核子平均結合能($A < 20$)

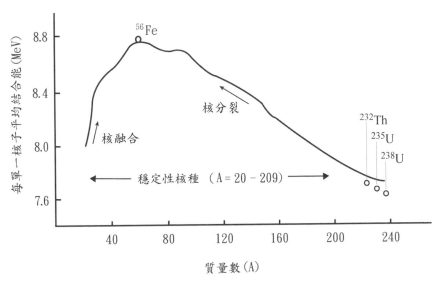

・圖 2-3　每單一核子平均結合能與質量數之關係

2-3 原子核的穩定性與每單一核子平均結合能

從圖 2-2 中，可看到輕的元素結合能分布與一般規則有偏差。如 ^{4}He, ^{9}Be, ^{12}C 及 ^{16}O 等的結合能及其原子核的穩定性特別大。在圖 2-3 則可看到中等重量核和重核的每一個核子的平均結合能與核子數所作的圖。

由圖 2-2 與圖 2-3，可清楚的看出，質量數大於 11（Z 大於 5）的所有核種與每單一核子的平均結合能大都介於 7.4 MeV~8.8 MeV 之間。由圖 2-3 看出當質量數大約在 60 附近的元素如鐵(^{56}Fe, ^{58}Fe)、鈷(^{59}Co)、鎳(^{60}Ni)等，它們每一個核子的平均結合能到達了最高值，從物理的觀點來看這些核種元素是最穩定的。

另從圖 2-2，亦可以獲得令人感興趣的事實。即對於偶數值的質量數來說，每核子的平均結合能是高於相同質量數的每單一核種平均結合能的算數平均值。

$$(E_{B,\,2n}) > \frac{1}{2}\left[E_{B,\,2n+1} + E_{B,\,2n-1}\right]$$

式中 E_B 為每一核種的平均結合能。

如果僅以能量觀點考量，根據熱力學的定律，所有的原子核在宇宙中的命運或能量變化穩定趨勢，將漸漸轉變為 ^{56}Fe, ^{58}Fe, ^{59}Co 或 ^{60}Ni 等（如圖 2-3 所示）。亦即，不論是輕原子的核融合或重原子的核分裂，自然界核種的變化可能都趨向最穩定的原子核的質量數約 60 左右。

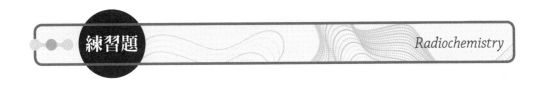

一、選擇題

( )1. 與一般化學反應相比較，核反應較不易發生，試問是什麼原因？
(A)根據碰撞學說，原子與原子碰撞機會較大，較易起化學反應
(B)比起原子而言，原子核太微小，兩個原子的原子核間的距離較
原子核直徑相差太大，碰撞的機會較小，故常態下不易產生核反
應 (C)原子是電中性，因此易碰撞，原子核帶正電，當一原子核
靠近另一原子核時，因兩者庫侖排斥力極強，並產生所謂的庫侖
障壁(Coulomb Barrier)，相對的使核反應較不易產生 (D)以上皆
對。

( )2. 下列有關原子核的結合能之敘述，何者正確？ (A)質量數小的原
子核（例如小於 20），每一核子平均結合能亦小，這些原子核具
有引起核熔合(Fusion)的趨勢，由小的原子核熔合成質量數較大且
每一核子平均結合能大的原子核 (B)質量數大於 209 的原子核，
因每一核子平均結合能變小，故具有起核分裂(Fission)的趨勢，而
能分裂成每一核子平均結合能較大且質量數中等的原子核 (C)從
能量觀點而言，$^{58}Fe, ^{59}Co, ^{60}Ni$ 較 $^{7}Li, ^{9}Be, ^{11}B$ 穩定 (D)以上皆
對。

( )3. 假設氫分子中兩個質子的距離為 10^{-10} 公尺，氦原子核中兩個質子
的距離為 10^{-15} 公尺，試問何者原子核中兩質子的庫侖排斥力較大
？ (A)氫分子 (B)氦 (C)兩者皆一樣大 (D)無法比較。

(　)4. 同上題，氦原子核中兩質子的庫侖排斥力為氫分子中兩個質子的庫侖排斥力的多少倍？　(A)10^5　(B)10^{10}　(C)10^{15}　(D)10^{20}。

(　)5. 氦的同位素中 ^{5}He, ^{6}He, ^{7}He 皆具放射性，試問此三者與穩定性的氦原子(^{4}He)同位素相比，他們每單一核子平均結合能是較大或較小？　(A)大　(B)小　(C)相等　(D)無法比較。

(　)6. 原子核的穩定性與下列哪一項因素最有關連？　(A)原子的質量數　(B)原子核內的中子數(N)與質子數(P)的比值　(C)原子是否為電中性　(D)原子核的直徑大小。

(　)7. 原子序較小(Z≦20)的穩定核種，其原子核 N/P ratio（中子數與質子數比）約等於多少？　(A)1.0~1.1　(B)1.5　(C)1.8　(D)2.0。

(　)8. 通常原子序(Z)介於 20~82 間，其 N/P 值約等於多少是屬於穩定的核種？　(A)1.0　(B)1.2~1.54　(C)1.6~1.8　(D)2.0。

(　)9. 常見碘的同位素中，N/P 值等於 1.40 且最穩定的是下列哪一個？　(A) ^{123}I　(B) ^{125}I　(C) ^{127}I　(D) ^{129}I。

(　)10.原子核的 N/P 值，比穩定所需為大，則可藉由下列哪一種衰變模式趨向於穩定？　(A)阿伐衰變　(B)放射貝他負電子　(C)放射正子　(D)電子捕獲。

(　)11.一原子核進行正子放射衰變，試問相關之敘述，何者正確？　(A)其原子核的 N/P 比值大於穩定所需　(B)其原子核的中子數將會變少並形成一新的核種　(C)正子衰變模式很少有機會在「富於中子」(neutron-rich)的核種出現　(D)以上皆正確。

(　)12.下列有關質能互換之理論敘述，哪一項正確？　(A)在一般普通化學反應過程中，如氧化還原、酸鹼中和等，由物質之質量轉換為能量是極微量的，且不易偵測出來　(B)原子核內的質能轉變過程，所包含的能量變化明顯又巨大　(C)質能間的等值關係，可用 $E=mc^2$ 來表示，其中 E 代表能量，m 代表物質靜止質量，c 代表光在真空中的速度　(D)以上皆正確。

（　）13. 1a.m.u.（原子質量單位）是表示　(A) 1 莫耳 ^{12}C 原子質量的 1/12　(B) 1 公克 ^{12}C 原子質量的 1/12　(C) 1 個 ^{12}C 原子質量的 1/12　(D) 1 公斤 ^{12}C 原子質量的 1/12。

（　）14. 一原子質量單位(a.m.u., u)換算為能量約等於多少　(A)0.511J　(B)0.511MeV　(C)931.5J　(D)931.5MeV。

（　）15. 一 道 耳 吞 (Dalton) 的 能 量 等 值 約 為 多 少 ？　(A)0.511MeV　(B)6.25×10^{18}J　(C)931.5MeV　(D)3×10^8 J。

（　）16. 5MeV 相當於多少焦耳(J)？　(A)1.602×10^{-13}J　(B)8.010×10^{-13}J　(C)1.602×10^{-19}J　(D)8.010×10^{-19}J。

（　）17. 不論是輕原子的核融合或重原子的核分裂，自然界核種的變化可能都趨向質量數約為多少的最穩定原子核？　(A)10　(B)36　(C)60　(D)82。

（　）18. 有關原子核核種數目及其穩定性之敘述，下列何項正確？　(A)目前包含天然和人造的所有核種當中，放射性核種仍然遠多於穩定核種　(B)目前已知核種數目中，穩定性核種約有 273 種　(C)在所有穩定性核種當中，質子數和中子數皆為偶數的核種所占比率最高　(D)以上皆正確。

（　）19. 下列有關原子核的結合能(Binding Energy, BE)，何項敘述是〝錯誤〞的？　(A)科學家發現由質子與中子構成一原子核時，質量會

減少一些，此減少的質量稱為質量虧損(Mass Defect)，根據愛因斯坦的質能互換理論，質量虧損將轉變為原子核的結合能　(B)原子核的結合能常隨核子數的增加而增加，因此，通常以每核子的平均結合能來比較原子核的穩定性　(C)質量數介於 40~100 之間的原子核，每一核子的平均結合能較大，因此較穩定，質量數大於 230 的原子核，每一核子平均結合能反而變小　(D)對於偶數值的質量數來說，每核子的平均結合能大都低於相同質量數的每單一核種平均結合能的算數平均值。

( )20. 下列有關原子核的核子角動量與穩定性之敘述，何者正確？　(A)原子核內的質子和中子均各自進行自旋運動並各具有自旋角動量 $\frac{1}{2}$h　(B)原子核中質子或中子互相成對且互相抵消角動量的組合為穩定核的條件之一　(C)質量數較大的原子核裡，質子與中子因離開較遠，角動量不能抵消　(D)以上皆對。

( )21 質量數大於 14 的奇奇核種，為何穩定度較低？　(A)質子與中子因離開較遠，角動量不能抵消　(B)具有 2 個未成對的核子　(C)易起 β^- 或 β^+ 衰變而轉變為穩定度較大的偶偶核種　(D)以上皆對。

( )22 質量數在 14 以內的奇奇核種只有 4 個是屬於穩定核種，試問是下列哪一組？　(A) ^{2}H, ^{6}Li, ^{10}B, ^{14}N　(B) ^{3}H, ^{8}Li, ^{12}B, ^{13}N，　(C) ^{2}H, ^{6}Li, ^{12}B, ^{11}C　(D) ^{1}H, ^{7}Be, ^{11}B, ^{13}C。

( )23. 1 個 ^{60}Co 的原子質量約等於多少？（已知鈷的原子序為 27）(A)1a.m.u.　(B)12a.m.u.　(C)27a.m.u.　(D)60a.m.u.。

( )24. 1a.m.u.的質量，相當於多少公斤(kg)？　(A)1.66053×10^{-24}　(B)1.66053×10^{-27}　(C)9.11×10^{-28}　(D)9.11×10^{-31}。

(　)25.一個電子的質量，相當於多少公斤 (kg) ？　(A)1.66053×10^{-24} (B)1.66053×10^{-27}　(C)9.11×10^{-28}　(D)9.11×10^{-31}。

(　)26.一個靜止的電子質量，相當於多少能量？　(A)0.511J (B)0.511MeV　(C)931.5MeV　(D)1840MeV。

(　)27.下列敘述何者"錯誤"？　(A)一個碳–12 原子的質量等於 12a.m.u.　(B)一個碳–12 原子的質量約為 1.992×10^{-26}kg　(C)一莫耳碳–12 原子的質量約為 1/12 克　(D)一莫耳碳–12 原子的質量約為 12 克。

(　)28.^{9}Be, ^{13}C, ^{17}O, ^{21}Ne, ^{24}Mg, ^{31}P, ^{32}S 以上七個核種，何者是穩定而不具放射性的　(A)^{9}Be, ^{13}C, ^{17}O, ^{31}P　(B)^{13}C, ^{17}O, ^{31}P　(C)^{24}Mg, ^{31}P, ^{32}S　(D)以上七個皆為穩定性核種。

(　)29.^{11}C, ^{12}C, ^{13}C 三個碳的同位素最大不同點在於以下何項？　(A)原子序　(B)原子核內的質子數　(C)原子核外的電子數　(D)原子核內的中子數。

(　)30.1 個電子的電量，目前公認值約為多少庫侖(C)？　(A)4.803×10^{-10} (B)1.6022×10^{-19}　(C)931.5　(D)6.24×10^{18}。

(　)31.1MeV 的能量等於　(A)1.602×10^{-13} 庫侖伏特　(B)1.602×10^{-15} 焦耳　(C)1.602×10^{-17} 庫侖伏特　(D)1.602×10^{-19} 焦耳。

(　)32.試計算 2KeV 的電位差，相當於多少焦耳？　(A)3.204×10^{-10} (B)0.801×10^{-13}　(C)3.204×10^{-16}　(D)0.801×10^{-19}。

(　)33.某一質點，若其前進的速度是光速的 98%，則知其質量變為靜止質量的幾倍？　(A)1/5　(B)1/2　(C)2　(D)5。

( )34. 某一電子的動能為 100KeV，則此電子總能量為　(A)0.511MeV (B)0.611MeV　(C)0.711MeV　(D)1.022MeV。

( )35. 當電子以相當於光速的 0.542 倍速度前進(0.542c)，試問其質量相對於靜止質量而言，約變為多少倍？　(A)0.923　(B)不變　(C) 1.196　(D)2.957。

( )36. 一個質子的質量約等於　(A)1/12 克　(B)1/12 dalton　(C)1 克　(D) 1dalton。

( )37. 一個 ^3H 的原子質量約等於　(A)3/12 克　(B)3/12 dalton　(C)3 克 (D)3 dalton。

( )38. 原子序大於多少的元素，皆具有放射性？　(A)83　(B)86　(C)90 (D)92。

( )39. 氧原子核的質量約 17.004533a.m.u.，但實測其各「核子」質量總和為 17.146043a.m.u.，試問其質量差變成下列何項？　(A)熱能 (B)加馬發射　(C)原子核結合能（束縛能）　(D)以上皆對。

( )40. 下列何者 "不是" 人造(artifical)的放射性核種？亦即是天然存在的放射性核種　(A) ^{40}K　(B) ^{60}Co　(C) ^{137}Cs　(D) ^{24}Na。

二、解釋名詞

1. 何謂原子核的「結合能」(Binding Energy, BE)？

2. 試解釋「道耳吞」(Dalton)的意義？

3. 試解釋原子核的「質量虧損」(Mass Defect)？

4. 何謂「單一核子的平均結合能」(Binding Energy per Nucleon)？

5. 何謂「放射線(Radiation)」？何謂「衰變(Decay)或崩解 (Disintegration)」？

三、計算題

1. 一個靜止電子的質量相當於多少 MeV 的能量？

2. 試計算 ^{14}C 的質量虧損(Mass Defect)？能量單位請以 MeV 表示，又已 知 ^{14}C 的核種質量為 14.00324D(daltons)。

3. 下列能量單位請排出其大小順序？J, MeV, eV, Kcal, cal, Nm, erg。

第 3 章

放射性衰變

3-1 放射性衰變

放射性核種因其原子核結構的不穩定，隨著時間之遷移而向穩定的結構轉變，此過程所產生的一些現象稱為衰變 (Decay) 或崩解 (Disintegration)。這個衰變過程中，原子核中的小粒子或電磁性輻射，將從原子核中發射(Emission)出來，這就是所謂放射線。

基本上，原子核將要進行衰變時，該原子核本身的穩定性固然很重要（如第二章所述），但該條件並不是唯一考慮的重點。因在衰變反應過程中，亦可由能量的變化來加以判斷該反應進行的趨勢。如此，始可知道是否有利於衰變反應之進行。換句話說，一個原子核衰變的推動力 (Driving Force)，不僅由該原子核本身的穩定性來決定，尚需要考慮衰變前後各核種的相對穩定度。一般而言，如想知道某一核種是否能進行衰變，最方便的方法是計算由該衰變反應釋出能量的大小（即一般所謂的熱反應 Q 值），如果 Q 值為正($Q > 0$)，表示該衰變反應為可行，如果 Q 值為負($Q < 0$)則表示該衰變反應是不可能進行。依據化學熱力學上常用的反應熱原理推測，在原子核衰變反應上亦同理可以適用，如果放熱反應(Exothermic Reaction)是屬於自發反應(Spontaneous Reaction)，由下列的例子計算，即可以進一步的了解，Q 值的計算可以衰變反應前後，反應物質量減去反應後產物總質量值再換算成能量加以認定。

 例 3-1 ──────────────────────

試問 ^{235}U 之衰變反應是否可行？

^{235}U 衰變之過程如下所示：

$$^{235}\text{U} \to {}^{231}\text{Th} + {}^{4}\text{He}$$

^{235}U 衰變前後的質量虧損（或質量缺陷），Δm 為：

$$\Delta m = 235.043915 - (231.036291 + 4.00260)$$
$$= 0.005021 \, \text{a.m.u.}$$

$$Q = 0.005021 \times 931.5 \, \text{MeV} = 4.68 \, \text{MeV}$$

因 $Q > 0$ 所以該衰變反應是可行的。

一般而言，放射性衰變是屬於類似能量放出之放熱反應(Exothermic Reaction)。

在衰變的過程中，不論是哪種放射衰變模式，系統必須符合以下五種一般性的守恆定律(Law of Conservation)，包括：

1. 總能量之守恆（包含質能、動能和靜電能）。($\Delta E = 0$)
2. 線性動量(Linear Momentum)之守恆。($\Delta P = 0$)
3. 核子角動量(Angular Momentum)之守恆。($\Delta I = 0$)
4. 總電荷之守恆。($\Delta Z = 0$)
5. 質量數之守恆。($\Delta A = 0$)

放射性衰變過程的能量變化，一般慣用的能量單位為電子伏特或稱電子伏(Electron Volt, eV)。1 eV 的定義是帶有一單位電荷（1.602×10^{-19} 庫倫）或 4.8×10^{10} esu（靜電單位）的粒子在一伏特(volt)的電位差下被加速時所獲得的能量。但依能量大小常使用的能量單位尚有 KeV (10^{3} eV)，MeV (10^{6} eV)及 GeV (10^{9} eV)等，若換算成國際制單位則為焦耳(J)，而爾格(erg)因屬舊制單位故目前則較不被使用。

在原子科學的領域，通常是以單一個原子作為計算的基準單位，而不是以一分子為計算單位。eV 的能量單位是比其他的能量單位，例如爾格(erg)或焦耳(Joule)等更為方便。後者通常是使用於化學及物理學上，牽涉到處理分子量時較為常用。eV, erg 及 Joule 之間的關係如下：

$$1\,eV = 1.60219 \times 10^{-12}\,ergs = 1.60219 \times 10^{-19}J \ (1\,J = 10^7\,ergs)$$
$$1\,MeV = 1.60219 \times 10^{-6}\,ergs = 1.60219 \times 10^{-13}J$$

從經驗知悉，放射性衰變有很多不同的模式存在，其中三類衰變模式為基本而且普遍的，分別為阿伐衰變(α–Decay)、貝他衰變(β–Decay)以及加馬衰變(γ–Decay)等。但若依據原子在衰變時所釋出粒子特性和射線的種類，或原子衰變時所傾向的趨勢，貝他衰變又可細分為貝他負電子衰變(β^-–Decay)，正電子或正子衰變(β^+–Decay)以及電子捕獲衰變(Electron Capture)三種。加馬衰變型式包括內轉換(Internal Conversion, IC)及異構物躍遷(Isomeric Transition, IT)。總計原子核衰變模式或一般放射物理學上所稱的原子核制激或原子核去激化(De-excitation)模式，主要可歸納有六種。

3-2 阿伐衰變

當一個不穩定原子核發射出阿伐粒子來完成其衰變過程時，此過程稱為阿伐衰變(alpha or α-decay)，原子序數大於 82 的原子，大多以進行阿伐衰變使其原子趨於穩定。阿伐粒子帶有兩個正電荷，本質上是由二個質子和二個中子所構成，也就是氦(^{4}He)的原子核。在阿伐衰變反應中，母核(Mother Nuclide, E)會損失 4 個單位的質量數(A)及 2 個單位的原子序(Z)，同時產生一個子核(Daughter Nuclide, F)。式(3.1)可以描述阿伐衰變的過程。此外，在阿伐衰變過程中亦有可能伴隨γ射線的發射，如 $_{84}^{210}\text{Po}$ 的衰變就是最典型的阿伐衰變之實例。

$$_{Z}^{A}\text{E} \rightarrow _{Z-2}^{A-4}\text{F} + _{2}^{4}\text{He} + 能量 \text{...(3.1)}$$

$$_{84}^{210}\text{Po} \rightarrow _{82}^{206}\text{Pb} + _{2}^{4}\text{He} + \gamma \,(\text{E}\alpha = 5.304\,\text{MeV})$$

在理論上，原子的質量數大於 150 的原子核是不穩定，而會發射阿伐粒子的，但事實上，在被發現的天然界核種中，可發射阿伐粒子的原子核，其所具有的原子序大多在 82 以上。可發射阿伐粒子的天然核種中，衰變速率經測定的結果，發現其範圍雖然很廣，但阿伐粒子所帶的能量的範圍確是很窄。對於較重母核種而言，典型的能量範圍介於 5~8 MeV 之間，而稀土元素核種所釋出的阿伐，其典型能量約為 1~2 MeV 之間，一般而言，α 衰變核種釋出之能量以 4~8 MeV 居多。

阿伐粒子是以不連續性能量(Discrete Energy)的方式發射。這種現象，可能是因為阿伐粒子持有一些特殊的且固定的能量關係所致。由發射出來的阿伐粒子的數目和它所具有的能量作圖，可得一不連續性的能譜圖，如圖 3-1 所示。

為了瞭解光譜如何由放射性核種發射出來，最好將核種在衰變過程的能階圖(Energy Level Diagram)或衰變圖(Decay Scheme)等訊息顯示出來，如圖 3-2 所示。一般的表示方式是，先將母核的能階畫於頂上的水平線上，而子核的能階是畫在母核能階下面的水平線。水平線之間的垂直線長度就是兩者之間的間隔之大小，可反映出母核與激發態或子核能階之能量大小差異(Energy Gap)。能階間的垂直線或直線箭頭的方向（偏左斜或偏右斜）也有明確的規範。如果直線箭頭是由左偏右斜時，即表示衰變後其原子序 Z 值增加。反之，如直線箭頭由右偏左斜時，即表示

衰變後其原子序 Z 值減少。此時子核要畫在母核的左斜下邊。以上所描寫即是典型的阿伐衰變之例。

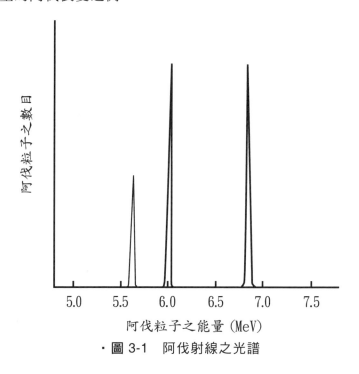

· 圖 3-1　阿伐射線之光譜

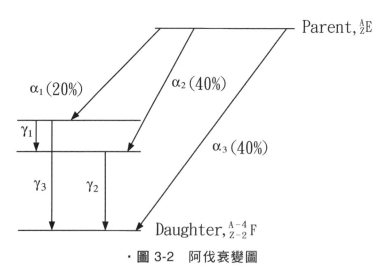

· 圖 3-2　阿伐衰變圖

3-3 貝他衰變

　　放射性核種在衰變過程前後，母核及子核中的質量數不變，但原子序改變，稱為貝他衰變(β–Decay)，貝他衰變的過程依據其產生原因，能量變化和游離輻射種類等之不同，可區分為以下三種不同的衰變模式，包括：

1. 負電子衰變－Negatron Decay (β^-)。
2. 正電子衰變－Positron Decay (β^+)。
3. 電子捕獲衰變－Electron Capture Decay　（EC 或 ε）。

　　一般而言，在上一節所討論的阿伐衰變的方式僅對於較重或較特殊的核種，且它們在週期表中占有特別的位置。然而貝他衰變不像阿伐衰變，它可能在很多的放射性核種中發生，其衰變的本質就如同原子核中的一個中子變成質子：

$$n \rightarrow p^+ + \beta^- + \overline{\nu}$$

（註：$\overline{\nu}$ 為 antineutrino，反微中子）

或原子核中的一個質子變成中子：

$$p^+ \rightarrow n + \beta^+ + \nu \text{或} \ e^- + p^+ \rightarrow n + \nu$$

（註：ν 為 neutrino，微中子）

　　在這個變化過程中，可能獲得比母核的原子序多一(β^--decay)或少一（β^+-deay 及 EC）單位，且具有更大穩定性的子核。

3-3-1　負電子衰變

在原子核衰變過程中將一個負電子(β^-)發射出來時，此現象稱為負電子衰變或貝他衰變(β^-–Decay)。通常若沒特別指明，貝他衰變習慣上即是指負電子衰變。其衰變的一般方程式如下：

$$_Z^A E \rightarrow\, _{Z+1}^{A} F + \beta^- + \bar{v}$$

下列為一些貝他衰變之例：（ $\bar{v}$ 為 antineutrino， $t_{1/2}$ 為母核半衰期）

$$_{38}^{90}\mathrm{Sr} \rightarrow\, _{39}^{90} Y + \beta^- + \bar{v}\ (t_{1/2} = 29.1y)$$

$$_{15}^{32}\mathrm{P} \rightarrow\, _{16}^{32} S + \beta^- + \bar{v}\ (t_{1/2} = 14.3d)$$

原子核中具有較高的 N/P 比值者（稱為中子過剩）亦即當原子中的中子數目超過穩定所需時，其大部分的核種幾乎以β^-衰變模式進行衰變，如核反應器生產的放射性核種，像 $^{60}\mathrm{Co}$, $^{131}\mathrm{I}$，都會作β^-衰變。貝他衰變的速率，其快慢程度相差很大，衰變的能量大小相差亦很大。貝他能譜如圖 3-4 所示。貝他衰變的速率與其能量之間的關係異於阿伐衰變的速率與其能量的關係，這主要是β^-粒子放射出來的速率仍需要看其他幾種性質的影響，如粒子自旋、成對性等的變化。大致來說，貝他衰變能量愈大，發射β^-粒子的速率愈快。圖 3-3 是一個簡單的負電子衰變圖，在貝他衰變中原子序多一個單位，所以子核是位在母核的右邊的方向，如圖 3-3 所示。

此外，由圖 3-1 和圖 3-4 的對照比較，也可看出阿伐射線與貝他射線的光譜的特徵完全不一樣，前者為單一能量不連續的能譜，後者則為非單一能量之連續能譜。

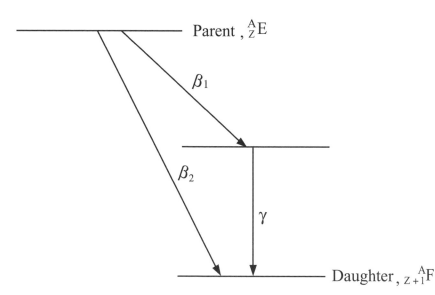

・圖 3-3　貝他衰變(β^--decay)圖

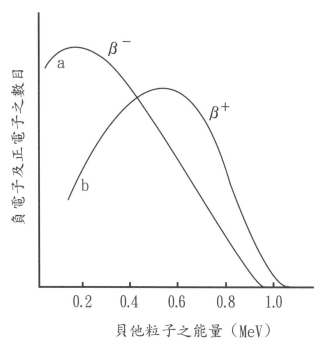

・圖 3-4　貝他衰變中的負電子及正電子光譜

在貝他衰變過程中，由母核中發射出來的電子是連續性的能量。如圖 3-4 曲線 a 所示，可以看到連續性的粒子能量分布，由零至最大能量值(E_{max})。貝它衰變不論是負電子或正電子衰變(Positron Decay)其能譜變化是一樣的情形。所謂最大能量值是指由起始至最終的原子核的能量狀態之間的差異。而值得我們注意的是原子進行 β^- 衰變時，自相同核種母核裡所釋出的 β^- 粒子的能量，有很大的差別，亦即大小並非完全相同，1932 年庖立(W. Pauli)提出一種假說以解釋這種現象，他認為中子在衰變為質子和電子時，有質量極輕且不帶電荷的反微中子 $\bar{\nu}$ (antineutrino)存在，原子進行 β^- 衰變時系統所釋出的能量就分配在 β^- 粒子和反微中子身上，兩者之和等於最大能量。以後，我們說某核種作 β^- 衰變時所釋出之能量，即稱為 β^- 的最大能量(E_{max})，而 β^- 衰變時的平均能量通常約為 E_{max} 的三分之一左右，即 $E_{ave} = 1/3\ E_{max}$。

3-3-2　正子（或稱為正電子）衰變

在貝他衰變模式中，具有正電荷的電子（正子）β^+，由原子核中被發射出來時，此貝他衰變模式稱為正電子衰變(Positron Decay)或稱為正子衰變(β^+–Decay)。正子是電荷為正的貝他粒子，在其他方面其性質則與負貝他粒子或普通的電子相同。其一般反應方程式如下：

$$_Z^A E \rightarrow _{Z-1}^A F + \beta^+ + \nu$$

正電子衰變模式的特徵是子核的原子序比母核小了一單位，但質量數不變。一些實例如下：

$$_{11}^{22} Na \rightarrow _{10}^{22} Ne + \beta^+ + \nu$$

$$_6^{11} C \rightarrow _5^{11} B + \beta^+ + \nu$$

　　正（電）子衰變圖與負電子（貝他電子）衰變圖很相似，其表示法如圖 3-5 所示。

　　衰變的直線箭頭是畫至母核存在的左邊。在這個模式的衰變當中，原子序減少了一個單位。正子(β^+)的能譜像負電子衰變一樣是連續性的，如圖 3-4 曲線 b 所示。

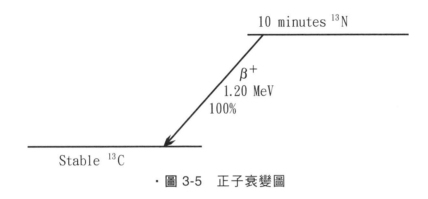

· 圖 3-5　正子衰變圖

　　正子衰變模式通常是子核中的中子數較穩定時為少，原子中的質子即會衰變為中子和正電子，並將中子留在核中而將 β^+ 釋放出來，且在這個變化過程中同時伴隨產生微中子(ν)。利用加速器製造放射性核種時，通常是用高能粒子自母核中擊出一個中子而形成，此類核種常進行 β^+ 衰變。此亦可說明正子衰變模式是很少有機會在「富於中子」的核種（即 N/P 比值較大者）出現，而常常是在比較輕的核種中產生，即在那些 N/P 比值太低而其能量又不足以發射阿伐的情況，原子核在某種條件下發射一正子(β^+)而獲得穩定。因此，在正子衰變過程中，原子核中的質子被改變為中子，而帶正電的電子由原子核中被發射出來。原來在母核外圍軌道上的電子即喪失，以便變成電中性的子核。在原始的理論解釋中，提到此一過程是說先在創造一個「正電子－電子對」時，靜止中的電子其能量是由原子核內能量轉變過來的。一個電子的能量當量(Energy

Equivalent)為 0.511 MeV，因此其能量當量最低程度需要 1.022 MeV 的能量始可創造 2 個電子的質量。因此，正子衰變需在轉變能量(Transition Energy)大於 1.022 MeV 時始可產生，也就是說原子要做 β^+ 衰變時，母核種的原子質量必須較子核種的原子質量多出兩個電子的靜止質量才可能發生。此外，由原子核中發射出來的正子，在一個被稱為正子互毀(Positron Annihilation)的過程中，轉變為純粹(Pure)能量。如果正子的動能被消耗殆盡，低到與其周圍環境相同的程度時，例如，和核外的軌道電子(Orbital Electron)動能可以互相比較之程度（或幾乎相同程度）時，正子極易與負電子起作用，此兩個互相作用的正、負電子的質量即被轉變為能量。通常，此能量係以兩個 0.511 MeV 能量的光子(Photon)以 180° 角度方向發射出去（在此所指為兩個方向相反的加馬射線），此種現象稱為互毀作用(Annihilation)，而此過程即是所謂的正子發射(Positron Emission)。

3-3-3　電子捕獲

電子捕獲（EC 或 ε）是原子核貝他衰變的另一種模式。通常一個比較缺中子的原子或中子數目較穩定所需數目為少時，藉著正子發射以獲得穩定，則此時它的原子質量必須較子核種多出兩個靜止的電子質量。但假如此條件不能兼備，則該原子核可經由電子捕獲過程衰變。在這種衰變中，核外一個電子被原子核捕獲並與質子結合成中子，且母核種並沒有新電子釋出。由於通常被捕獲的是最接近原子核的 K 層電子，故亦稱為 K 電子捕獲。在電子捕獲衰變過程中，原子軌道上的電子被激發的原子核捕獲，由母核(E)以此模式衰變至子核(F)，其反應方程式可以表示如下：

$$_Z^A E \to _{Z-1}^A F + \text{特性 x-rays or Auger electron} + \nu$$
$$+ \text{inner-bremsstrahlung} + \gamma$$

在上式中，子核 F 的原子序 Z 比母核 E 少了一單位。另外，所謂的 Inner Bremstrahlung 是一種連續性的光譜，在此系統它是一種低強度、低能量的電磁波能量，是在所有的貝他衰變過程中伴隨發射出來，其中部分的能量平常是隨著微中子發射。

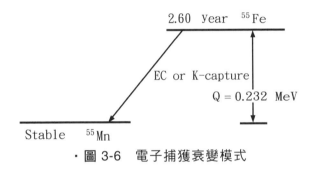

· 圖 3-6　電子捕獲衰變模式

鄂惹電子(Auger Electron)是由位於較低能階電子軌道上發射出來的電子（如圖 3-7）。一般認為是以特性 X-ray 的方式發射，但事實上，是以鄂惹電子的方式發射，它實際上是電子捕獲所伴隨產生之特性輻性再被其它核外電子所吸收而游離出來的電子。

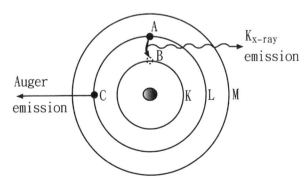

· 圖 3-7　顎惹電子(Auger Electron)發射

有關一些電子捕獲衰變模式的例子，如下：

$$^{172}_{71}\text{Lu} \rightarrow ^{172}_{70}\text{Yb} + 特性\ \text{x-rays or Auger electron} + \nu (t_{\frac{1}{2}} = 6.70d)$$

$$^{188}_{78}\text{Pt} \rightarrow ^{188}_{77}\text{Ir} + 特性\ \text{x-rays or Auger electron} + \nu (t_{\frac{1}{2}} = 10.2d)$$

一個重要的事實，就是由電子捕獲產生出來的子核與由正子衰變方式所產生出來的子核是相同，也就是說子核原子序(Z)較母核減小一單位，但質量數(A)不變，如圖 3-6 所示。當其轉變能量(Transition Energy)低於 1.022 MeV 時，電子捕獲可能是僅有的一種模式，可以提供衰變反應。這是因為要以發射正子方式衰變的模式時，必須具有 1.022 MeV 的最低限度能量。如果其不具有足夠的 1.022 MeV 能量時，則電子捕獲相對的比正子發射容易發生。根據上述所知電子捕獲衰變具備以下兩個要素：

1. 所需的轉變能量比較低。

2. 母核的原子序較高。

若進一步探討上述二個理由，亦可推知為何電子捕獲以 K 層捕獲為主，因在高原子序(Z)元素的原子核中具備較高的電子分布密度(Population Density)，而這個較高的電子密度可加強原子核捕獲電子的或然率。K 層電子軌道（主量子數 $n=1$）最易被捕獲，因為此層電子是在最靠近原子核的地區，具有最高的或然率。此一過程亦即為所謂的 K 電子捕獲。對較重的元素來說，要捕獲存在於更高的主量子數能階的電子軌道上電子(Orbital Electron)，亦有可能，但或然率較低。

事實上，電子捕獲的衰變過程一直到 1938 年才被發現，這個原因大概是因為依據此衰變模式所產生的特性輻射(Characteristic x-ray)，因半衰期極短、能量很低等因素不容易被偵測所致，這個事實與中子的發現很相似。

在電子捕獲衰變過程中，尚需說明其他兩種產物，即是特性 X 射線及鄂惹電子(Auger Electron)。這些是伴隨著原子核的制激過程(De-excitation)導致原子軌道電子重新排列(Rearrangement)的結果，如圖 3-7 所示。由於原子核捕獲了軌道上的電子的結果，導致在原子殼層(Shell)中的 K 或 L 殼層形成電子空洞(Vacancy)。此一電子空洞很快就被另外高位能的軌道電子，如位於較高能階殼層的 L, M, N 等躍遷來填補。當該電子躍遷來填補時所放出的位能損失(Potential Energy Loss)，亦即多餘的能量以 X－射線的方式發射，此型式的游離輻射又稱為特性輻射(Characteristic x-rays)。而在這過程中也有可能再引發在更高能階殼層中的電子因被特性輻射作用被游離釋放出來，這種過程就是所謂的二次電子(Secondary Electron)。這種二次電子是具有比較低的能量（比其典型的負電子衰變過程中發射出來的電子的能量更低），這就是所謂的鄂惹電子(Auger Electron)。這兩種產物對一個原子的電子捕獲而言，是一種競爭的過程，可用以下兩種產率的定義及其大小來加以規範和比較。

1. **螢光產率(Fluorescence Yield, ω)**：指由電子捕獲所產生的空洞，為特性 X－射線的發射所占用之分率(Fraction)大小的一種度量，通常螢光產率會隨原子序的增加而增加。

$$螢光產率(ω_k) = \frac{發射K_{x-ray}光子之數目}{K層的電子空洞數}$$

2. **鄂惹產率(Auger Yield)**：指由電子捕獲所產生的空洞，為鄂惹電子之發射所占用之分率(Fraction)的大小的一種度量。

$$鄂惹產率(Auger \ Yield) = \frac{發射Auger \ electron的數目}{K層電子空洞數}$$

放射化學 Radiochemistry

正子衰變與電子捕獲衰變模式所得結果相似，也就是說衰變過程前後，在母核及子核中的變化是完全一樣的，即質量數(A)不變，原子序(Z)減少一個單位。一放射性核種，如僅由其他的原子核中 N/Z 比值及其他特性，其實不容易判斷該放射性核種究竟應依哪一種衰變模式進行衰變。但根據經驗法則，如果該放射性核種的原子序(Z)小，Q 值大，則依照正子衰變模式的機會（百分比率）較大，如 ^{11}C, ^{13}N, ^{15}O, ^{18}F 等，反之，則以 K 電子捕獲衰變機會較大。

3-4 加馬衰變

當一原子核因放射衰變或與高能粒子碰撞，由較高的激發狀態(Excited State)進行轉移時，其能量以電磁波輻射線的形式發射出來而降至基態(Ground State)的過程稱為加馬衰變(Gamma-decay, γ-decay)。其一般式如下：

$$_{Z}^{A}E^* \rightarrow _{Z}^{A}F + \gamma$$

在此 E*表示母核是在較高能階狀態。一些加馬衰變之例如下：

$$_{47}^{110m}Ag^* \rightarrow _{47}^{110}Ag + \gamma \ (t_{\frac{1}{2}} = 249.8 \ d)$$

$$_{49}^{115m}In^* \rightarrow _{49}^{115}In + \gamma \ (t_{\frac{1}{2}} = 4.5 \ h)$$

加馬衰變時，母核(E)及子核(F)的 Z 值及 A 值均不變。原子核在此激發的狀態(E)和由於γ射線發射的結果所得到的低能量狀態(F)稱為核異構體或簡稱為異構物(Nuclear Isomer)，如果其激發狀態之半衰期夠長到一個可以以儀器測定出來的程度（Milli-second 最低限度）或更長時，則此加馬衰變過程稱為異構物躍遷(Isomeric Transition, IT)。母核的能階狀態，另外一個術語稱為介（半）穩定狀態(Metastable State)或激發狀態(Excited State)如 ^{110m}Ag 左上標之 m 所代表的意義。處於這些狀態的核種，其能量均比其在基態狀態(Ground State)時高些。加馬衰變的模式共有三種，分別為：(1)純加馬射線(Pure Gamma Radiation)，(2)內部轉換(Internal Conversion, IC)及(3)成對發生(Pair Production, PP)，其中前兩種較常見，成對發生需要有特殊的能量條件。

3-4-1 純加馬發射

純加馬發射係由其原子核發射出來的加馬射線，它是單一能量(Monoenergetic)模式如 ^{234m}Pa 衰變至 ^{234g}Pa（圖 3-8），其中 m 代表介穩定狀態。其對每一能階與能階間的轉移能量的範圍約介於 2 KeV~7MeV。這些加馬能量很接近原子核量子狀態之間的轉變能量，雖然會有一小量的反跳能量(Recoil Energy)分配到子核，但與加馬射線的能量相比較則甚微小，因此可加以忽略。

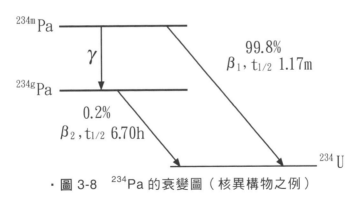

· 圖 3-8 ^{234}Pa 的衰變圖（核異構物之例）

3-4-2 內部轉換

在內部轉換(Internal Conversion, IC)衰變模式中，係分成幾個階段轉變其能量，即被激發態的原子核藉釋出加馬射線將能量轉移給軌道上電子而去激發(De-excitation)，隨後此軌道電子從原子中被游離出來，在這過程中沒有加馬射線被發射出來。一般的衰變方程式如下：

$$_Z^A E^* \rightarrow {}_Z^A F + IC \text{ electrons} + 特性 \text{ x-ray} + \text{Auger electrons}$$

內部轉換電子(IC Electron)具有單一能量，如圖 3-9 所示。其能量大小是為核能階間的轉移能量(Transition Energy)減去原子對電子本身的束縛能量(Binding Energy, BE)。

$$E_{IC \text{ electron}} = E_{\text{trans}} - BE_{\text{atomic electrons}}$$

由於 IC 衰變的結果是在原子軌道上產生一個電子洞，因此會產生特性 x-rays 的發射或鄂惹電子(Auger Electron)之發射。此外，內部轉換和純加馬發射亦是一種競爭的過程，可用內部轉換係數來加以規範和比較。內部轉換係數(Internal conversion coefficient, α)的定義如下：

$$\alpha = \frac{發生內部轉換衰變的分率}{發生純加馬射線衰變的分率}$$

一般 α 值介於 0~∞(infinity)之間，且與能階轉移能量、原子序及核自旋改變都有關連。

$$E_{\text{IC electron}} \dashrightarrow E_{\text{trans}} - B.E._{\text{atomic electron}}$$

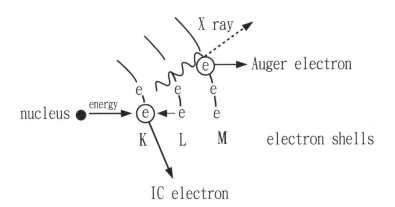

$$^{113m}\text{In} \dashrightarrow {}^{113g}\text{In}\,(\text{IC}, 392\text{ keV})$$

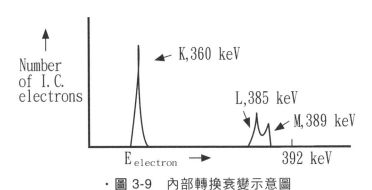

· 圖 3-9 內部轉換衰變示意圖

3-4-3　成對發生

對於能量大於 1.022 MeV 的核轉換當中，「成對發生」(Pair Production, PP)是其中的一種變化的過程，雖然此種衰變模式不是很普遍 (Uncommon)且不常看到，但在這個過程中，轉換的能量可被用於創造一對電子－正子對(Electron-Positron Pair)，並從原子核中發射出，而該「成對發生」的總動能是等於轉換能量與 1.022 MeV（要創造該「成對發生」所需的能量）之間的差，即 β^- 和 β^+ 分別具有 0.511 MeV 的能量。一般表示方式如下：

$$^A_Z E^* \to ^A_Z E + (\beta^- + \beta^+)$$

正電子最後將如同前面章節所敘述的進行互毀反應(Annihilation)，產生兩個成直線夾角(180°)，方向相反且能量各為 0.511 MeV 的加馬光子。以成對發生(PP)模式衰變的核種，例如 ^{16m}O。其反應式如下：

$$^{16m}O \to ^{16}O \qquad E_{\text{trans}} = 6.05\,\text{MeV} \qquad t_{\frac{1}{2}} = 7 \times 10^{-11} s$$

3-5 放射性衰變中的能量變化

3-5-1　核反應的能量變化

在任何一種型式核反應中，無論它是自發的或被誘起的，均會有能量之變化。核反應的 Q 值是指在該反應中釋出來的或被吸收的能量。

某一核反應的 Q 值可以由下述的方式算出，即由該反應系統的生成物總質量和減去反應物的總質量和，然後 Δm（質量差）再加以換算為能量單位。當然亦可以利用質量缺陷(Mass Defect)值代替實際上的質量之運算。

$$Q = \left[\sum\Delta m\,（反應物的總質量）-\sum\Delta m\,（生成物的總質量）\right]$$
$$\times(931.5\,\text{MeV/dalton})$$

在此，質量之單位為 daltons。或寫成

$$Q = \left[\sum\Delta E\,（反應物的總能量）-\sum\Delta E\,（生成物的總能量）\right]$$

在此，ΔE 值的單位為能量的單位。如果 Q 值為正，其意義為生成物的質量小於反應物，該反應將釋出能量，而成為放熱反應，系統為自發反應，相反的如 Q 值為負，表示該反應為吸熱反應，系統為不自發反應。

 例 3-2

試求下列核反應中的能量變化，以 MeV 表示之。該反應為放熱反應或吸熱反應？

 解

$$^{31}\text{P}+{}^{1}n \rightarrow {}^{28}\text{Al}+\alpha$$
$$Q = [\Delta({}^{31}\text{P})+\Delta({}^{1}n)]-[\Delta({}^{28}\text{Al})+\Delta({}^{4}\text{He})]$$
$$Q = [(-24.441)+(8.071)]\,\text{MeV}-[(-16.851)+(+2.424)]\,\text{MeV}$$
$$= -1.943\,\text{MeV}$$

Q 值為負值，因此該核反應為吸熱反應(Endoergic)，系統為不自發反應。

3-5-2　阿伐衰變

對於阿伐衰變的能量變化之計算相對其它衰變模式而言，較為簡單。母核為反應物(Reactant)，阿伐粒子和子核為生成物(Product)。

 例 3-3

試求 ^{252}Cf 的阿伐衰變之 Q 值為多少？

 解

$$^{252}\text{Cf} \rightarrow {}^{248}\text{Cm} + \alpha$$

$$Q = \Delta_{\text{Cf}} - (\Delta_{\text{Cm}} + \Delta_{\text{He}})$$

$$Q = 76.030 - (2.424 + 67.388) = 6.22\,\text{MeV}$$

註 Δ值是基於原子質量（包含軌道上電子在內）之計算，$Q > 0$，^{252}Cf 的阿伐衰變為放熱反應，系統為自發反應。

Radiochemistry

3-5-3　負電子衰變

在負電子衰變的一般式中，生成物為負電子和子核，但是負電子(β^-)質量是不包括在 Q 值的計算之內。其理由是當初子核被生成出來時缺少一個電子（因為 Z 增加一單位），但它很快的抓取一電子藉以生成中性的原子，因為核種的質量(Nuclide Masses)或Δ值正常被記載於週期表中者，代表原子質量(Atomic Masses)，它即包括軌道上的電子的質量，因此為了計算 Q 值，負電子(β^-)粒子的質量（相當於一個電子的質量）實際上在子核的原子質量（或Δ）中已考量進去了。

例 3-4

試求 ^{32}P 以負電子衰變方式至 ^{32}S 的 Q 值

$$^{32}_{15}\text{P} \rightarrow ^{32}_{16}\text{S} + \beta^- + \bar{\nu} + \text{Q}$$

$$Q = \Delta\left(^{32}\text{P}\right) - \Delta\left(^{32}\text{S}\right) = -24.305 - (-26.016) = 1.711\,\text{MeV}$$

3-5-4 正子衰變

在正子衰變中電子平衡的情形與負電子衰變(Negatron Decay)模式不一樣。在衰變過程中，由於發射正子將損失一單位的負電子的質量，加上因子核生成時的原子序比母核減少一單位，子核種將額外多出了一個軌道電子，該電子將被損失以生成中性的子核種原子方式出現，如此在正子衰變的 Q 值計算時，需將二個電子的質量算進去。

 例 3-5

試求 ^{26}Al 的正子衰變的 Q 值。

$$^{26}_{13}\text{Al} \rightarrow ^{26}_{12}\text{Mg} + \beta^+ + \text{Atomic Electron} + \nu + Q$$

$$Q = \Delta\left(^{26}\text{Al}\right) - [\Delta\left(^{26}\text{Mg}\right) + 2\,(\text{Energy Equivalent of the } m_e)]$$

$$Q = -12.210 - (-16.214) - 2\,(0.511) = 2.982\,\text{MeV}$$

3-5-5 閉環衰變

前面所提到有關衰變反應的能量之計算，其前提是必須知道相關反應核種之質量(Nuclide Mass)，但是由實驗所欲獲得的核種質量尚有不少未知者，特別是對於半生期較短的放射性核種，更是不易得知。在此情況下，可以利用間接的或其他的實驗方法直接求出所需的核種質量或能量值。

間接法中較簡單的方式之一為利用閉環式衰變圖(Closed-Cycle Decay)之製作。衰變圖的各角落放置不同的核種，主要的條件之一為右下角之核種為其他子核的母核，二個獨立的衰變路線可藉由二個中間性產物之子核引導而獲得最終較穩定的子核。實例如下圖所示。

在圖中 ^{241}Pu 是母核，它發射 α 射線衰變為 ^{237}U，此子核再發射 β^- 射線衰變為 ^{237}Np。另 ^{241}Pu 母核亦發射 β^- 射線衰變為 ^{241}Am，此子核再進行 α 射線衰變為 ^{237}Np。由母核 ^{241}Pu 衰變至子核 ^{237}Np，所有的能量變化總和，不管經由那一路線應為完全相同，亦即

$$Q_{\mathrm{Pu} \to \mathrm{U}} + Q_{\mathrm{U} \to \mathrm{Np}} = Q_{\mathrm{Pu} \to \mathrm{Am}} + Q_{\mathrm{Am} \to \mathrm{Np}}$$

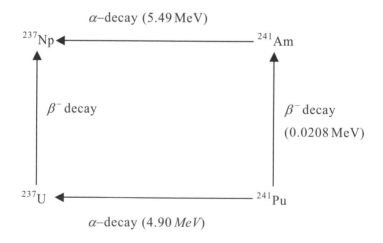

在圖閉環衰變的四個邊中，如已知三個能量和相等的三個質量組合，即可求得未知的第四個核種及其能量變化。

 例 3-6 ─────────────────────────

上圖中試求 $^{237}\text{U} \rightarrow {}^{237}\text{Np}$ 衰變途徑的 Q 值。並請利用閉環衰變圖中所得的能量值求解。

$$Q_{\text{U}\rightarrow\text{Np}} = Q_{\text{Pu}\rightarrow\text{Am}} + Q_{\text{Am}\rightarrow\text{Np}} - Q_{\text{Pu}\rightarrow\text{U}}$$

$$Q_{\text{U}\rightarrow\text{Np}} = 0.0208 + 5.49 - 4.90 = 0.61\,\text{MeV}$$

同理，質量數變化亦可以此方法計算得之。

3-6 天然界存在的衰變鏈

迄今在自然界中已經發現存在了三種天然的衰變鏈(Natural Decay Chains)。經詳細追蹤其衰變過程，了解這些衰變的鏈主要是起源於鈾及釷這兩種同位素。衰變反應的最終核種為鉛的同位素。這三列衰變鏈的名稱及其衰變過程如下所述：

1. **釷衰變系列(The Thorium Decay Series, 4n + 0 Series)**：此系列母核(Parent)為天然的放射性核種釷-232(^{232}Th)，由於母核的質量數以及其他的衰變鏈上的每一個組成核種所具有的質量數皆為 4 的倍數，所以這個衰變鏈亦稱為 $4n+0$ 系列。^{232}Th 的半衰期（其活度衰變至原來的一半所需的時間）為 1.4×10^{10} 年，最終的子核為鉛–208 (^{208}Pb)。在整個衰變系列中，共放射出 6 個阿伐粒子及 4 個貝他粒子(β^-)。其衰變過程如圖 3-10 所示。虛線往右下角方向為阿伐衰變，子核質量數減少 4，原子序減少 2，虛線往上一格為貝他衰變(β^--decay)，子核質量數不變，原子序增加 1。釷系有一氣體子核為 ^{220}Rn。

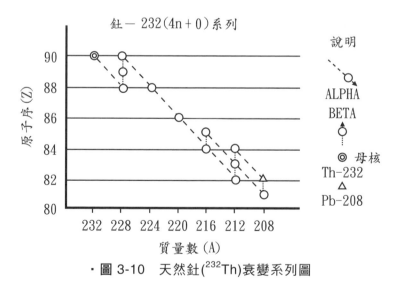

· 圖 3-10　天然釷(^{232}Th)衰變系列圖

2. **鈾衰變系列(The Uranium Decay Series, 4n + 2 Series)**：母核為
   ^{238}U，最後的子核產物為鉛-206(^{206}Pb)。整個衰變過程中，共放射出 8
   個阿伐粒子及 6 個貝他粒子，^{238}鈾的半衰期為 4.5×10^9 年，其衰變的
   過程如圖 3-11 所示，此系列母核及衰變鏈上的所有子核種其質量數皆
   為 4 的倍數餘 2，故亦稱為 4n+2 系列。此鈾系有一氣體子核為 ^{222}Rn。

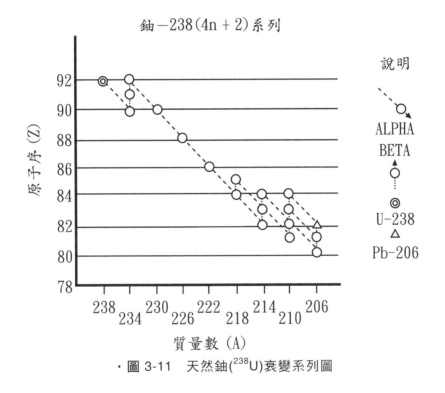

· 圖 3-11　天然鈾(^{238}U)衰變系列圖

3. **錒衰變系列(The Actinium Decay Series, 4n + 3 Series)**：這一系列
   的母核為 ^{235}U，其半衰期為 7.04×10^8 年。其最終的子核為 ^{207}Pb。整
   個系列的衰變過程中，共放射出 7 個阿伐粒子及 4 個貝他粒子。其衰
   變過程如圖 3-12 所示。此系列母核及衰變鏈上的所有子核種其質量數
   皆為 4 的倍數餘 3，故亦稱為 4n+3 系列。錒系有一氣體子核為 ^{219}Rn。

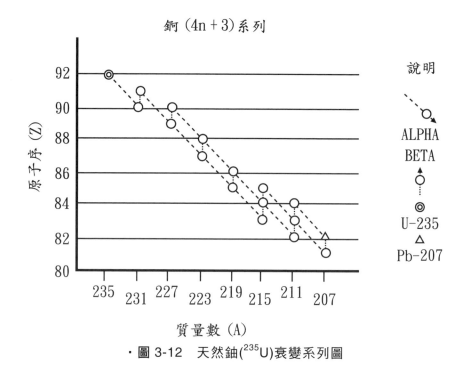

· 圖 3-12 天然鈾(^{235}U)衰變系列圖

除了上述三種天然存在的放射衰變鏈外，在太陽系(The Solar System)的早期歷史上，可能存在另一天然衰變系列稱為錼(Np, Z=93)衰變系列(The Neptunium Decay Series, 4n+1 Series)。此系列並不包括在前述天然存在的衰變鏈種類中，主要原因是起始母核錼-237(^{237}Np)半衰期僅有2.14×10^6 年，自地球於 4.7×10^9 年前形成以來到目前已完全衰變消耗迨盡，故此系列不再於地球上被發現。然而此系列組成成分核種仍可經由人工製造產生，而最終產物為穩定的鉍-209(Bi-209, Z=83)，在整個錼衰變系列中，共可放射出 7 個阿伐粒子和 4 個貝他粒子。此系列由於其母核及衰變子核質量數皆為 4 的倍數餘 1，故亦稱為 4n+1 系列。

另外，在所有天然衰變鏈中，除阿伐粒子和貝他粒子的放射以外，亦可能在任一衰變步驟中伴隨有加馬射線的釋出，但加馬射線的釋出，基本上並不影響系列衰變鏈子核的原子序(Z)和質量數(A)。

練習題　　　　　　　　　　　　　*Radiochemistry*

一、選擇題

( )1. Rn-219 進行阿伐衰變會得下列哪一個子核種？ (A) Po-215 (B) Po-217 (C) Ra-215 (D) Ra-217。

( )2. 下列何者正確？ (A)游離氣體能力：$\alpha^{++}<\beta^-<\gamma$ (B)就穿透性而言：$\alpha^{++}>\beta^->\gamma$ (C)就靜止質量而言：$\alpha^{++}<\beta^-<\gamma$ (D)就照像感光效應而言：$\alpha^{++}<\beta^-<\gamma$。

( )3. 較原子核穩定帶內原子核的 N/P ratio（中子／質子的比值）大的核種，通常會進行何種衰變？ (A) β^- (B) β^+ (C) EC (D) IT。

( )4. 下列何者是純 β^- 放射核種？ (A) ^{137}Cs (B) ^{131}I (C) ^{60}Co (D) ^{90}Sr。

( )5. ^{24}Na 是由穩定的鈉同位素 ^{23}Na (Z=11)在原子爐中以中子照射而得，若由 N/P 比推論可知 ^{24}Na 會進行以下哪一種模式的衰變？ (A) α^{++} (B) β^- (C) β^+ (D) EC。

( )6. ^{60}Co 進行 β^- 及 γ 衰變，最後變成那一種穩定的核種？ (A) ^{59}Fe (B) ^{59}Ni (C) ^{60}Ni (D) ^{60}Fe。

( )7. 較原子核穩定帶內原子核的 N/P ratio（中子／質子的比值）小的核種，通常較易進行下列何種衰變？ (A)內轉換(IC) (B)貝他負電子衰變(β^-) (C)正子衰變(β^+) (D)異構物躍遷(IT)。

( )8. 以 α^{++} 粒子撞擊 ^{10}B 所生成 ^{13}N 原子核，其中子數較穩定同位素 ^{14}N 少一個，因此會進行何種衰變而變成 ^{13}C 回到穩定帶裡？ (A) β^- (B) β^+ (C) EC (D) IC。

( )9. 下列何種衰變模式所釋出之輻射 "不是" 單一能量能譜？ (A) α^{++} (B) β^- (C) γ (D) IC electron。

( )10. 貝他負電子能譜中，貝他粒子的平均能量值約為最大能量的幾倍？ (A)1/2 (B)1/3 (C)1/4 (D)以上皆非。

( )11. 下列何者是 X 射線的來源？ (A)制動輻射 (B)內轉換 (C)電子捕獲 (D)以上皆是。

( )12. 加馬射線和 X 射線最大的不同是 (A)波長 (B)能量 (C)穿透性 (D)來源。

( )13. 具有相同原子序及質量數，但不同能階的核種稱為 (A) isotope (B) isobar (C) isomer (D) isotone。

( )14. ^{80m}Br 核種中的 m 代表 (A) media (B) metastable (C) middle (D) maximum。

( )15. 下列何者的半衰期最長？ (A) ^{32}P (B) ^{131}I (C) ^{99m}Tc (D) ^3H。

( )16. 針對 α^{++}，β^- 及 γ 而言，相同能量之比游離度(Specific Ionization)何者最大？ (A) α^{++} (B) β^- (C) γ (D)三者一樣大。

( )17. 針對 α^{++}, β^- 及 γ 而言，在空氣中的射程何者最大？ (A) α^{++} (B) β^- (C) γ (D)三者一樣大。

( )18. Ra-226 的半衰期為下列何者？ (A)5,730 年 (B)7.1×10^8 年 (C)24,400 年 (D)1,600 年。

( )19.下列哪一種衰變，母核種能量必須比子核種能量高 1.022MeV？

(A) β^-　(B) β^+　(C) EC　(D) IC。

( )20.^{22}Na 進行 β^+衰變會得到以下哪一種核種？　(A) ^{22}Ne　(B) ^{23}Ne (C) ^{22}Mg　(D) ^{23}Mg。

( )21.下列正子釋出核種，何者半衰期最短？　(A) ^{18}F　(B) ^{11}C　(C) ^{15}O　(D) ^{13}N。

( )22.電子捕獲常會伴隨產生　(A)特性 X-ray　(B) IC electron　(C) IT (D) α-decay。

( )23.^{32}P$\rightarrow$^{32}S+__，空白處應填入　(A) β^-+$\bar{\nu}$　(B) β^++ν　(C) β^-+ν　(D) n。

( )24.下列何者是鄂惹電子(Auger Electron)的來源？　(A)異構物躍遷釋出加馬射線將核外電子打出　(B)內轉換電子被原子核吸收再釋放出來的粒子　(C)電子捕獲伴隨產生特性輻射再被其他核外電子所吸收而游離出來的電子　(D)以上三種皆是。

( )25.　^{55}Fe 以何種衰變模式進行，最後得到穩定的 ^{55}Mn 核種？

(A) β^-　(B) β^+　(C) EC　(D) IT。

( )26.下列有關內轉換係數(Internal Conversion Coefficient, α) 的定義及其特性之敘述，何者正確？　(A)其值等於發生內轉換衰變的分率 (Ne)除以發生純加馬射線衰變的分率(Nr)，Ne/Nr　(B)一般α值介於 0~∞之間，且α_T=α_k+α_L+α_M+...，其中α_T代表總內轉換係數，K, L, M 代表各能量殼層的α 值　(C) α值與能階轉移能量、原子序及核自旋改變有關　(D)以上皆對。

( )27. 對 ^{99m}Tc 核種而言（可釋出 140KeV 之γ-ray）假如總內轉換係數 (α_T)值為 0.11，試計算 140KeV 的加馬射線，約有多少百分比可以 提供作為造影？ (A)70% (B)80% (C)90% (D)95%。

( )28. ^{131}I 進行 β$^-$+γ 衰變，最後可獲得哪一穩定核種？ (A) ^{130}Xe (B) ^{130}Te (C) ^{131}Xe (D) ^{131}Te。

( )29. ^{99m}Tc 是由哪一母核種衰變而來？ (A) ^{99}Ru (B) ^{99}Tc (C) ^{99}Mo (D) ^{99}Mn。

( )30. 下列哪一核種衰變時可釋出正子並引起互毀效應(Annihilation Effect)？ (A) ^{67}Ga (B) ^{68}Ga (C) ^{57}Co (D) ^{123}I。

( )31. ^{111}In (Z=49)進行何種衰變可獲得 ^{111}Cd (Z=48)？ (A) EC (B) β$^-$ (C) β$^+$ (D) IT。

( )32. 有一放射核種其總內轉換係數(α_T)值為 0.23，加馬射線為 195KeV，試計算此能量光子可用來作為造影的百分比約為多少？ (A)60% (B)70% (C)80% (D)90%。

( )33. ^{14}C 最容易放射的是 (A) β$^+$粒子 (B) β$^-$粒子 (C) α粒子 (D)中子。

( )34. β$^+$衰變可視為原子核內 (A) 1n→1e$^-$ (B) 1p→1n (C) 1n→1p (D) 1p→1e$^-$ 。

( )35. 常伴隨中子捕獲而產生的射線是 (A) α^{++} (B) β$^+$ (C) γ (D) β$^-$。

( )36. 對電子捕獲(Electron Capture, EC)而言，下列何者最正確？ (A) 電子捕獲是 L 層的電子被 K 層捕獲 (B)最容易被捕獲的電子是 最外層的電子 (C)電子捕獲為原子核捕獲核外電子的現象 (D) 發生電子捕獲後，子核種原子序會增加一，亦即△Z＝+1。

( )37. 阿伐射線在威爾遜雲霧室(Wilson Cloud Chamber)的軌跡為　(A)直線　(B)彎曲　(C)樹枝狀　(D)不一定。

( )38. 核種圖(Chart of Isotopes)中同重素(Isobar)元素連成同重素線(Isobaric Lines)，此線與橫軸(N)的夾角為幾度？　(A)30°　(B)45°　(C)90°　(D)120°。

( )39. ^{15}N 和 ^{16}O 兩者是屬於　(A) Isotopes　(B) Isobars　(C) Isomers　(D) Isotones。

( )40. 高原子序之穩定同位素趨向於　(A)中子數大於質子數　(B)質子數大於電子數　(C)電子數大於中子數　(D)電子數大於質子數。

( )41. 下列有關反微中子($\bar{\nu}$)的敘述何者正確？　(A)在 β^- 衰變反應中為單一能量　(B)帶有質量和電荷，主要目的為維持質量和電荷守恆　(C)帶有動能和動量，主要目的為維持能量守恆　(D)以上皆正確。

( )42. $^{18}F \rightarrow {}^{18}O + \beta^+ + \_\_$，空白處應填入　(A)中子　(B)加馬射線　(C)微中子　(D)反微中子。

( )43. 下列何者 "不是" 電子捕獲衰變的條件或其放射核種特性？　(A)N/P ratio 太低，中子不足　(B)母核種質能沒有大於子核種 1.022 MeV，無法進行 β^+　(C)高原子序，例如 Z 大於 78 以上　(D)核反應器(nuclear reator)製造之核種，通常進行此模式衰變。

( )44. 下列有關正子(positron)的敘述何者正確？　(A)可在原子核內獨立存在　(B)質量等於貝他負電子，約為 1a.m.u.　(C)帶有 $+1.602 \times 10^{-19}$ 庫侖電量　(D)正子衰變常會伴隨特性 X-ray 產生。

（　）45.下列有關鎝–99m (Tc-99m)的特性敘述，何者"錯誤"？　(A)半衰期 6 小時　(B)原子序等於 43　(C)為天然的放射元素　(D)化性與錳(Mn)、錸(Re)類似。

（　）46.若核種進行異構物躍遷(Isomeric Transition, IT)則子核種的原子序，質量數變化為何？　(A) $\triangle Z = -2$, $\triangle A = -4$　(B) $\triangle Z = +1$, $\triangle A = 0$　(C) $\triangle Z = -1$, $\triangle A = 0$　(D) $\triangle Z = 0$, $\triangle A = 0$

（　）47.若核種進行電子捕獲，則子核種的原子序和質量數變化為何？(A) $\triangle Z = +1$, $\triangle A = 0$　(B) $\triangle Z = -1$, $\triangle A = -4$　(C) $\triangle Z = -1$, $\triangle A = 0$　(D) $\triangle Z = -2$, $\triangle A = 0$。

（　）48.正子與電子結合，兩個粒子互毀會產生什麼結果？　(A)兩個具 0.511MeV，夾 180°的特性 X-ray　(B)兩個具 931.5MeV，夾 180°的加馬射線　(C)兩個具 0.511MeV，夾 90°的特性 X-ray　(D)兩個具 0.511MeV 夾 180° 的加馬射線。

（　）49.加馬射線在威爾遜雲霧室(Wilson Cloud Chamber)的路徑軌跡為(A)直線　(B)彎曲狀　(C)樹枝狀　(D)似正弦波型。

（　）50.下列哪一種衰變模式釋出之輻射是連續能譜，而非單一能量？(A)異構物躍遷釋出之加馬射線　(B)阿伐粒子　(C)貝他負電子(D)內轉換電子。

（　）51.內部轉換衰變(IC)過程與下列哪一項衰變一樣，皆可能會產生特性 X 射線和鄂惹電子釋出？　(A) α-decay　(B) β⁻-decay　(C) Electron Capture　(D) pure gamma-ray emission。

（　）52.從內部轉換衰變(IC)過程中釋出的 X 射線與電子捕獲(EC)過程中釋出的 X 射線，在特性上有何不同？　(A)IC 過程釋出的 X 射線與母核種和子核種的特性均有關　(B)EC 過程釋出的 X 射線與母核種和子核種的特性均有關　(C)IC 過程釋出的 X 射線僅與子核種的特性有關　(D)EC 過程釋出的 X 射線僅與母核種的特性有關。

(　)53. 內部轉換在放射衰變過程上與下列何者具競爭關係？　(A)正子放射　(B)貝他電子放射　(C)電子捕獲　(D)純加馬射線放射。

(　)54. 4n+0 系列的天然衰變核種，自起始母核種 ^{232}Th 衰變至最後穩定核種 ^{208}Pb 為止，這過程共經歷幾次的阿伐衰變和幾次的貝他衰變？(A)6α, 2β⁻　(B)4α, 6β⁻　(C)2α, 6β⁻　(D)6α, 4β⁻。

(　)55. 下列何者是「Actinium decay series」的最後衰變產物？　(A) ^{206}Pb　(B) ^{207}Pb　(C) ^{208}Pb　(D) ^{209}Pb。

(　)56. ^{235}U 經過 7 次 α-decay 和多少次 β⁻-decay，最後可以衰變成 ^{207}Pb？　(A)3　(B)4　(C)5　(D)6。

(　)57. 「Uranium decay series」的起始母核種為　(A) ^{234}Th　(B) ^{238}U　(C) ^{238}Pu　(D) ^{235}U。

(　)58. 為何「Neptunium decay series」(4n+1)系列，又被稱為消失的天然衰變系列(An extinct natural decay chain)，有關其敘述下列何者正確？(A)母核種 ^{237}Np 的半衰期遠低於地球壽命　(B)除了最後產物 ^{209}Bi 以外，此系列所有衰變子核種在自然界已不再被發現　(C)此系列自母核種衰變至最後衰變產物共歷經 7 次 α-decay 和 4 次 β⁻-decay，且此系列子核種衰變過程中亦會伴隨γ-ray 的釋出　(D)以上皆對。

(　)59. 原子序大於多少的元素，均為人造元素？　(A)82　(B)86　(C)92　(D)103。

( )60. 下列何者是超鈾元素？ (A) ^{234}Ac (B) ^{239}Pu (C) ^{222}Rn (D) ^{236}Th。

二、問答題

1. 一般原子序大於 83 的自然界元素都具有放射性，包括天然的釷衰變系列、鈾衰變系列及錒衰變系列，其中最重要的元素為鈾(U)，請概述鈾元素特性！

2. 電子捕獲(EC)與正子衰變(β⁺)如何競爭反應(Competitive Reaction)？

3. 試計算 $^{13}_{7}\text{N} \rightarrow ^{13}_{6}\text{C} + \beta^+ + \nu$ 的 Q 值為何？（已知 $^{13}_{7}\text{N} = 13.005738\,\text{u}$，$^{13}_{6}\text{C} = 13.003354\,\text{u}$）

4. 試計算 ^{7}Be 進行電子捕穫(EC)，形成 ^{7}Li 的衰變能為何？（已知 $^{7}_{4}\text{Be} = 7.016925\,\text{u}$，$^{7}_{3}\text{Li} = 7.016005\,\text{u}$）

5. 天然放射性核種(Natural Radionuclides)的三種衰變鏈，其中鈾系(U Series)和釷系(Th Series)及錒系(Ac Series)的母核(Parent)和最終子核(Final Daughter)分別為何？

Radiochemistry

第 4 章

放射性衰變之速率

在這一章將以簡單的方法探討放射性核種的衰變之速率，原則上以定量方式予以說明以便在實際應用上方便隨時加以利用。

4-1 放射性衰變之速率

放射性核種在固定的時間之內，經過衰變的核種的數目與所觀察時間之長短，有對數(Logarithm)的比例關係。從經驗與實證獲知，放射性之衰變不受下列因素之影響。包括(1)溫度；(2)壓力；(3)質量作用定律(The Mass Action Law)以及(4)元素的物理和化學狀態等。通常，放射性核種可歸納出有三個主要特性，包括(1)放射性核種能自發放出輻射，並衰變成另一種子核種。(2)放射性核種具有一定的半衰期(Half-life, $t_{1/2}$)。(3)放射性核種的原子數目隨時間呈指數衰減。

由於上述之特性非常特別，因此當我們討論放射性衰變的速率時，可以利用於放射性核種的定性鑑別上，且不失為一個好方法。

放射性核種產生衰變時，並不意謂所有的每一個放射性核種原子核，在同一時間內一起引發衰變的現象，而僅是其中的極小部分的一些核種在進行衰變。換言之，此現象係一種屬於完全隨機發生的事件(Entirely Random Event)。當在觀察由很大量數目的放射性核種所組成的試樣時，並不可能預測哪一個特定的放射性核種的原子核，在下一個時刻之內將要衰變，而僅能對整個試樣描述其衰變過的放射性核種的總數目而已。從另一角度來說，衰變現象並不是所有的每一個放射性核種的原子核均產生衰變而是在所有的放射性核種中，僅由一部分原子核從頭開始一直衰變至完全崩解產生另一核種為止，然而在其他的放射性核種的原子核中，仍然可能沒有引起任何變化。至於哪幾個放射性核種的原子核應該起衰變，這個問題就要以統計的方法加以處理。因此，放射性的衰變偵測，必須觀察大量的衰變次數，藉以符合隨機過程(Random Process)的特性，始可利用且符合統計方法處理。

4-2 放射性衰變動力學

化學反應速率之測定及其數據之處理上，常常提到反應之 "級數" (Order)，藉以判別該反應的方式及特性，以推斷該反應的機制，然後推算其速率。由於放射性衰變過程係屬一次反應(First Order Reaction)，因此其反應速率是與當時所存在的放射性核種的數目成正比。其表示方式可以如下所示：

$$
\boxed{\begin{array}{c}\text{放射性核種放}\\\text{出粒子的速率}\end{array}} \equiv \boxed{\begin{array}{c}\text{放射性核種}\\\text{的衰變速率}\end{array}} \propto \boxed{\begin{array}{c}\text{當時所存在的放}\\\text{射性核種數目}\end{array}}
$$

以數學的方式表示，如式(4.1)所示：

$$
\boxed{\begin{array}{c}\text{放射性核種}\\\text{的衰變速率}\end{array}} = \boxed{\begin{array}{c}\text{衰變速率}\\\text{常　　數}\end{array}} \times \boxed{\begin{array}{c}\text{當時所存在的放}\\\text{射性核種數目}\end{array}} \tag{4.1}
$$

衰變速率常數或簡稱衰變常數(Decay Constant)通常以 λ (Lamda)表示之。λ 所代表之物理意義是在每一個放射性核種中可能產生衰變的平均或然率(Average Probability Per Nucleus of Decay Occurring)。表 4.1 為一些常見放射性核種的 λ 值，其單位為時間的倒數，如 1／秒、1／時、1／天等。

表 4-1 核種的衰變常數

核 種	衰 變 常 數 (λ)	核 種	衰 變 常 數 (λ)
^{32}P	0.04854/day	^{59}Fe	0.0152/day
^{35}S	0.00789/day	^{60}Co	0.1317/year
^{45}Ca	0.00420/day	^{65}Zn	0.00283/day
^{55}Fe	0.267/year	^{131}I	0.0861/day

放射性衰變的速率，亦稱為放射性核種的活度(Activity, A)。因此，活度的涵意就是表示放射性核種（母核種）在每單位時間內所衰減或衰變的數目。

$$A = -\frac{dN}{dt}$$ ....(4.2)

在式(4.2)中負的符號是表示其值是在向減小的方向變化。在此 N 為放射性母核種在任何間 t 時的核種的數目。活度是直接與當時存在的母核種的數目成正比，所以式(4.2)亦可以寫成

$$A = -\frac{dN}{dt} = \lambda N$$ ....(4.3)

在此 λ 為衰變常數(Decay Constant)，N 為時間的函數且以一定量固定的在減少，改寫式(4.3)可得

$$\frac{dN}{dt} = -\lambda N$$ ....(4.4)

式(4.4)是典型的一次反應的動力學方程式，經左右兩項整理後，可得

$$\frac{dN}{N} = -\lambda dt \ \text{...(4.5)}$$

將式(4.5)積分可得：

$$\int_{N=N_o}^{N=N} \frac{dN}{N} = -\lambda \int_{t=0}^{t=t} dt$$

$$\ln N - \ln N_o = -\lambda t \ \text{..(4.6)}$$

$$\ln\left(\frac{N}{N_o}\right) = -\lambda t$$

$$N = N_o e^{-\lambda t} \ \text{...(4.7)}$$

N_o 為原來的放射性核種母核種（尚未衰變以前）的數目，即 $t = 0$ 時母核種存在的原始數目。

因活度與原子數目成正比$(A = \lambda N)$，所以式(4.7)可以寫成

$$A = A_o e^{-\lambda t} \ \text{..(4.8)}$$

以上的公式中，式(4.2)、式(4.3)、式(4.6)、式(4.7)及式(4.8)等，在放射化學領域中為常見的公式。

在實際的度量工作上，並不一定需要知道每單位時間之內，正在衰變的母核種真實的數目。如果有些儀器可以偵測出某一物理性質，可以代表衰變過的母核種數目，或與其有比例關係的任何儀器設備，均可利用。放射性計數器(Radioactive Counter)係為此目的設計的儀器。計數器所測得的計數速率(Counting Rate)與核種的衰變速率之間的關係如下：

計數速率(R)＝核種衰變速率(A)×儀器計數效率(C)

吾人可以 A 代表在 t 時間所量測到的計數速率 R，A_o為在 $t = o$ 時所量測到的計數速率 R_o，而 C 為儀器計數效率，

即

$$R = R_o e^{-\lambda t}$$ ....(4.9)

$$AC = A_o C e^{-\lambda t}$$

可得 $A = A_o e^{-\lambda t}$（如式 4.8）

若以 A/A_o 為縱軸，t 為橫軸，可得一曲線的放射衰變圖，如圖 4-1 所示。但如以 $1n\ A/A_o$ 為縱軸（$1n$ 為自然對數）而以 t 為橫軸作圖，可得一直線關係的放射衰變圖，如圖 4-2 所示。由圖 4-2 的斜率可得$-\lambda$值。為了方便起見，通常是以常用對數表示之，如式(4.8)可得

$$1n\ A/A_o = -\lambda t$$

$$2.303 \log \frac{A}{A_o} = -\lambda t$$

或 $\log A = \log A_o - 0.4343 \lambda t$ ....(4.10)

在式(4.7)及式(4.8)中，如 N, N_0, λ, t 或 A, A_o, λ, t 等四個變數中如果已知其中三個值，即可求得第四個值。

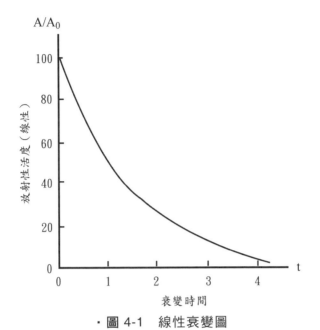

· 圖 4-1　線性衰變圖

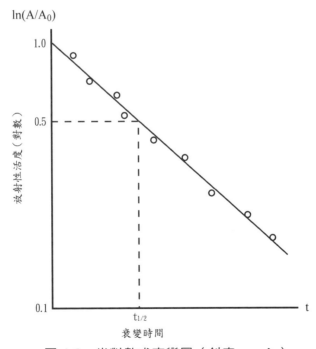

· 圖 4-2　半對數式衰變圖（斜率＝－λ）

例 4-1 —————————————————————————————

已知 ^{131}I 之 λ 為 0.0861／天，試問經過一天之後 ^{131}I 的活度剩多少？

解

因 $\lambda=0.0861$／天，$t=1$ 天

代 λ 式(4.10)式可得 $A/A_o = 0.918$，表示經過一天以後剩下的 ^{131}I 的活性變為原來的 91.8%。

Radiochemistry

例 4-2 —————————————————————————————

^{99m}Tc 是常用的醫用放射性核種，會衰變而發射加馬射線，其半衰期為 6.01h，衰變常數為 0.115/h。試計算配劑後的 ^{99m}Tc，其放射性活度減少至原來的 0.1%所需時間多少？

解

$$A = A_o e^{-\lambda t}$$
$$A/A_o = 0.1\% = 0.001$$
$$0.001 = e^{-(0.115/h)(t)}$$

兩邊取自然對數

$$1n(0.001) = -(0.115/h)\,t$$
$$t = 60.1h$$

4-3 半衰期（半生期）和平均壽命

在統計上，數目很大的放射性核種的活度，若經一定時間之衰變以後，如果其活度減少為原來活度的一半，則其所經歷的時間稱之為半衰期或半生期(Half Life, $t_{1/2}$)。因此，放射性核種經 1 個半衰期以後，其活度變為原來的 1/2，如式(4.11)所示

$$A = \frac{1}{2} A_o \quad \text{................(4.11)}$$

在此 A_o 為 $t = o$ 時，放射性核種的活度；A 表示衰變至 $t = t_{1/2}$ 時間後剩下的放射性核種之活度。將(4.11)式代入(4.6)及(4.7)式可得

$$\frac{1}{2} N_o = N_o e^{-\lambda t_{1/2}} , \frac{1}{2} = e^{-\lambda t_{\frac{1}{2}}}$$

$$\ln \frac{1}{2} = \ln e^{-\lambda t_{\frac{1}{2}}} = -\lambda t_{\frac{1}{2}} , \ln 2 = \lambda t_{\frac{1}{2}}$$

所以 $\quad t_{1/2} = \ln 2 / \lambda = 0.693 / \lambda \quad \text{................(4.12)}$

式(4.12)的用處是在 $t_{1/2}$ 與 λ 之間可以互相轉換及計算，這兩個數值對於放射性核種來說均為常數，且半衰期的單位為時間，衰變常數的單位為時間倒數。兩個數值相乘積等於 $\ln 2$ 或 0.693。

一般而言，某一放射性核種衰變時間，若經過約 10 個半生期後，其放射性活度可視為幾乎消失（圖 4-3）。

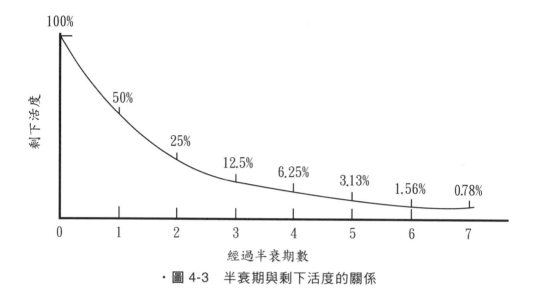

· 圖 4-3　半衰期與剩下活度的關係

　　另外一個參數稱為平均壽命（Average Life 或稱 Mean Life, τ），亦是描述放射性核種衰變速率的一種表示方式。其定義為放射性核種衰變常數(λ)的倒數，如(4.13)所示。

$$\tau = 1/\lambda$$
$$\tau = t_{1/2}/0.693$$
$$\tau = 1.44\, t_{1/2} \quad\text{...}(4.13)$$

　　平均壽命亦代表某一個放射性核種原子衰變時所需要的平均時間。由式(4.13)知平均壽命是比半衰期稍為長些，雖然平均壽命不常使用，但可以獲得有關λ的訊息，而由λ即可獲得 $t_{1/2}$，例如，一新生產的放射性核種若僅有少數衰變事件(Decay Events)被記錄下來，即可由平均壽命的計算再利用式(4.13)換算求出半衰期。表 4-2 為一般常見核種的半衰期。

表 4-2 放射性同位素之半衰期

核種	半衰期	核種	半衰期
^{42}K	12.36 ± 0.03 hr	^{35}S	87.9 ± 0.1 d
^{24}Na	14.96 ± 0.02 hr	^{45}Ca	165 ± 4 d
^{90}Y	64.03 ± 0.05 hr	^{65}Zn	245 ± 0.5 d
^{198}Au	2.697 ± 0.002 d	^{22}Na	2.62 ± 0.03 yr
^{131}I	8.05 ± 0.02 d	^{60}Co	5.263 ± 0.01 yr
^{32}P	14.28 ± 0.015 d	^{3}H	12.262 ± 0.004 yr
^{86}Rb	18.66 ± 0.02 d	^{90}Sr	27.7 ± 0.3 yr
^{51}Cr	27.8 ± 0.1 d	^{14}C	5730 ± 30 yr
^{59}Fe	45.6 ± 0.2 d	^{36}Cl	3.08 ± 0.03 × 10^5 yr

註 hr(hour)：小時，d(day)：天，yr(year)：年。

 例 4-3

已知 ^{117}Cd（鎘－117）的半衰期為 149 min，試計算其衰變常數？

解

依據(4.12)式，

$t_{1/2} = 0.693/\lambda$

$149\,\text{min} = 0.693/\lambda$

$\lambda = 0.693/149\,\text{min} = 4.65 \times 10^{-3}\,\text{min}^{-1}$

 例 4-4

試計算放射性核種 ^{37}Ar（氬－37）的衰變常數？若已知 ^{37}Ar 的 86.3%的放射性核種在 100 天內衰變完畢。

 解

由於在 100 天內有 86.3%的核種衰變完畢，因此在 100 天後尚有 13.7%的核種存在，因此 $N/N_o = 0.137$ 且 $t = 100$ 天，利用(4.9)式，

$$N/N_o = 0.137 = e^{-\lambda(100d)}$$

$$\ln 0.137 = -\lambda(100d)$$

$$\lambda = 1.99 \times 10^{-2} \, d^{-1}$$

Radiochemistry

4-4 放射性的單位

　　放射性核種的活度可以用很多方式表示之，但它必須根據衰變中的母核的消失為基礎，而不能以該衰變過程產生出來的生成物來表示，其理由是同一個母核種可能以數種模式（路徑）同時進行衰變，因此偵測出現的生成物不能代表母核種在衰變時的總活度。

　　約在上一世紀的前期 ^{226}Ra 為放射性強度之標準物質，因其半衰期很長($t_{1/2} \doteqdot 1600 \, year$)，並且可以獲得極高放射化學純度的 ^{226}Ra。因此，在當時對於放射性強度的單位，即以 ^{226}Ra 為標準而制定，並定義每一克的 ^{226}Ra 每秒所衰變的數目（衰變速率）稱之為 1 居里(Curie)，簡稱 Ci。此一數目可由 ^{226}Ra 的 λ 值求出。依據式(4.12)

$$t_{1/2} = 1600\text{yr} = \frac{0.693}{\lambda}$$

$$\lambda = \frac{0.693}{1600\text{yr}} \text{，yr} \doteqdot \pi \times 10^7 \text{sec}$$

$$\lambda = \frac{0.693}{1600 \times \pi \times 10^7} = 1.38 \times 10^{-11} \text{sec}^{-1}$$

^{226}Ra 的原子量為 226，1 克的 ^{226}Ra 中約含有 2.66×10^{21} 個 ^{226}Ra 的原子（根據亞佛加厥常數計算），因此每一克的 ^{226}Ra 的衰變速率為

$$A = -\frac{dN}{dt} = \lambda N$$

$$-\frac{dN}{dt} = (1.38 \times 10^{-11}) \times (2.66 \times 10^{21}) = 3.73 \times 10^{10} \text{ 個／秒}$$

此值為每秒中衰變的數目(Number of Disintegration Per Sec.)，其單位通常稱為 dps。以此計算，每居里(Curie)的放射性強度，相當於放射性核種在每秒中衰變 3.73×10^{10} 個原子核，亦即 1 居里約等於 3.73×10^{10} dps。

　　一般而言，放射性核種之半衰期皆不相同，所以相同的放射活性但不同的放射性核種每一居里的原子核數目亦不一樣。例如，

1. 1 Ci 的 ^{3}H($t_{1/2} = 12.26$ yr)中的原子核數目為

$$N = (-dN/dt)/\lambda = \frac{3.73 \times 10^{10}}{\lambda}$$

$$\lambda = \frac{0.693}{12.26\text{yr}} = 1.799 \times 10^{-9} \text{ sec}^{-1}$$

$$N = 2.06 \times 10^{19} \text{nuclei/Ci}$$

2. 1 Ci 的 ^{14}C ($t_{1/2}=5730\,\text{year}$)

   以同樣的方法算出

$$N=9.61\times10^{21}\,\text{nuclei/Ci}$$

在實用方面，1 Ci 的單位不甚方便，經常使用的單位如下：

符號	名稱	與居里(Ci)之關係	dps
mCi	milli	10^{-3}	3.73×10^{7}
μCi	micro	10^{-6}	3.73×10^{4}
nCi	nano	10^{-9}	3.73×10^{1}
pCi	pico	10^{-12}	3.73×10^{-2}

註 dps 為國際制(SI)單位，1 dps 等於 1 貝克(Bq)

　　現今國際制放射性物質的活度主要以貝克(Becquerel, Bq)為單位。其定義為放射性核種原子核每秒衰變一次稱為一貝克(Bq)，即 1 Bq = 1 dps 的放射性強度。但習慣上，仍同時使用舊單位居里(Curie, Ci)，貝克與居里之關係為：

$$1\,\text{Ci}=3.73\times10^{10}\,\text{Bq}=3.73\times10^{10}\,\text{dps}，$$
$$1\,\text{Ci}\equiv1\text{ 克 }^{226}\text{Ra 每秒的衰變率}$$

4-5 放射性核種的質量

　　利用 4-4 節所述之關係式 $A=N\lambda$ 及已知活性的原子核數目之計算範例，我們可以由放射性核種的活度更進一步推算出放射性核種之質量，如下例子所示：

試計算 1 毫居里(1 mCi)的 ^{3}H 之質量為何？

$$解：Mass = \frac{N\ (Atomic\ weight)}{Avogadro's\ number} = \frac{(10^{-3} \times 2.06 \times 10^{19})\ (3)}{6.02 \times 10^{23}}$$

$$= 1.03 \times 10^{-7} g\ （公克）$$

上述計算式中，N 代表 ^{3}H 的原子數目，Avogadro's number 表示亞佛加厥常數值，即 6.02×10^{23}，Atomic weight 表示 ^{3}H 的原子質量，其值為 3，由結果可知 1mCi（1 毫居里）的 ^{3}H 所含的核種質量約為 0.1μg（0.1 微克），可說相當小。另外，由於普通做為放射追蹤劑(Radiotracer)的實驗，通常使用活度大小為 $10^{-2}\mu$Ci~$10^{-3}\mu$Ci 程度的放射性試劑。因此，其中所含的放射性核種的質量相當於 10^{-12}~10^{-13}g，質量相當小。故對於實驗上的各種現象的觀察和操作必須要很小心。

一、活性比度(Specific Activity, S.A.)

為了要表示核種中具有的放射性核種部分與穩定的核種部分之間的比例關係，常常使用活性比度或稱為比活度（簡稱 S.A.）這一術語，其涵意為每單位質量(Mass)中，所含有的放射性活度，通常是以下列各種單位代表之。

例如：

Ci/g, dps/g, dpm/g, cps/g, cpm/g

（其中 cps,cpm 代表計數率單位，counts/sec 或 counts/min）

mCi/g , μCi/g

此外，活性比度（比活度）亦可以單位體積放射活度的量，或其他定量值的放射活渡來表示，如 mCi/c.c 或 dpm/millimole(dpm/mM)來表示。另外，要特別說明的是以活性比度來表示一樣品中放射活度是一簡單的表示式，可顯示樣品中放射性同位素和穩定同位素的相對豐度(Relative Abundance)，此類放射性同位素與所謂無載體同位素 (Carrier-free Radioisotope)比較，其特性確有差異。Carrier（載體）一般可視為不具活性的穩定同位素核種。

二、處理放射性物質時需注意事項

含有居里(Ci)活度水平的放射性試樣是屬於高放射性物質，要處理放射性很強的物質時須持有政府發給的合法執照（包括放射性物質執照及操作執照和輻防人員執照）才可以執行。在實驗室內必須設有熱箱(Hot Box)。在放射化學中"Hot"表示具有高水平的放射性活度的意思，該熱箱必須配備或含有能屏蔽所有的放射活性的措施。居里水平活度的物質最好是放置在所謂核能設施如核能電廠，或放射性核種生產設施場所內。

毫居里(mCi)水平（具有 3.73×10^7 dps 活度程度）是經常性工作上所使用的放射性活度的水平，一般放射性追蹤劑(Radioactive Tracer)是屬於這個活度。很多醫用 ^{99m}Tc 溶液或 PET (Positron Emission Tomography)掃描器所使用的醫藥用品的操作人員必須領有政府許可之執照，當然實驗室之設置亦要領用執照的。目前，市面上最普遍且大部分的例行性使用放射性活度，皆以此毫居里限度作買賣或供應。

微居里(μCi)水平(3.73×10^4 dps)活度程度的曝露，對工作人員的危險性較小，此水平的放射性活度經常不須要特別屏蔽的實驗室的設備，如家庭用的煙霧偵探器(Smoke Detector)內的放射性質所含的放射性活度是在μCi 或在此以下，學校或其他學術研究單位所使用的活度水平亦常在此等級。微居里活度在輻射安全防護上雖然較簡易，但仍需注意及避免如長半衰期核種或阿伐釋出核種的放射污染和曝露。

 例 4-5

試計算 ^{144}Nd 的天然放射性活度（試以 Ci/g 單位計算）。已知數據如下：Nd 的原子質量 = 144.24 dalton，半衰期 ^{144}Nd = $2.10 \times 10^{15} y$，同位素豐度：^{144}Nd = 23.8%。

吾人可利用(4.3)及(4.12)式來解此題。首先把半衰期及衰變常數均換算為秒的單位。

$$(2.10 \times 10^{15} y)(3.1536 \times 10^{7} s/y) = 6.62 \times 10^{22} s$$

$$\lambda = 0.693/t_{1/2} = 0.693/6.62 \times 10^{22} s = 1.05 \times 10^{-23} s^{-1}$$

$$N(^{144}Nd) = (1.00 \, g \, Nd/144.24 \, g \, Nd \, mol^{-1}) \times (6.02 \times 10^{23} \, atoms/mol)$$

$$\times (0.238) = 9.93 \times 10^{20} \, atoms \, of \, ^{144}Nd$$

（其中 0.238 表示天然的 Nd 中 23.8% 為 ^{144}Nd）

上式所得表示 1 克天然 Nd 試樣含有 9.93×10^{20} 個 ^{144}Nd 原子，另根據式(4.3)，

$$A = \lambda N = (1.05 \times 10^{-23} s^{-1}) \times (9.93 \times 10^{20}) = 1.04 \times 10^{-2} \, dps/g$$

$$1.04 \times 10^{-2} \, dps/g \times (1 \, Ci/3.73 \times 10^{10} \, dps) = 2.82 \times 10^{-13} \, Ci/g$$

$$= 0.282 \, pCi/g$$

 例 4-6 ————————————————————————

試計算 1.0 m Ci 的純 ^{32}P 的質量（以 g 為單位）。已知數據如下：半衰期 14.28d，$M = 31.9998$ Daltons。此外，如 ^{32}P 的價格是 \$40/mCi，並請計算（以 \$/lb 單位）^{32}P 的價錢。

吾人可利用(4.3)式解題，首先由半衰期算出衰變常數，並將所有的時間換算為秒。

$$t = (14.28d)(8.640 \times 10^4 \, \text{s/d}) = 1.23 \times 10^6 s$$

$$\lambda = 0.693/1.23 \times 10^6 s = 5.63 \times 10^{-7} s^{-1}$$

$$A = 1.0 \, \text{m Ci} = 1.0 \times 10^{-3} \, \text{Ci}(3.73 \times 10^{10} \, \text{dps/Ci}) = 3.73 \times 10^7 \, \text{dps}$$

$$N = A/\lambda = (3.73 \times 10^7 \, \text{dps})/(5.63 \times 10^{-7} s^{-1}) = 6.57 \times 10^{13} \, \text{atoms}$$

$$\text{Mass} = [(6.57 \times 10^{13} \, \text{atom})/(6.20 \times 10^{23} \, \text{atom})] \times 31.9998 \text{g}$$

$$= 3.49 \times 10^{-9} \text{g} = 3.49 \times 10^{-9} \text{g} \, (1 \, \text{lb}/454 \text{g})$$

$$= 7.69 \times 10^{-12} \, \text{lb （英磅）}$$

〔1 lb（英磅）約等於 454 公克〕

$$\text{價格} = (\$40/\text{m Ci})/(7.69 \times 10^{-12} \, \text{lb} \, ^{32}\text{P/m Ci})$$

$$= \$5.2 \times 10^{12}/\text{lb} \, ^{32}\text{P} = 5.2 \, \text{trillion US/lb} \, ^{32}\text{P}$$

（即每磅重純的 ^{32}P 值 5.2×10^{12} 元的美金）

Radiochemistry

4-6 分枝衰變

放射性核種之衰變型式中偶然可以看到分枝衰變(Branching Decay)過程。在這種衰變方式中母核分成為二支（或可能更多支）的分開型式衰變，如下圖 4-4 所示。

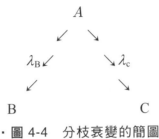

· 圖 4-4　分枝衰變的簡圖

分枝衰變過程最常產生的核種是在奇奇核種(Odd-Odd Nuclei)，如 ^{64}Cu 以及 ^{40}K 以及比其更重的核種，例如在天然產的放射性核種的釷系列$(4n+0)$；鈾系列$(4n+2)$；以及錒系列$(4n+3)$等衰變鏈中，仔細查看時可以發覺分枝式的阿伐及貝他衰變（參閱圖 3-10、3-11 及 3-12)。^{64}Cu 及 ^{40}K 可能以貝他發射或以電子捕獲的過程衰變，如 ^{40}K(Z=19)衰變至 ^{40}Ca(Z=20)分枝進行 β^- 衰變，占 89.3％；衰變至 ^{40}Ar(Z=18)分枝進行電子捕獲（占 10.7％）及正子衰變（占 0.001％）。每一個分枝均為獨立且具有其個別的半衰期及衰變常數，這些稱為部分衰變常數(Partial Decay Constant)，A 的總放射性活度(A_t)等於每一個分枝的放射性活度之和。依據(4.3)式可得下列二個式。(4.14)式及(4.15)式。

$$A_t = \lambda_B N_A + \lambda_C N_A \quad\text{..(4.14)}$$

$$A_t = N_A(\lambda_B + \lambda_C) = N_A \lambda_t \quad\text{...(4.15)}$$

分枝衰變系統整個的衰變常數(λ_t)可視為是個別的分枝衰變常數之總和。

測定放射性核種的半衰期之實驗法

對於放射性核種而言，其半衰期是很特殊而且重要的數據。以實驗的方法測定核種半衰期是很普遍的方式，迄今已知核種的半衰期的分布很廣，由小於 10^{-18} 秒至大於 10^{22} 年皆有。在如此龐大的範圍，至今還沒有一種度量方法可以完全適用於各種不同半衰期時間的測定。

目前對放射性核種之半衰期分類，為方便起見可以時間長短來分辨歸類，包括(1)長半衰期（以數年及數年以上為單位）、(2)中半衰期（以秒至數年為單位）、(3)短半衰期（以秒至毫秒單位）與(4)極短半衰期（比毫秒更短者）等四類組。

4-7-1　長半衰期之測定法

一般放射性核種的半衰期時間，如以年為單位者，視為長半衰期核種，其半衰期測定有兩種方法，一為活性比度法(Specific Activity Method)，另一為利用固態原子核徑跡偵檢計法(Solid-State Nuclear Track Detectors, SSNTD)。

一、活性比度法

測定放射核種半衰期最簡單的方法即測定在一段時間內的某一核種放射性活度變化，亦即在某一時間(t_1)時活度為在時間(t_0)時的放射性活度的一半時，此段時間($t_1 - t_0$)就是半衰期。然而，此法並不是很理想，尤其針對長半衰期放射性核種而言，因為有下列實驗上的困難，即以此法測出的放射性活度變化很可能在誤差範圍的限度內，包括在計數期限為數週或數個月或數年，皆有可能因活度變化很小或基本上保持不變，而致不能準確的測出活度變化及時間間隔以推算正確的半衰期。

另有一種物理量(Quantity)，它可以直接測定且與半衰期有直接關S.A.連的即為活性比度。活性比度($S.A.$)是每個單位質量所含核種的放射性活度，其定義是 $S.A. = \text{Disintegrations (Unit mass)}^{-1} = \text{dps/mass}$。

由式(4.3)可得

$$A = -\frac{dN}{dt} = \lambda N = \frac{0.693}{t_{1/2}} N$$

利用莫耳(mole)的關係式所存在的原子數可以把它換算出來。由於一般核種可能含有不具有放射性之同位素，故必須利用同位素豐度(Isotopic Abundance, IA)來計算天然產生的同位素混合物試樣中，吾人所欲測定的放射核種原子數目(N)。

$$N = （元素的克數／原子質量）(6.02 \times 10^{23})(IA) \quad............(4.16)$$

代入式(4.3)可得

$$A = (0.693/t_{1/2})(\text{g/atomic mass})(6.02 \times 10^{23})(IA) \quad................(4.17)$$

利用活性比度(SA)的定義(A/g)，並重新排列式(4.17)可得

$$t_{1/2} = \frac{(0.693)(6.02 \times 10^{23})(IA)}{(SA)（原子質量）} \quad........................(4.18)$$

利用式(4.18)測定 $t_{1/2}$，需要先測定該核種試樣的絕對放射性活度(Absolute Radioactivity)及其質量。質量可以利用分析天秤，直譜儀等方法獲得，但絕對放射性活度比較不容易獲得。因絕對放射性活度是該核種真正的總衰變速率。大部分的放射性活度測定時，不可能將該核種所發射出來的全部放射線加以測定，因為放射線之發射是全方向性且所有的方向都是等向性的(Isotropical)。可是典型的放射性偵檢器僅可偵檢出其中一部分的放射線活度(Fraction of Isotropical Radioctivity)，且由偵檢器所記錄的計數速率(Counting Rate)在各方面並不相等。到目前為止，有三個比較實用的方法可測定絕對放射性活度。

1. 利用已校正過的標準射源(Standard Source)。
2. 4π計數技術(4π Counting Technique)。
3. 符合（偶合）計數技術(Coincidence Counting Technique)。

其中利用校正（經標定）過的標準射源的方法比較容易，目前全世界只有幾個實驗室可以提供標準射源的，如美國國家標準及技術研究所(National Institute of Standards and Technology (NIST) in U.S.A.)，國際原子能總署(International Atomic Energy Agency, IAEA)及歐洲的 Commission of the European Communities (BCR)等單位。利用校正標準射源測定試樣的絕對放射活性要特別注意校正標準射源和試樣要使用相同系統偵檢器，樣品尺寸厚度大小要一樣，並避免自吸收(Self-absorption)，除此之外測試位置、幾何條件及測試條件應力求一致，以求計數效率及絕對放射活性更準確。關於第(2)及第(3)項技術因需放射性量測專門人員才可以達成，本章節將省略，不作深入探討。

二、固態原子核徑跡偵檢計法

　　基本上偵檢計本身是一些可以回應輻射線所形成的某種特殊型態的原子核徑跡的材料。這些材料可由照相乳劑(Photographic Emulsions)、塑膠、玻璃、纖維(Cellulose)或其他各種不同材質組成。偵測方法及步驟大致如下：例如將照相乳劑浸泡在含長半衰期的溶液內，則一些可偵測到質量的核種將被吸附到照相乳劑上，核種因原子核衰變將產生徑跡，吾人可利用每單位時間單位面積徑跡數目來得知核種的半衰期。

4-7-2　中半衰期之測定法

　　放射性核種的半衰期時間，如介於由數分鐘至數年之間者視為中半衰期核種，其半衰期($t_{1/2}$)的測定，最普遍的方法是直接測定放射性核種的放射性活度與時間的關係。本法稱為單純衰變曲線法(Simple Decay Curve Method)。如將式(4.8)以自然對數形成調整為線形（$y = mx + b$ 型）方式表示之，即得

$$1nA = 1nA_o - \lambda t \dotfill (4.19)$$

　　將 $1nA$(y)對 $t(x)$作圖可得一斜率為$-\lambda$的直線，y 軸截距(Intercept)值為 $\ln A_0$，由其斜率($-\lambda$)可求得衰變常數及半衰期，如圖 4-5 所示。

　　對於由二種放射性核種混合而發射不同的放射線時，不需經過分離也可利用衰變曲線法測出各核種的衰變常數。為了增加本法之實用性，二種放射性核種其半衰期時間相差最低限度需兩倍以上。此測定法實際上的操作亦簡單，可在一定的時間內計測混合核種的放射性活度加以測定並製圖（計數率對時間）即可得圖 4-6。這個圖雖然在外觀上與圖 4-5 不相似，但仔細看當曲線剛開始時就不是直線形了，此部分曲線可視為混合核種中短半衰期核種所貢獻的放射性活度的部分。當曲線降低到較

短半衰期核種的放射活度變化幾乎可以忽略的程度時，衰變曲線後半部的直線部分即可視為是來自較長壽命（半衰期）的核種的放射性強度所貢獻，因此時短壽命的短半衰期核種已完全衰變殆盡。圖 4-6 曲線整個圖形可以分為兩部分，其中直線部分屬混合核種中長半衰期核種，另一個即為混合核種中短半衰期的核種。因此，由曲線尾巴部分利用外插法延伸至縱軸可獲得長半衰期核種的衰變直線，由此直線的斜率求出長半衰期核種的半衰期。由原來的原始曲線上的各點將在新畫出來直線上以點對點扣除法減去後可以畫出另一直線，這就是比較短半衰期核種的衰變直線，此直線的斜率之絕對值即短半衰期放射性核種的半衰期。

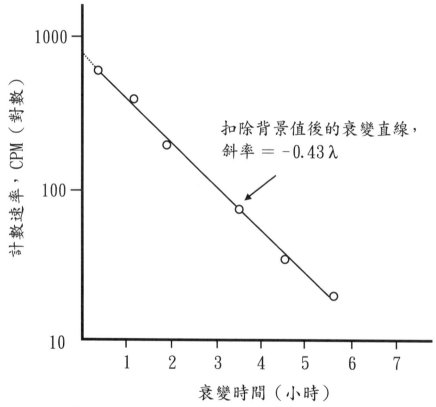

· 圖 4-5　以單純衰變曲線法求出單一放射核種半衰期

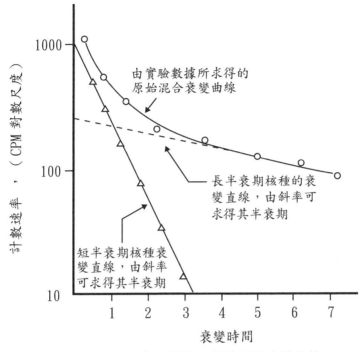

由實驗數據所求得的
原始混合衰變曲線

長半衰期核種的衰
變直線，由斜率可
求得其半衰期

短半衰期核種衰
變直線，由斜率
可求得其半衰期

計數速率，（CPM 對數尺度）

衰變時間

· 圖 4-6　不同半衰期的二種核種的衰變曲線

　　上述混合的核種其放射性衰變曲線的分析，也可以利用多頻脈衝分析儀(Multi-channel Pulse Height Analyzer, MCA)完成之。以多頻道比例模式(Multiscaling Mode)方式使用 MCA 即可以記錄放射性偵檢器所感應偵測到放射性的活度。

4-7-3　短半衰期之測定法

　　放射性核種的半衰期時間，如以秒至毫秒為單位者，視為短半衰期核種。短半衰期的放射性核種，其半衰期測定亦可利用上述的衰變曲線法加以改進而獲得。很多短半衰期的核種並不是天然產生的，必須要配合在將要測定半衰期前，才開始加以生產。所以實驗上的主要挑戰是將這些核種以夠快的速度安置在計測儀器上，並在其核種尚未衰變完以

前，把放射性活度測定結束，如使用 MCA 在 Multiscaler mode 方法上可以發揮其作用。一般而言，如果能有快速傳輸系統可以利用而能將供應試樣以足夠的快速方法送到偵測器上時最為理想。

4-8 在衰變鏈中放射性產物的成長

在前面幾個單元的討論中大部分僅考慮放射性母核種產生穩定子核種的過程，然而母核種產生的子核種亦具有放射性，因而可能再產生衰變，最後才變成穩定的子核種。在這衰變鏈中各核種的放射性活度的計算，基本上要比前述僅計算一次衰變時複雜，此型式的衰變需要考慮連續二個衰變鏈的變化。

4-8-1 母核種與單一放射性子核種

有些放射性衰變，母核種 A 衰變後產生放射性子核種 B，由於子核種 B 亦不穩定可再繼續衰變成為第三子核種 C，但 C 不具有放射性，是屬於穩定核種。上述的衰變鏈可以如下式表示：

$$A \xrightarrow{\lambda_A} B \xrightarrow{\lambda_B} C$$

實例如下所示：

$$^{35}\text{P} \rightarrow {}^{35}\text{S} \rightarrow {}^{35}\text{Cl}（穩定）\ ;\ {}^{35}P(t_{\frac{1}{2}} = 47s)\ ,{}^{35}S(t_{\frac{1}{2}} = 87.2d)$$

對於上述衰變的過程中有必要發展出一些計算式，以描述在衰變過程時間 t 之變化量後，有關於子核種的放射性。母核種 A 的半衰期可以 λ_A 表示，子核種 B 的半衰期亦可以 λ_B 表示。

根據放射性衰變理論，母核種 A 之衰變速率可由式(4.20)獲得

$$\frac{dN_A}{dt} = -\lambda_A N_A \quad\text{...(4.20)}$$

由於子核種 B 是由母核種 A 的衰變所產生的,所以母核種 A 的衰變速率是等於子核種 B 的生成速率,如式(4.21)所示

$$\frac{dN_B}{dt} = \lambda_A N_A \quad\text{...(4.21)}$$

由於子核種 B 生成後亦同時繼續在衰變,所以子核種 B 的原子核衰變速率,可以式(4.22)所示

$$\frac{dN_B}{dt} = -\lambda_B N_B \quad\text{...(4.22)}$$

因此,子核種 B 原子數的總變化量等於其生成量減去由於衰變而消失的量,如式(4.23),即

$$\frac{dN_B}{dt} = \lambda_A N_A - \lambda_B N_B \quad\text{...(4.23)}$$

N_A 和 N_B 分別為母核種 A 和子核種 B 的原子數目。

設母核種在起始的量為已知,即可利用式(4.20),計算在時間 t 時母核種的原子數目(N_A),即為

$$N_A = N_A^\circ \, e^{-\lambda_A t} \quad\text{...(4.24)}$$

式(4.24)代入式(4.23)可得

$$\frac{dN_B}{dt} = \lambda_A \, (N_A^\circ \, e^{-\lambda_A t}) - \lambda_B N_B \quad\text{...(4.25)}$$

移項可得

$$\frac{dN_B}{dt} + \lambda_B N_B - \lambda_A N_A^\circ\, e^{-\lambda_A t} = 0 \quad\text{.......................................(4.26)}$$

式(4.26)是一次線性微分方程式，經積分後得式(4.27)。

$$N_B = \left(\frac{\lambda_A}{\lambda_B - \lambda_A}\right) N_A^\circ\, (e^{-\lambda_A t} - e^{-\lambda_B t}) + N_B^\circ\, e^{-\lambda_B t} \quad\text{................(4.27)}$$

式(4.27)表示以此式可計算出在任何時間 t 時，子核種 B 的數目，其中 N_A° 和 N_B° 代表時間 $t = 0$ 時母核種 A 和子核種 B 的原子數。因此可知，子核種 B 的放射性活度可以很容易利用($A = \lambda N$)的關係式計算出來。在以上的運算中，假設 $t = 0$ 時，僅有母核種(N_A°)存在而子核種尚未產生($N_B^\circ = 0$)，通常的操作習慣上因子核種隨時可以很簡單的由母核種分離，所以實際上在應用式(4.27)時其最後一項可假設以 $N_B^\circ = 0$ 的條件加以計算，並以式(4.28)代之。即 $t = 0$，$N_B^\circ = 0$ 可得

$$N_B = \left(\frac{\lambda_A}{\lambda_B - \lambda_A}\right) N_A^\circ\, (e^{-\lambda_A t} - e^{-\lambda_B t}) \quad\text{..................................(4.28)}$$

如果在任何時間內，未將存在的子核種(N_B°)分離出來，$N_B^\circ\, e^{-\lambda_B t}$ 這一項就需要加以考慮。但這樣的例子不多，所以式(4.28)仍然是應用的計算式。

　　式(4.28)在二個特別的條件下一般是可以簡化的。這二個特別的條件均出現於子核種 B 的半衰期比母核種 A 的半衰期相當短的時候，即$\lambda_B >$ λ_A。因為，半衰期的顯著差異的結果，最後將導致母核種 A 及子核種 B 的放射性活度之間產生平衡狀態。這兩個特別條件的情況稱為(1)過渡平衡(Transient Equilibrium)和(2)永久平衡(Secular Equilibrium)。而當子核種 B 的半衰期比母核種 A 半衰期大時，將出現 (3)無平衡狀態(No Equilibrium)。以下將簡單討論此三種特殊平衡狀態：

一、過渡平衡或稱暫時平衡(Transient Equilibrium)

　　當母核種 A 與子核種 B 的衰變常數關係是$\lambda_A < \lambda_B$或$(t_{1/2})_A > (t_{1/2})_B$，且相差約在 3~10 倍時，在衰變過程中經過約 3~5 個子核種 B 的半衰期後，放射性活度之間的關係可簡化很多，因式(4.27)中$e^{-\lambda_B t}$項將變的很小，且與$e^{-\lambda_A t}$相比較可加以忽略不計，故式(4.27)即可改寫為

$$N_B = \left(\frac{\lambda_A}{\lambda_B - \lambda_A} \right) \left(N_A^{\circ} \, e^{-\lambda_A t} \right) \quad\text{..(4.29)}$$

式(4.29)的($N_A^{\circ} \, e^{-\lambda_A t}$)值即等於$N_A$值，

　　因此

$$N_B = \left(\frac{\lambda_A}{\lambda_B - \lambda_A} \right) N_A \quad\text{...(4.30)}$$

　　兩邊乘以λ_B，得$\lambda_B N_B = \dfrac{\lambda_B \lambda_A}{\lambda_B - \lambda_A} N_A$，亦即 $A_B = \dfrac{\lambda_B}{\lambda_B - \lambda_A} A_A$，可得兩者活性之關係。

　　式(4.30)經整理得式(4.31)

$$\frac{N_B}{N_A} = \left(\frac{\lambda_A}{\lambda_B - \lambda_A}\right) = 常數(Constant) \dots\dots\dots\dots\dots\dots (4.31)$$

在過渡平衡狀態之下，經過一段時間的衰變過程中子核種的數目與母核種的數目之比達到一定，亦即兩者的放射活度之比亦達到定值

$$\left(\frac{N_A}{N_B}\right) = 常數(Constant) \ ; \quad \frac{A_A}{A_B} = 常數 \dots\dots\dots\dots\dots (4.32)$$

如圖 4-7 所示。當兩者到達平衡後，子核種的放射性活度大於母核種的活度，但兩者之比值是常數。過渡平衡狀態例子：

$$^{140}_{56}\text{Ba} \xrightarrow[12.8d]{\beta^-} {}^{140}_{57}\text{La} \xrightarrow[40.2hr]{\beta^-} {}^{140}_{58}\text{Ce(stable)} \ ;$$

$$^{99}_{42}\text{Mo} \xrightarrow[66hr]{\beta^-} {}^{99m}_{43}\text{Tc} \xrightarrow[6hr]{\gamma} {}^{99}_{43}\text{Tc}$$

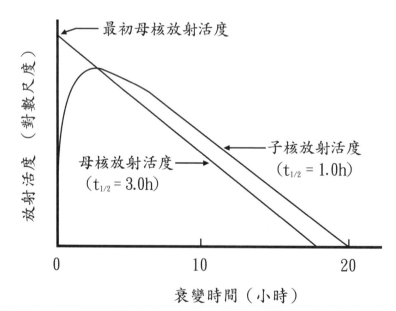

· 圖 4-7　在過渡平衡狀態中母核與子核的放射強度與衰變時間的關係

二、永久平衡(Secular Equilibrium)

如果母核種的半衰期，$(t_{1/2})_A$ 比子核種的半衰期$(t_{1/2})_B$ 最少大十倍以上$(10\lambda_A < \lambda_B)$，即母核種半衰期遠大於子核種，在實驗的觀察期間，母核種的放射性強度事實上可視為沒有任何變化。對於子核種的半衰期來說，在衰變的時間內 $e^{-\lambda_B t}$ 這一項變成很小，並可忽略之。且由於長半衰期母核種的衰變常數與短半衰期子核種的衰變常數相比較顯的非常的小（λ_B 非常大，$\lambda_B >> \lambda_A$），因此

$$(\lambda_B - \lambda_A) \fallingdotseq \lambda_B$$

式(4.31)即可簡化為

$$\frac{N_B}{N_A} = \frac{\lambda_A}{\lambda_B}$$

或

$$N_B \lambda_B = N_A \lambda_A \dotfill (4.33)$$

因為 $A = \lambda N$

故

$$A_A = A_B \dotfill (4.34)$$

在這種情形下，母核種的放射性活度與子核種的放射活度相等，稱之為永久平衡(Secular Equilibrium)。圖 4-8 可說明這個特別的情形。此外，值得注意的是母核種 A 之放射性活度事實上，視為保持一定值，且子核種 B 的放射性活度是由零往上增加到最大值，然後與母核種的放射性活度保持相等。總放射性活度是母核種與子核種的放射性活度之和。

永久平衡例子：

$$^{137}_{55}\text{Cs} \xrightarrow[30Y]{\beta^-} {}^{137m}_{56}\text{Ba} \xrightarrow[2.6m]{r} {}^{137}_{56}Ba \; ; \; {}^{113}_{50}\text{Sn} \xrightarrow[117d]{\beta^+} {}^{113m}_{49}\text{In} \xrightarrow[100m]{\gamma} {}^{113}_{49}\text{In}$$

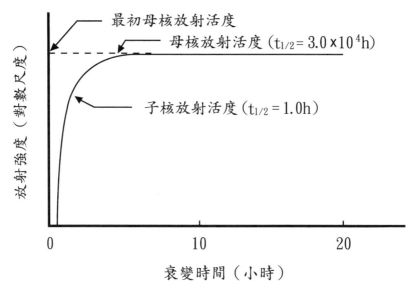

· 圖 4-8　在永久平衡狀態中母核與子核放射強度與衰變時間的關係圖

三、無平衡狀態(No Equilibrium)

如果在一個衰變過程中，子核種的半衰期比母核種長，即$(t_{1/2})_B >$ $(t_{1/2})_A$，或$\lambda_A > \lambda_B$，則沒有任何平衡狀態可能產生。在無平衡狀態下，母核種的放射性強度漸趨向於零，而子核種的放射性成長上昇至最大值後，再以子核種半衰期衰變。在無平衡狀態下，由於母核種與子核種的放射性強度之間沒有固定的比存在，所以式(4.27)不能簡化之。無平衡狀態例子：

$$^{218}_{84}\text{Po} \xrightarrow[3m]{\alpha} {}^{214}_{82}\text{Pb} \xrightarrow[27m]{\beta^-} {}^{214}_{83}\text{Bi} \; ; \; {}^{214}_{83}\text{Bi} \xrightarrow[5d]{\beta^-} {}^{210}_{84}\text{Po} \xrightarrow[140d]{\alpha} {}^{206}_{82}\text{Pb}$$

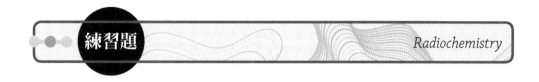

一、申論題

1. 放射性核種可歸納出具有哪三個主要特性，試說明之！

2. 放射衰變(Radioactive Decay)是一種統計學上的隨機過程(Random Process)，並且遵循化學動力學一級反應(First Order Reaction)，試簡述其意？

3. 何謂放射衰變律(Radioactive Decay Law)？

4. 試說明 1 居里的定義？並以 $-\dfrac{dN}{dt} = \lambda N$ 方程式，推算 1 居里等於 3.7×10^{10} dps 亦即等於 3.7×10^{10} Bq（已知：Ra-226 的半衰期為 1600 年）。

5. 何謂過渡平衡(Transient Equilibrium)？其條件為何？試舉一例加以說明。

6. 何謂永久平衡(Secular Equilibrium)？其條件為何？試舉一例加以說明。

7. 在過渡平衡狀態下，母核種(N_A)與子核種(N_B)的放射活性比值達到定值(A_A/A_B = constant)，且母核與子核的放射性都以母核的半衰期衰變，試以 $^{140}_{56}\text{Ba} \xrightarrow[t_{\frac{1}{2}}=12.8\text{天}]{\beta^-} {}^{140}_{57}\text{La} \xrightarrow[t_{\frac{1}{2}}=40.2\text{小時}]{\beta^-} {}^{140}_{58}\text{Ce(stable)}$ 為例並畫圖說明之！

8. ^{113}Sn（$t_{1/2}$＝117 天）和 ^{113m}In（$t_{1/2}$＝100 分）之間的連續放射衰變是屬於什麼平衡關係？當達平衡狀態時，母核 ^{113}Sn 的活性與子核 ^{113m}In 之間的活性關係為何？試畫圖說明之！

9. 就連續放射性衰變而言，無論達成何種平衡時，欲求得子核最佳擠取(milking)的時間，亦即子核活性達到最大值的時間，試問　(1)其條件為何？　(2)所得子核最大活性的時間值(t_{max})為何？　(3)最大子核種的原子個數(N_2)max 為何？

10. ^{212}Pb（Z＝82, $t_{1/2}$＝10.6 小時）衰變成 ^{212}Bi（Z＝83, $t_{1/2}$＝60.5 分），試計算當此連續放射性衰變達過渡平衡時，子核種 ^{212}Bi 與母核種 ^{212}Pb 原子數之比為何？

11. ^{218}Po（Z＝84, α-decay, $t_{1/2}$＝3 分鐘）衰變為子核種 ^{214}Pb（Z＝82, β-decay, $t_{1/2}$＝27 分鐘）最後 ^{214}Pb 再衰變成 ^{214}Bi（Z＝83, $t_{1/2}$＝19.9 分鐘）；試問此連續衰變是屬於哪一種平衡狀態？並請畫圖加以說明之!

12. 試比較下列四個核種的比活度(Specific Activity, S.A.)的大小：　(1) ^{60}Co（Z＝27, $t_{1/2}$＝5.3 年）　(2) ^{137}Cs（Z＝55, $t_{1/2}$＝30 年）　(3) ^{192}Ir（Z＝77, $t_{1/2}$＝73.8 天）　(4) ^{226}Ra（Z＝88, $t_{1/2}$＝1600 年）。

13. ^{252}Cf 以 96.8%阿伐衰變途徑至 ^{248}Cm；另以 3.2%自發核分裂(Spontaneous Fission, SF)途徑衰變為核分裂產物。若α-decay 衰變途徑的衰變常數為 λ_A，SF 衰變常數為 λ_B，試以 λ_A 和 λ_B 來表示 ^{252}Cf 的總衰變常數 λ_T 以及半衰期 $t_{1/2}$ 和其衰變速率。

二、計算題

1. 已知 ^{3}H 的半衰期為 12.26 年，試計算活性為 2 mCi 的 ^{3}H，其質量約為少克？

2. 碘–131 的物理半衰期為 8.038 天，試求其平均壽命約為多少？

3. (1) ^{99m}Tc 的活性為 7.4×10^4dps，試計算相當於多少微居里(μCi)？

   (2) 45mCi 的 ^{68}Ga，其活性相當於多少 GBq？

4. 宇宙射線打擊到大氣中的氮原子核時，一部分能起核反應生成放射性 ^{3}H，今有一試樣含有 2.4×10^{10} 原子的氚，氚的半衰期為 12.26 年，試計算此一試樣中氚的放射活度？

5. 已知 ^{14}C 的半衰期為 5730 年，試計算 1mCi 活度的 ^{14}C 的質量為何？

6. 試計算 1Ci 活度的 ^{32}P 的質量為何？（已知 ^{32}P 的物理半衰期為 14.3 天）。

7. 有一 $Na_2H^{32}PO_4$ 試樣為 1000dps，試計算 10 天後的放射活度約為多少 dps？

8. 非洲古蹟洞穴中發現燒過木炭中的 ^{14}C 以每克碳每分鐘有 3.1 衰變。現在所製木炭中每克碳每分鐘有 13.6 衰變。已知 ^{14}C 的 $t_{1/2}$ 為 5730 年，試計算此一非洲古蹟的年代？

9. 試計算與 1 克的 ^{226}Ra 達成永久平衡之氡(Radon)的原子數，體積及其放射強度為何？（方程式如下）
$$^{226}\text{Ra} \xrightarrow{\ t_{1/2}=1600年\ } {}^{222}\text{Rn} \xrightarrow{\ t_{1/2}=3.825d\ } {}^{218}\text{Po}$$

10. 在一個平均壽命後，放射性核種的活性降為原來的百分之幾？

11. 若α-particle 的質點計數器，其偵測效率為 0.515，最後由 1.27 mg 的 ^{232}Th 試料測出為 159 cpm，試計算其半衰期？

12. 試計算 5 mCi(185MBq)的 ^{131}I（$t_{1/2}$＝8 天）中，所含 ^{131}I 的總原子數和總質量？

13. 在某一天的早上 11：00 量出 ^{99m}Tc 的活性為 9 mCi，請問當天早上 8：00 和下午 4：00 的活性各為何？（已知 ^{99m}Tc 的 $t_{1/2}$ 為 6 小時）。

14. 試計算活性為 10 mCi 的 ^{201}Tl，其原子總數和總質量各為何？（已知 ^{201}Tl 半衰期為 3.04 天）。

15. 當 ^{67}Ga（$t_{1/2}=3.2$ 天）的放射活性衰變為原來的 37%時，其所經過的時間為何？

16. 一個甲狀腺癌病人治療時，需要 100 mCi 的 ^{131}I，如果運送過程需要 2 天，則原來需供給若干 mCi 的活性？

17. 活性同為一居里(1Ci)的 (1) ^{14}C（$t_{1/2}=5730$ 年） (2) ^{32}P（$t_{1/2}=14.3$ 天） (3) ^{226}Ra（$t_{1/2}=1600$ 年），其質量各為多少克？

18. 試計算無載體(Carrier-free)的 ^{111}In （半衰期為 67hr），其比活度(Specific Activity, S.A.)為多少 mCi/mg？

19. 有一放射試料，經 4.2 天後，其原子數 N 變為原來的 0.798，試問此試料的半衰期為何？

20. 一個 ^{131}I 試料標明 10 月 1 日的活性量為 140 mCi/10ml 溶液，而於 10 月 13 日有一病人等待接受治療劑量為 5 mCi 的 ^{131}I，試問需注射若干毫升溶液？若在 9 月 20 日需 5 mCi 的 ^{131}I，試問需注射若干毫升溶液？（已知 ^{131}I 的半衰期為 8 天）。

21. 利用迴旋加速器製造 ^{201}Tl，其中主要的方法之一為利用質子(Proton)撞擊 ^{203}Tl 靶核產生 ^{201}Pb 產物，即 ^{203}Tl (p, 3n)^{201}Pb，再利用不同離子交換樹脂和其他放射化學方法分離 ^{201}Pb 和 ^{201}Pb 衰變的子核種 ^{201}Tl。由於母核種 ^{201}Pb (Z＝82, $t_{1/2}=9.33$hr)之半衰期比其衰變子核種 ^{201}Tl (Z＝81, $t_{1/2}=73.2$hr)短，因此，^{201}Tl 之存量將隨時間而增加。試問，經過多少時間加以分離可得到最大量的產物 ^{201}Tl 產物？

22. 已知 $^{99}Mo \xrightarrow{t_{1/2}=66hr} {}^{99m}Tc \xrightarrow{t_{1/2}=6hr} {}^{99}Tc$ 是一種過渡平衡，試求鉬–99／鎝–99m 發生器(Generator)最佳擠取(milking)時間為何，亦即每次間隔隔多少時間去 milking 可擠取最大活性的 ^{99m}Tc？

23. 續上題（第 22 題），在 ^{99}Mo–^{99m}Tc 發生器中，若原有 ^{99}Mo 放射活性為 100 mCi，試問第三次 milking 可得多少活性的 ^{99m}Tc？

24. 已知 ^{68}Ge（半衰期為 280 天）會衰變為子核種 ^{68}Ga（半衰期為 68 分鐘）。現有一純的放射試樣 ^{68}Ge，在星期三正午(12：00)測得其活性為 450mCi，試求 ^{68}Ge 和 ^{68}Ga 在星期三午夜(24：00)及星期四下午五時(17：00)的活性各為何？

25. 已知 ^{87}Y（半衰期為 80hr）衰變為 ^{87m}Sr（半衰期為 2.83 小時）的連續放射衰變屬於過渡平衡。現有一純的放射試料 ^{87}Y，在星期三正午測得其活性為 300 mCi，試計算在星期三下午六時(18：00)和星期四下午六時(18：00)所得 ^{87m}Sr 的活性各為何？

26. 在標準狀態下(0°C, 1atm)，^{85}Kr 放射氣體（半衰期為 10.7 年）一公升之放射強度為多少貝克(Bq)？

27. ^{40}K 的半衰期為 1.28×10^9 年，以 β^- 及 EC 衰變，二者之衰變比例為 0.89 及 0.11，求 EC 衰變途徑的衰變常數(λ)值為何？

28. 15 個月前購入 10Ci 的 ^{192}Ir（半衰期約為 2.5 月），到現在剩多少居里？

29. 一居里(Ci)的 ^{60}Co（半衰期約為 5.3 年）的質量為多少克？

30. $^{147}Sm(Z＝62)$為阿伐放射體，半衰期為 1.06×10^{11} 年，試問一克 ^{147}Sm 原子於一年間之衰變數目為多少？

第 5 章

核反應

5-1 核反應

　　為推廣放射性應用於各基礎科學和技術領域，最基本的問題在於如何獲得放射性核種及其化合物，而核反應是一個重要方法。一般的化學化合物是由化學反應獲取，而放射性核種則可藉由核反應得之。核反應和化學反應在形式上有一些相同的地方，但在原子結構反應變化及能量方面等亦有很多不同。化學反應通常將參與反應過程的化合物分成反應物和生成物兩部分，而觀察他們之間的反應濃度變化及平衡的情形。化學反應一般僅涉及原子核核外電子，但在核反應即較為複雜，它牽涉到入射粒子與靶核的原子核之間的作用。在此所謂的入射粒子(Projectile)，係指被加速而獲得相當動能之基本粒子，或光子或多核子原子核(Multinucleon Nucleus)等。核反應是以此類粒子為入射粒子束(Beam of Incident Particlc)撞擊靜置(Stationary)的靶原子核(Target Nucleus)，使兩者之間產生互相作用如圖 5-1 所示。

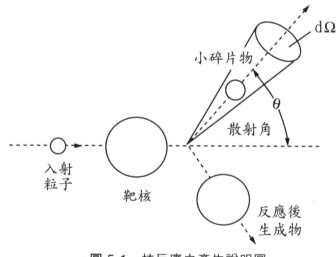

・圖 5-1　核反應之產生說明圖

此核反應之結果可能導致入射粒子的散射(Scattering)、靶核的激發（能階提昇）、或激發後伴隨產生靶原子內之原子核轉換(Transformations)，而導致新的核種產生。本章除了將針對核反應的實際應用方面加以介紹外，對於核反應過程中，有關能量、作用機制及其他核物理和核化學領域之理論模式，亦將作一簡單描述，以提供學習放射化學者作參考。

5-1-1 散射反應

散射反應是入射粒子和靶核作用所產生的一種核反應模式，通常包含兩種型態。第一類為彈性散射反應(Elastic Scattering)，第二類為非彈性散射反應(Inelastic Scattering)。

散射反應在核反應模式中，主要在於說明入射粒子與靶核由於庫侖作用力(Coulomb Interactions)，而導致所有作用的粒子偏離原來的方向，然而對入射粒子與靶核而言，其結構本質上並無發生變化。

一、彈性散射

在此模式裡，入射粒子和靶核在互相作用之前後，系統只有很小的動能損失，如原子或分子的激發，可能稍微影響其能量的平衡，基本上，系統總動能在反應前後可視為是守恆的(Conserved)。彈性散射反應的表示方法可以如下表示之：

A (a, a) A

A 為靶核，a 為入射粒子。

嚴格一點的說，彈性散射反應因不牽涉能量變化，因此並不是一種核反應，僅可視為如撞球(Billiard-Ball)一般之彈性散射事件(Event)，如同拉塞福(Rutherford)採用來作為原子核大小的計算。另外，拉塞福的回散射法(Backscattering)，亦是依據彈性散射粒子的能量偵測所發展出來的一種原子基本的表面分析法。

二、非彈性散射

入射粒子將損失其一部分動能給予靶核，而導致靶核能階的激發，此反應可以下式表示之：

A (a, a′) A*

在此 a 為入射粒子，a′為被散射的入射粒子，A*為相同的靶核種，但反應後原子核是處於激發狀態，以*標示之。在非彈性散射過程裡被激發的核種 A*，可以經由發射加馬射線的轉移方式去激發(De-excitation)，但其靶核本質不變，與反應前為同一物體。

散射反應曾被利用於原子核結構的研究，包括原子核之大小、密度、強作用力(Strong Force)之間的相互作用、以及原子核能階結構等之研究。但對於分析化學方面的應用而言，散射反應相對的比較少被運用，分析化學家通常對別種型態的核反應較有興趣，例如藉由吸收或發射次原子粒子或由原子核釋出電磁輻射，而將靶核轉變為其他各種不同核種的反應。

5-1-2 其他反應

其他還有很多種類的粒子可加以利用，以便在靶核中誘起各種不同的核反應，比較普遍的是利用中子、質子，重氫和 α 粒子等。由於入射粒子與靶核之間的互相作用可能導致很多不相同的結果出來，這些不同的反應模式可稱為反應路徑(Reaction Channels)，以重氫和鈷－59之間的反應為例，可能產生的一些路徑如表 5-1 所示。反應型態除散射反應外尚包括放射捕獲(Radiative Capture)，剝除反應(Stripping Reaction)及摘取反應(Pick-up Reaction)。有關此部分請參考本章 5-4-1 及 5-4-2 小節。

表 5-1 重氫和鈷－59之間的反應路徑

反　　應	反　應　型　態	反　　應	反　應　型　態
^{59}Co (d,d) ^{59}Co	彈性散射	^{59}Co (d,n) ^{60}Ni	剝除反應
^{59}Co (d,d′) ^{59}Co*	非彈性散射	^{59}Co (d,^{3}He) ^{58}Fe	摘取反應
^{59}Co (d,γ) ^{61}Ni	放射捕獲	^{59}Co (d,α) ^{57}Fe	摘取反應
^{59}Co (d,p) ^{60}Co	剝除反應		

5-2 核反應的能量

一般而言，核反應中的能量、質量數（除了很高的能量反應）與動量（包含線性動量和角動量）等變化仍維持守恆定律。在核反應中被釋出的能量或被吸收的能量可定義為該反應的 Q 值，如果 Q 值為正數，表示該核反應為釋能(Exoergic)反應，可自發反應。相反的，如果 Q 值為負數，則表示該核反應為吸收能量(Endoergic)反應，不會自發反應。此與一般化學反應原理完全相同，由人工誘發的很多核反應大多屬於後者，事實上很多核反應的確需要由外界提供充分的能量才可順利進行。

在上一世紀初，拉塞福(Rutherford)等發現了第一個誘發核反應，且可作為計算 Q 之範例，其反應方程式如下式所示：

$$^{14}N + {}^{4}He \rightarrow {}^{1}H + {}^{17}O + Q$$

$$Q = -1.19\,MeV$$

此計算表示該反應需要供給 $1.19\,MeV$ 的能量才會發生反應，但事實上若僅以具有 $1.19\,MeV$ 能量的阿伐粒子參與核反應，上述的核反應仍不能以現有的儀器可測出的速率來進行，也就是說尚不能觀察到核反應的產生。這個原因可能是因為入射粒子所具有的能量並不是很有效的完全用在核反應之產生，通常入射粒子所具有的能量之一部分，需要用在核反應系統的動量守恆上。除此之外，尚需要 Q 值以外的更多的能量，以便克服相當強大的排斥性(Repulsive)庫倫障壁(Coulomb Barrier)，而此障壁主要是由入射粒子所具有的電荷與原子核電荷間所產生的。

低限能量(Threshold Energy)

低限能量係指產生可測知程度的核反應所需供給之最小限度的能量，其值等於核反應之 Q 值。假如此低限能量之供給仍無法產生反應，則須再增加額外能量去供應動量守恆所需及克服庫倫障壁。

5-2-1 動量校正

假設在一簡單的核反應中，該反應是以入射粒子撞擊靶核的中心點，在這個例子中入射粒子是沒有角動量轉移給靶核，所以只需考慮線性(Linear)的動量即可。為了方便計算入射粒子能量對於線性動量參與的程度，吾人可以假設下列各項參數和條件：

入射粒子(X)撞擊靜止狀態的靶核(Y)，在撞擊前 X 的移動速率為 v_X，撞擊前靶核的速率為零，撞擊後最初的複合核(Compound Nucleus)，Z 的速率為 v_Z。（註：所謂複合核後來仍會解離為二個最終的生成產物）

$$[X \xrightarrow{\ v_X\ } Y] \rightarrow [Z \xrightarrow{\ v_Z\ }]$$

撞擊前　　　撞擊後

假設入射粒子的動能為 E_X，則：

$$E_X = \frac{1}{2} m_X v_X^2 \quad\text{...(5.1)}$$

再假設複合核的動能為 E_Z，則：

$$E_Z = \frac{1}{2} m_Z v_Z^2 = \frac{1}{2}(m_X + m_Y) v_Z^2 \quad\text{.....................................(5.2)}$$

依據動量之守恆定律：（動量 $P = mv$）

$$m_X v_X = (m_X + m_Y) v_Z \quad\text{..(5.3)}$$

整理後得

$$v_X = (m_X + m_Y) v_Z / m_X \quad\text{..(5.4)}$$

將(5.4)式平方並代入(5.1)式，即得：

$$v_X^2 = (m_X + m_Y)^2 v_Z^2 / m_X^2 = 2E_X / m_X \quad\text{.............................(5.5)}$$

由(5.5)式可求得：

$$E_X = (m_X + m_Y)^2 v_Z^2 / 2m_X = \frac{1}{2}(m_X + m_Y)^2 v_Z^2 / m_X \quad ....(5.6)$$

以(5.2)式除以(5.6)式可得：

$$E_Z / E_X = \frac{\frac{1}{2}(m_X + m_Y) v_Z^2}{\frac{1}{2}(m_X + m_Y)^2 v_Z^2 / m_X} = \frac{m_X}{m_X + m_Y} \quad ....(5.7)$$

式(5.7)是表示入射粒子動能之一部分分率，它是為了要達成系統動量之守恆而損失掉的，在此亦可以換一個方式考慮這個問題，就是說入射粒子的能量中，可以使用於引起核反應的部分即為

$$[m_Y/(m_X + m_Y)] E_X \quad ....(5.8)$$

如果考慮中的核反應的 Q 值是負者，則要引起核反應所需要的入射粒子的能量如(5.9)式所示。

$$E_{入射粒子} = [(m_X + m_Y)/m_Y] |Q| \quad ....(5.9)$$

例如要為使 $^{14}\text{N} (\alpha, p) {}^{17}\text{O}$ 反應進行，所需的能量即為：

$$E_{入射粒子} = [(4+14)/14] \times 1.19 = 1.53 \, \text{MeV}$$

然而，如果以具有 1.53 MeV 的阿伐粒子嘗試去誘發此一反應，仍可發現核反應仍然不能以具有意義且可測得的反應速率進行，因為它仍需要再做校正，亦即所謂的庫侖障壁校正(Coulomb Barrier Correction)。

5-2-2 庫侖障壁校正

庫侖障壁係指兩種電性相同之電荷在一特定距離內互相排斥所引起的現象。入射的阿伐粒子必須先克服庫倫障壁後，始可有效的進行反應，例如阿伐粒子靠近原子核，當它到達一定的距離時，則開始受到原子核強力的作用而受到排斥，庫倫障壁的高度($V°$)可以下式表示：

$$V° = \frac{Z_X X_Y e^2}{R_X + R_Y} \quad\text{.........................(5.10)}$$

式中 Z_X 與 Z_Y 是入射粒子(X)及靶核(Y)的電荷數，e 是電子的電荷，R_X、R_Y 分別為入射粒子及靶核的半徑，如果 R 的單位為 cm，e 單位以 e.s.u 表示，則 $V°$ 的單位為 erg。如果 R 值是以 fermis 表示，$e^2 = 1.44$ MeV-fm，則式(5.10)可寫為：

$$V°(\text{MeV}) = \frac{1.44 Z_X Z_Y}{R_X + R_Y} \quad\text{.........................(5.11)}$$

如第一章式(1-2)所述，原子核之半徑約為 $1.4 A^{1/3}$ fm，對於上述 ^{14}N (α, p) ^{17}O 反應而言，其庫侖障壁由式(5.11)可求得：

$$V° = \frac{1.44\,(2)(7)}{1.4[(4)^{1/3} + (14)^{1/3}]} \doteqdot 3.6 \text{ MeV}$$

在此，必須注意的是庫侖障壁的存在乃針對入射粒子與被發射出來的粒子，所以核反應的障壁之計算是依據入射粒子及生成物中發射出去的粒子兩者中，持有較高電荷的粒子來加以計算，所使用的粒子半徑($1.4 A^{1/3}$ fm)對於大部分的核反應是頗為適當並且合理的數值，但值得注意的是對於以質子在中等至重核介質上所誘發的核反應而言，因為質子的半徑是

以零（即以點電荷(Point Charge)視之）計算，因此庫侖障壁($V°$)對於中等或較重的元素所進行的核反應而言，如果是以質子誘發者一般所得值約為 12 MeV，如果是以阿伐粒子誘發者，約為 24 MeV。

5-3 核反應的截面

所謂核反應的截面(Cross Section)，其概念主要是用以表示特定核反應可否發生的或然率(Probability)，一般以 σ 符號表示之。圖 5-2 可用以幫忙想像及說明靶核反應截面的定義。

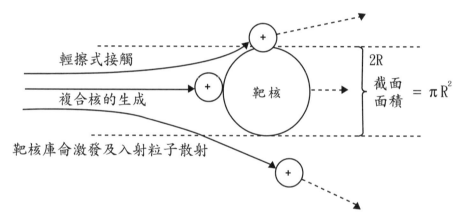

· 圖 5-2 核反應中靶核截面的面積與反應產生示意圖

一般而言，為了要產生核反應，入射粒子和靶核必須要靠的足夠接近才可以互相作用(Interact)。互相接觸的距離對於不相同的核反應模式也不一樣。事實上，在散射反應中，入射粒子和靶核之間並不需要有真正的接觸(Contact)，但對於其他類型的反應，入射粒子與靶核必須要有直接的接觸。一般而言，某一入射粒子產生核反應的或然率，可以說與靶核的大小有關，也就是說與靶核所提供給入射粒子的反應面積大小有

直接關連，這個面積的計算值對於半徑為 R 之球狀體原子核而言，稱為靶核的幾何截面，如式(5.12)所示

$$\sigma_{\text{幾何截面}} = \pi(R_{\text{靶}})^2 \quad \text{..(5.12)}$$

為要更進一步闡述核反應的截面觀念，我們可再深入的探討圖 5-2 所代表的不同反應結果和意義。它顯示入射粒子與靶核三種可能的接觸及作用情形。輕擦式的接觸，入射粒子的能量可被轉移給靶核，然後兩者暫時結合體又重新分開。此類型的反應對於重核入射粒子而言，是一種很重要的反應模式。另一種情形是入射粒子經過靶核時靠的很近，但彼此之間並沒有實際接觸，此情形將產生靶核的庫侖力激發(Coulombic Excitation)，以及入射粒子的散射。另一種更直接的接觸，常發生在較中等或一般程度的能量入射粒子與靶核的作用，它將導致一個激發的複合核(Excited Compound Nucleus)的形成，若靶核半徑為 R，則入射粒子可直接接觸的截面面積即為 πR^2；而此複合核與前述輕擦式接觸的結合體不一樣，它可藉由放出粒子輻射或電磁輻射去激發(De-excitation)，在此複合核所釋出的粒子基本上與入射粒子並不相同，此模式可說明真正發生核反應並產生新的放射核種的可能性。

 例 5-1 ────────────────────────

試利用幾何截面的概念，計算以快中子撞擊質量數等於 100 靶核的核反應或然率。

 解

R=靶核的半徑 $=1.4A^{1/3}$ fm，而 $A=100$，

1 fm$=10^{-15}$m$=10^{-13}$cm，

因此，$R = 1.4 (100)^{1/3} \text{fm} = 6.5 \text{fm} = 6.5 \times 10^{-13} \text{cm}$

$$\sigma = \pi R^2$$

$$\sigma = \pi (6.5 \times 10^{-13})^2 = 1.3 \times 10^{-24} \text{cm}^2$$

Radiochemistry

　　大部分的原子核截面，以此計算法均在 10^{-24}cm^2 的等級範圍，而更準確的計算真實的碰撞截面(Collision Cross Section)是根據互相作用之區域(Zone)，而此區域的半徑為入射粒子之半徑與靶核之半徑的總和。值得注意的是截面之單位為平方公分(cm^2)，這是常用的單位，另一個傳統上常用的截面的單位為邦(barn, b)，其定義如下：

$$1 \text{ barn} = 1 \times 10^{-24} \text{cm}^2 = 100 \text{fm}^2$$

$$1 \text{ mbarn} = 1 \times 10^{-3} \text{b} = 10^{-27} \text{cm}^2$$

$$1 \text{ }\mu\text{barn} = 1 \times 10^{-6} \text{b} = 10^{-30} \text{cm}^2$$

由於截面可以被定義為特殊之反應途徑(Specific Reaction Channels)或靶核之全部反應機率，因此很顯然的在幾何截面之估計上忽略了很多因素，這些因素在估計核反應的或然率時需要考慮進去，例如，入射粒子之能量高低、入射粒子的大小以及靶核的穩定性等問題，因而真實的核反應截面的變化很大，與入射粒子本質、能量及靶核特性都息息相關。

5-3-1 截面之測定

以實驗的方法測試核反應的截面，必須對核反應的粒子反應速率、入射粒子的數目以及其他的參數或相關資料等，獲得詳細的數據。計算的方式需視靶核的相對厚度以及入射粒子的撞擊強度所引發的效應而定。以下分為使用薄靶及厚靶兩部分來加以說明。

一、薄　靶(Thin Targets)

薄靶的定義是指入射粒子在通過靶時，不會有嚴重程度或具有意義的衰減(Significant Attenuation)。通過靶中固定面積後的入射粒子的強度(Particle/s)稱為通量密度(Flux Density)或通量率(Fluence Rate)，通常以每秒鐘通過每平方公分靶面積中的粒子數而定(Particle cm^{-2} sec^{-1})。對於薄靶而言，一般是假定入射粒子的通量密度在與靶核作用前後皆為定值，而有關薄靶的反應包括定義很清楚的入射粒子束入射於靶表面（通常係指帶電荷的粒子）或均勻(Homogeneous)的入射粒子通量（通常是由中子組成者）從所有的方向打在靶面上。

薄靶的截面計算，必須基於下列幾個假設：

1. 照射期間沒有任何生成物核種進行放射性衰變。
2. 照射中靶原子不會因燃燒而消失(No burn up)。
3. 通過靶核截面為一常數，因入射粒子的能量沒有明顯之變化。

另外，設 R 為入射粒子光束(Beam)照射靶面時，每單位時間內在靶面上誘發的核反應的數目，其計算如式(5.13)所示。

$$R = Ix\ n'\sigma \quad\text{...(5.13)}$$

式中，I：為入射粒子通量（粒子數／秒）。

x：為靶厚度(cm)。

n'：為每立方公分靶核原子數目(number of target nuclei/cm^3)。

σ：為截面(cm^2)。

利用粒子光束作實驗時，常常以加速過的高能量帶電荷的粒子進行核反應。對於此類反應其截面只有幾個 barns，或可能更小。

如果靶核是埋藏(Embedded)在均勻的粒子束中（例如，放置在核反應器之中的靶核），式(5.13)即可以改寫為(5.14)。

$$R = n\Phi\sigma \quad\dotfill\quad (5.14)$$

式中，n：為靶核原子的總數。

Φ：為通量密度(Flux Density)，(incident particles／cm^2.s)。

σ：為截面(cm^2)。

式(5.14)的另一種表示法是：

$$N_{產物} = N_{靶}\Phi\sigma t \quad\dotfill\quad (5.15)$$

式中，$N_{產物}$：產生的原子核的數目。

$N_{靶}$：曝露於入射粒子之靶的原子數。

t：靶曝露於入射粒子的照射時間（秒）。

上述這些程式和數據均可利用於截面(σ)的計算。

例 5-2 ──────────────────────

以 1.00 μg 的天然鈷作成的薄片試樣,在熱中子束通量密度為 1.00 × $10^{13}n$ cm^{-2} sec^{-1} 中照射 10^3s 後,可獲得 2.00×10^9 個 ^{60}Co 原子,已知天然鈷中的豐度為 100% ^{59}Co,若以熱中子進行捕獲反應 ^{59}Co (n,γ) ^{60}Co,試求其 σ 值為何?請以 barn 值表示之。

 解

$$N_{產物} = N_{靶}\Phi\sigma t$$

$$N_{靶} = [1.00\times10^{-6}\,\text{Co}/(58.9\text{g}\ ^{59}\text{Co/mol}] \times (6.02\times10^{23}\,\text{atoms/mole})$$

$$= 1.02\times10^{16}\,\text{atoms}\ ^{59}\text{Co}$$

$$2.00\times10^9\,\text{atoms}\ ^{60}\text{Co}$$

$$= (1.02\times10^{16}\,\text{atom}\ ^{59}\text{Co}) \times (1.00\times10^{13}n\ \text{cm}^{-2}\ \text{sec}^{-1})\ \sigma(10^3 s)$$

$$\sigma = (1.96\times10^{-23}\,\text{cm}^2)\ (\text{barn}/10^{-24}\,\text{cm}^2) = 19.6\,\text{barn}$$

二、厚　靶(Thick Targets)

　　對於使用厚靶,入射粒子在通過靶的過程中會遭遇到相當程度的衰減,所以由靶出來的粒子束較入射粒子少。對於中子而言,因其不帶電荷,可自由的穿透物質,不須考慮靶的厚度,但帶有電荷的入射粒子,會有相當程度的與靶物質互相作用,所以對於帶電荷粒子反應的計算,可依據式(5.16)計算在靶內的衰減數目 dI,即:

$$dI = I_o - I \dotfill (5.16)$$

式中，dI：為經靶衰減的數目。

I_o：入射的粒子數目。

I：經靶衰減後的數目。

式(5.16)所示的衰減量與靶的厚度、靶中的核子數目、入射的粒子數以及截面有關，即：

$$-dI = In'\sigma(dx) \dotfill (5.17)$$

式中，$-dI$：粒子束強度的微分衰減。

n'：每立方公分靶核的數目(number target nuclei/cm^3)。

x：由靶表面進入的距離(cm)。

I：粒子束強度(particles/s)。

σ：截面(cm^2)。

將式(5.17)積分可得：

$$\int_{I_o}^{I_x} \frac{dI}{I} = -n'\sigma \int_0^x dx \dotfill (5.18)$$

$$\ln I_x - \ln I_o = -n'\sigma x \dotfill (5.19)$$

$$\ln (I_x/I_o) = -n'\sigma x \dotfill (5.20)$$

$$I_x = I_o\, e^{-n'\sigma x} \dotfill (5.21)$$

在上面的計算中，假設當入射粒子通過厚靶時，隨著其進入之深度愈大而其能量減低，但其截面仍視為不變。同時亦假設，照射期間靶核因熱之蒸發可忽略，亦即靶核的數目在照射期間保持定值。

 例 5-3 ────────────────

鎘對中子的截面很大，甚至其薄片亦可能會明顯的衰減中子束。試計算鎘的截面（以 barn 表示）。已知 0.0204 cm 厚的鎘片可將熱中子束的強度減低為原來強度的 0.1。鎘金屬的密度為 8.64 g/cm^3，其原子質量為 112.4 Daltons。

 解

$$n' = (8.64 \text{ g/cm}^3)[(6.02 \times 10^{23} \text{ atoms/mol})/(112.4 \text{ g/mol})]$$
$$= 4.63 \times 10^{22} \text{ atom/cm}^3$$

$$I_x/I_o = e^{-n'\sigma x}$$

$$0.1 = e^{-(4.63E22)(\sigma)(0.0204)} \text{，（注意：} 4.63E22 = 4.63 \times 10^{22} \text{）}$$

$$\sigma = 2.44 \times 10^{-21} \text{ cm}^2 = 2.44 \times 10^3 \text{ b}$$

三、激發函數(Excitation Function)

以不同能量的不同入射粒子所測出的截面有可能會有一些變異，這些截面誤差值可以激發函數(Excitation Function)來檢驗。激發函數的定義是以核反應之截面，對入射粒子的能量所畫的函數關係圖，在此僅列出二種代表性的激發函數作為參考。圖 5-3 為以具有各種不相同能量的中子所誘起的核反應的激發函數圖。圖 5-4 為以具有不同能量的數個入射質子粒子，對同樣低原子序靶核所誘起的核反應的激發函數關係圖。

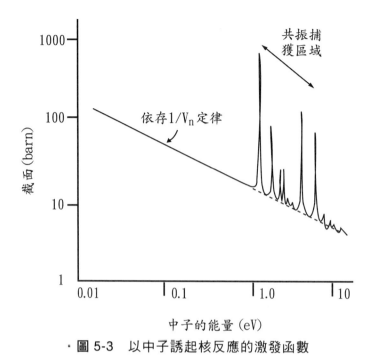

· 圖 5-3　以中子誘起核反應的激發函數

　　圖 5-3 顯示當中子能量愈增大，則反應截面有降低趨勢，此意謂能量很低的中子在靶核中誘發核反應有最大的可能性。而從 0.01eV 到 1.0eV 間的中子能量，反應截面的降低大致與 $1/V_n$ 有依存的比例關係。其中 V_n 表示中子的速度，此依存關係稱為 $1/V_n$ 定律(One-over-v Law)。在直線右斜下方區域有一些尖峰重疊的區域，這些尖峰稱為共振尖峰(Resonance Peaks)，共振尖峰所標示對應的中子能量值清楚可見核反應的或然率（即截面積）有明顯大幅增加。一般而言，其主要原因在於這些特殊中子的能量值恰相當於可以激發處在不同核子能階間距的靶核核子，此情況與原子吸收光譜的原理相似，有異曲同工之妙。

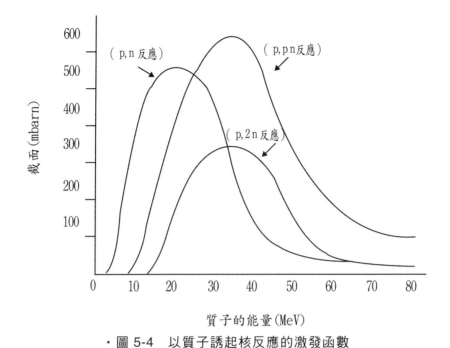

・圖 5-4　以質子誘起核反應的激發函數

　　圖 5-4 表示大部分帶電荷粒子的反應是屬於所謂的低限能反應 (Threshold Reactions)，亦即任何反應的發生，入射粒子的能量必需達到一確定的最小的可發生能量。對於中子而言，低限能量值可能為零，因為中子沒有庫侖障壁需克服，且有較大的正 Q 值能量可提供反應放出的荷電粒子克服它的位能障壁(Potential Energy Barrier)。然而，對於荷電粒子的低限能而言，它意謂著入射粒子位在比其更低的能量時，幾乎沒有機會發生反應，加上反應截面原本就很小(mbarn)而所需的能量(~MeV)卻相對的大很多。然而，仍有些例外，某些反應的荷電粒子能量雖低於低限能量，但仍可經由隧道效應(Quantum-Mechanical Tunneling)發生。另由圖 5-4 亦可看出荷電粒子一系列不同的核反應型態，如(p, n)、(p, pn)、(p, 2n)。且其截面值先升後降，最大值亦不一致，但普遍而言，比其他能量中子所誘發的核反應截面值皆小很多。

5-4 核反應機制

　　以具有 50 MeV 以下能量的入射粒子所誘起的核反應機制，通常可區分為二種。其中一種為複合核生成反應(Compound-Nucleus Formation)，另一種為直接相互反應(Direct Interactions)。

5-4-1 複合核生成反應

　　複合核生成反應機制為入射粒子撞擊靶核，並被同化(Assimilated)在其中而生成複合核。入射粒子將其所帶的動能及結合能給予靶核，所以複合核是在激發狀態，由入射粒子帶進來的能量轉移與其他核子，經過多次碰撞後達到一統計平衡的狀態。在此，原來入射粒子與其他的核子已不能分別，如果尚存充分的能量，最後一個核子或核子的複合體可獲取足夠的能量，克服原子核結合力(Nuclear Binding Force)，由原子核逃出，這個過程稱為「蒸發」(Evaporation)。此情況與液體中的分子獲得充分的能量後，可以進入蒸氣相的情況相似。由複合核發射出來的粒子與原來的入射粒子沒有直接的關連，因為在發射以前，已達到平衡狀態。當一核子(Nucleon)或一複合核單位蒸發，隨後更多的核子將繼續「蒸發」出去，一直到達已無充分的能量可以將粒子「蒸發」為止。該原子核可能發射加馬射線作為進一步制激(De-excitation)之用。在複合核反應機制裡，有二個顯然不同的階段存在：

1. 捕獲入射粒子而生成複合核。

2. 複合核經粒子的「蒸發」以及加馬射線之發射而衰變。

在複合核機制的過程中，中子捕獲與衰變過程時間是分離的。複合核的壽命（10^{-20}~10^{-14} 秒）比帶能量的粒子通過原子核所需時間（10^{-23} 秒）長，且有充分的時間發展出平衡狀態。中子捕獲反應(Neutron-Capture Reactions)為經生成複合核反應後，才進行的反應過程的好實例。由熱中子所生成的複合核不具有充分的能量可以發射粒子，所以發射加馬射線為制激的最初步的方法(Primary Means)。

(n, γ)反應是放射捕獲反應(Radiative Capture)的例子，且在中子活化分析法中為很重要的反應之一。具有高能量的中子可以充分的激發複合核反應而引起粒子發射之核反應，如(n, n')、(n, p)、(n, α)等反應。這些核反應可利用小型中子發射器(Small Type Neutron Generator)所產生的 14 MeV 中子所誘起的 $d\,(t, n)\,\alpha$ 反應來進行。

5-4-2　直接相互反應

與複合核生成反應相比較，直接相互反應不會將入射粒子在核中加以同化，相反的，入射的粒子直接與靶核內靠近邊緣的原子核，以很快的過程（約 10^{-22} 秒）相互作用，該過程包括迅速發射一個核子(Nucleon)出去。整個過程僅在一個步驟完成，由原始的相互作用至最後的核變化達成平衡幾無時間前後的差異。直接相互反應可由一種稱為叩擊(Knock On)過程或轉移(Transfer)過程而完成。在叩擊機制反應中，入射粒子和外界的核子間碰撞的結果，直接發射出一個或更多的粒子。扣擊機制反應是在具有較高能量($\geq 50\,\mathrm{MeV}$)入射粒子與靶核的反應中較易觀察到。

轉移機制可以分為剝除(Stripping)反應及摘取(Pick-up)反應二種。它們的名稱與其產生的反應很符合，且描寫得很恰當。在剝除反應裡，靶核由混合的入射粒子獲取一粒子。在摘取反應中入射粒子從靶核取走一個核子。轉移反應則在能量小於 $50\,\mathrm{MeV}$ 的粒子反應中最易觀察到。

5-5　特殊的核反應

5-5-1　中子誘起的核分裂

在第三章放射性衰變的介紹中，曾以天然放射物質的衰變說明鏈鎖反應的模式。從經濟上和社會上觀點而言，更為重要的是以中子誘發的核分裂反應(Fission Reaction)。在核分裂過程中，由重的核種捕獲中子，生成複合核，然後分解成二個或二個以上的較輕子核為生成物，並發射出二個或二個以上的中子，同時隨著每次核分裂，每個核釋出約 200 MeV 的核分裂能。核分裂反應亦可以由電荷粒子，如質子、氘核或氦核(^{3}He)等誘發，但在此將僅討論以中子所誘發的核分裂現象。

圖 5-5 是核分裂的示意圖，描述中子如何誘發分裂反應。在靶核中有二種互相競爭的力量，其中之一為結合力(Binding Force)，結合力的作用是將原子核維持在一起。另外一種是庫倫力(Coulomb Force)，庫倫力即具備一種趨勢，將原子核加以分散。對於穩定的原子核而言，結合力是比庫倫力強的，在低質量的原子核，結合力更大於庫倫力，因此原子核不會分裂，但是對於比較重一點的原子核而言，上述的兩種力在大小等級及規模上幾乎相等。但當中子加入該原子核中，造成兩力的平衡點轉移，變成比較有利於庫倫力，中子可增加原子核內部的激發性，並使原子核改變至易於轉移(Transition)的狀態，在這個階段如果改變的程度較嚴重，其庫倫力將完全控制整個反應，並且將核分裂為兩個碎片，該碎片由於庫侖排斥力的緣故以相當的動能(Kinetic Energy)互相分離對方。當碎片在含有中子豐富(Neutron Rich)狀態時，它們將以發射貝他負電子(Negatron Emission)的方式衰變，並且常伴隨加馬轉變再繼續衰變，以達到適當的 N/Z 比值，而獲得穩定的生成物。

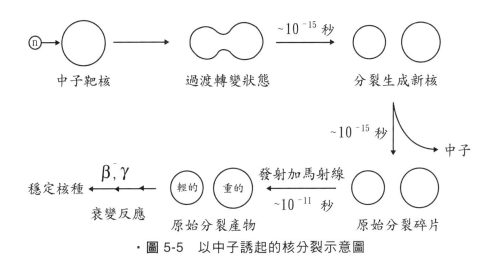

．圖 5-5　以中子誘起的核分裂示意圖

　　原子核的分裂並不是永遠獲得相同的分裂碎片(Fission Fragment)。圖 5-6 係以中子誘發的重核，例如 ^{235}U, ^{239}Pu 等的分裂時，所得的質量產率曲線 (Mass Yield Curve)。垂直軸上是疊積的分裂產率(Cumulative Fission Yield)，表示分裂事件的百分率，分裂結果所得的生成物質量(A)係表示於橫軸，這曲線的特徵是有二個很大的極高點，中間為一谷底（在 $A=117$），兩個最高質量是在 $A=95$ 與 $A=138$ 出現，另外幾乎是重疊在最高點的有兩個小尖點(Spike)其質量分別在 $A=100$ 及 $A=134$ 附近，在那裡核子(Nucleon)均已達到持有魔數(Magic Number)。^{235}U 及 ^{239}Pu 這二個核種以熱中子分裂的截面最高，這兩核種均被利用於生產核能以及製造核武器上。^{238}U 核種不容易以熱中子分裂，但可以利用快中子誘發核分裂。

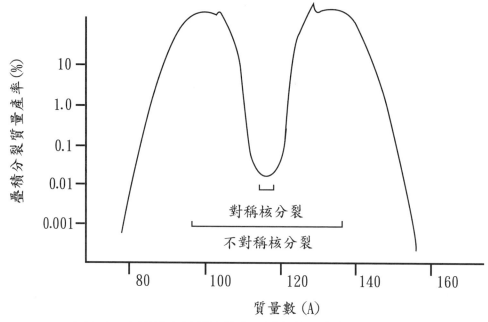

．圖 5-6　在重核中以低能量中子誘起核分裂的質量產率曲線

5-5-2　核融合

　　核融合反應(Fusion Reactions)是指二種較輕的原子核結合在一起產生較重的原子核，同時放出能量的反應。大部分有用的核融合反應是在低 Z 核之間產生的，如下列所示。

$$^{2}\text{H} + p \rightarrow {}^{3}\text{He} + \gamma + Q$$
$$^{2}\text{H} + {}^{2}\text{H} \rightarrow {}^{3}\text{He} + n + Q$$

　　在地球上，核融合反應從來沒有被觀察到可以自然產生，但它們在太陽和其它星球中卻常發生。事實上，核融合反應也是太陽巨大能量之來源。

　　帶電荷的粒子亦可以參與核融合反應，它們都是屬於具有低限能量 (Threshold Energy)的反應，這些反應可以人工方法產生，如果對參與反應的所有的粒子給予充分的能量，如利用加速器就可產生核融合反應，下列為重氫與氚的反應。

$$^2H + {}^3H \rightarrow {}^4He + n + Q$$

　　該核反應是利用 Cockcroft-Walton 中子發生器的基本反應之一，它是用於產生快中子(14 MeV)，藉以從事活化分析的加速器。

　　上面所述的核融合反應需要利用加速器等始可以使反應發生，而不是自發且連續的進行(Self-sustaining Reaction)。為了要連續進行反應，對於該反應則需要不斷的從外界供給能量，核融合反應可應用於氫彈(H-bomb)或核融合彈頭。自行可以連續進行的(Sustain)核融合反應亦適合作為原動力之產生。從能源的立場而言，核融合反應比核分裂反應具備更大的優點，因重氫可以由海水大量的提取。對於有控制性的核融合反應的最大興趣是 d-d，d-t 核融合反應的產物，因為它不帶放射性因此也不會產生放射廢料處理的問題，而此問題通常是存在於核分裂反應器的最大麻煩。此外，在核融合反應中，有二個重大的技術上的困難尚待解決，始能有效控制核融合反應的利用，第一問題是如何加熱氣體至很高溫度並維持在 10^8K，在此高溫度下，物質均變成為電漿(Plasma)，它是一種在很高溫度下完全成為離子化的氣體。第二個問題是如何設計容器可收集電漿保存在該容器內而不外洩，至目前為止尚未發現適當的材料可以使用於如此高溫。一個可能的方法是利用磁場。1989 年有一些研究群發表他們已在重水中成功的進行核所謂的冷融合(Cold Nuclear fusion)，然而迄今尚未被科學界證實該實驗的可行性。

練習題　　　　　　　　　　　　　　　　　　　*Radiochemistry*

一、填充題

1. 1934 年 F. Joliot & Curie 以_____粒子撞擊鋁箔，首次成功的製出天然界不存在的磷的同位素（^{30}P, $t_{1/2}$＝3.15 分）。此實驗證實放射性同位素可以由人工方式獲得，亦說明了高能量的荷電粒子可與物質進行核反應，稱為_____反應(Transmutation)。

2. 試寫出下列各核反應的反應路徑(Reaction Channels)之種類

   (A) A(a, a)A_____

   (B) A(a, a')A*_____

   (C) ^{59}Co(d, γ)^{61}Ni_____

   (D) ^{59}Co(d, P)^{60}Co_____

   (E) ^{59}Co(d, α)^{57}Fe_____

3. 核反應的截面的概念是藉它來表示核反應可否產生的_____，一般以記號_____表示之。

4. 大部分的原子核的截面，均在_____cm^2 的等級範圍，在傳統上常用的截面的單位稱為_____，且等於_____cm^2。

5. 激發函數(Excitation Function)是以核反應之截面對入射粒子的_____所畫出的函數關係圖。

6. 以低能量中子可以誘發重核，如 U-235 和 Pu-239 等產生_____。從其反應的結果可以製成_____(Mass Yield Curve)。

7. 接上題，該曲線的特徵是在質量數 A 等於 117 處出現一個_____ (Valley)。在質量數 A＝95 及 A＝138 出現兩個不對稱且質量數最大的分裂碎片(Fragments)，並分別在他們上面質量數 A 等於 100 和 134 處出現兩個_____(Spikes)。

8. U-235 及 Pu-239 兩個核種均可被利用在和平用途方面，產生_____，在軍事用途方面產生_____。

9. 兩種較輕的原子核（即低質量數的）可結合在一起而產生較_____的原子核，同時可放出巨大的_____，稱為核融合反應(Nuclear Fusion)。

10. 接上題，但此類所謂_____反應從來沒有被觀察到於自然產生出來，僅僅在_____系和在其他星球中可以觀察到。

二、問答題

1. 解釋名詞：

　A. 低限能量(Threshold & Energy)。

　B. 庫侖障壁校正(Coulomb Barrier Correction)。

　C. 動量校正(Momentum Correction)。

　D. 激發函數(Excitation Function)。

　E. 複合核生成機制(Compound Nucleus Mechanism)。

2. 試比較下列各項之間的差異

　A. 核分裂反應(Nuclear Fission)與核融合反應(Nuclear Fusion)。

　B. 釋放能量反應(Exoergic Reaction)與吸收能量反應(Endoergic Reaction)。

C. 幾何截面(Geometrical Cross Section)與碰撞截面(Collision Cross Section)。

D. 薄靶(Thin Target)與厚靶(Thick Target)。

E. 彈性散射反應(Elastic Scattering)與非彈性散射反應(Inelastic Scattering)。

F. 以低能量中子及以高能量中子（或荷電粒子）所誘發重核(Heavy-mass Nuclide)之核分裂反應。

第 6 章

輻射與物質之相互作用

6-1 相互作用之模式

關於輻射與物質之間的相互作用模式，可以簡單的歸納為以下五種，包括：

1. 游離(Ionization)。

2. 動能轉移(Kinetic Energy Transfer)。

3. 分子激發及原子的電子之激發(Molecular Excitation and Atomic Electron Excitation)。

4. 核反應(Nuclear Reactions)。

5. 電磁輻射的產生(Radiative Processes)。

以下謹針對這些作用模式的相關特性作一概念性的介紹。

一、游　離(Ionization)

原子裡的電子都具有不同的能量，且不論能量大小都小於原子核對其的束縛能量(Binding Energy)，但當原子裡的電子自輻射獲得的能量大於原子核對它的束縛能以後，電子就會離開原子而射出，使原來呈中性的原子變成一個離子對(Ion Pair)，此作用稱為游離。而離子對是由一個帶負電荷的電子（自由電子）和質量較大的帶正電荷的離子（正離子）所組成。通常，第一次游離(Primary Ionization)是由於入射輻射直接與物質作用產生的，第二次的游離(Secondary Ionization)則是由伴隨一次游離過程中產生出來的離子再與原子作用而產生的。此外，生成離子對所需的能量常依吸收介質的類型不同而有所不同。例如，對於阿伐粒子與一般普通的吸收介質之間的相互作用而言，其所需的能量值（以 eV/ion-pair 為單位表示）如下所示：在空氣(Air) = 35，氫(H) = 36.3，氧(O) =

32.5，氦(He) = 43，氬(Ar) = 26.4，氙(Xe) = 22，甲烷(CH_4) = 30.0，鍺(Ge) = 2.9。這些值與該元素的第一次游離能(First Ionization Potentials)相比較是較高的，如氫氣第一游離能為 15.6 eV，氧氣第一游離能為 12.5 eV，這可能是因為它們所持的其他的自由度(Degrees of Freedom)在相互作用時亦需要接受能量的關係所致。

二、動能的轉移(Kinetic Energy Transfer)

在這一種相互作用模式中，輻射將動能分配給離子對而且其能量比實際形成離子對所需要的能量還要高。而動能轉移的發生可能肇因於入射的輻射與吸收介質的原子核進行彈性碰撞(Elastic Collisions)所致。

三、分子激發與原子的電子的激發
(Molecular Excitation and Atomic Electron Excitation)

這是另一種模式的相互作用，主要發生在能量的轉移小於吸收介質的游離能。當被激發的原子的電子落回至較低能階時，可能伴隨產生特性 x-ray 或鄂惹電子(Auger electron)的發射。分子激發則可能透過分子的移動(Translation)、轉動(Rotation)及振動(Vibration)等過程產生，也可以經過由原子電子的激發過程產生。分子激發的能量最後被分散到作為分子化學鍵的破壞、發光(Luminescence)或發熱等方面。

四、核反應(Nuclear Reactions)

入射的輻射與吸收介質原子的原子核進行產生核反應，是輻射與物質間相互作用的一種重要模式，尤其針對高能量帶電荷粒子及中子而言，是最典型的反應模式。

五、電磁輻射的產生(Radiative Process)

此種作用的模式，不像游離、激發或核反應，它是屬於一種較少見的輻射與物質作用模式或反應機制，比較值得探討的是制動輻射(Bremsstrahlung)和契忍可夫輻射(Cerenkov Radiation)。Bremsstrahlung 源自於德文 bremsen，制動之意，亦即制動輻射(Braking Radiation)，此處主要是針對貝他衰變釋出之高速電子（即 β^- 粒子）與作用物質反應，因受帶正電原子核庫侖場吸引和加速，在此情況下，電子以電磁輻射的方式將額外的能量釋出以減速。制動輻射本身是一種連續能譜的電磁波，其產生分率與入射的電子能量(MeV)和作用物質的原子序(Z)乘積成正比。契忍可夫輻射是指快速荷電粒子（速度為 V），當其以接近光速(C)的速度進入另一折射率(Index of Refraction)為 n 的不同新的介質時，此時其速度(c/n)將超過光速，因此，電子束以藍白光(Blue-White Light)的方式輻射出去以釋出額外的能量，稱為 Cerenkov Radiation。此為蘇俄人最早發現，通常只有在原子爐才存有此現象。由以上所述可知，貝他粒子輻射(β^-)能量損失的模式主要共有四種，除了原子的游離和原子的激發以外，尚可產生制動輻射和契忍可夫輻射。

針對由衰變過程或核反應而來的輻射可概括分類為二種，即帶電荷的與不帶電荷的。帶電荷的輻射可簡單區分為兩種，包括重的粒子（例如，阿伐粒子，分裂碎片或發射出來的核反應產物等）以及輕的粒子（例如 β^-，β^+等）。不帶電荷的輻射包括加馬射線，X－射線，微中子(neutrino)及中子。以上二類的輻射在物質的相互作用時具有特殊且不相同的性質。帶電荷的輻射與吸收介質原子的電子作用，主要經由一系列許多小能量損失事件的過程。這些事件的結果可能導致離子對的生成、動能的轉移、以及原子或分子的激發現象，而且其能量的損失是以一種逐漸增大且可預測的方式來進行。

　　不帶電荷的輻射與上述帶電荷輻射作用模式對照起來，其與吸收介質的電子間相互作用比較少，甚至完全沒有作用。不帶電荷輻射常常進行一次或僅有少許幾次的主要相互作用以釋出他們的全部的能量，且此類相互作用的事件通常是不能預測的。另外，不帶電荷的輻射在通過大量的介質時，因其產生相互作用的或然率相當的低，所以不帶電荷的輻射與具有相同能量的荷電粒子相比較，其穿透性更高。

6-2 重荷電粒子與物質的相互作用

　　在這裡考慮的重荷電粒子(Heavy Charged Particles)是指包括那些質量大於 1 Dalton 的粒子。在放射性衰變過程中，這些粒子通常是帶正電荷，重的荷電粒子與物質主要的作用為游離，因為重荷電粒子與其相互作用的電子的質量相比可說十分巨大的(Massive)，所以重荷電粒子不會由於相互作用的結果而造成路徑(Path)上嚴重的偏折，且在吸收介質中，該重荷電粒子因帶電荷，它走過的路徑亦可視為一直線。然而，仍有少數的機會與吸收介質的原子核進行彈性碰撞，而導致個別的粒子偏離直線路徑，此部分叫做拉塞福散射(Rutherford Scattering)。

　　在放射化學裡最普遍使用到的重荷電粒子是阿伐粒子，在下面討論的章節中，阿伐粒子也是重荷電粒子與物質相互作用最主要的例子。

6-2-1 重荷電粒子的射程

　　帶正電荷的重荷電粒子與吸收介質電子間近乎直線反應路徑的相互作用，此點可以說明這些粒子在吸收介質裡具有相當規則性範圍的射程(Range)。粒子之射程可以用各種單位來表示之，通常是指該粒子在吸收介質中行進直到該粒子被阻停(stopped)所走距離（被阻停即指粒子到達了在該溫度中吸收介質原子的平均動能）。然而，對於某一種粒子在特定

的吸收介質中其射程的大小是會有所變動的，因為能量損失事件是一種隨機現象(Random Phenomena)，且事實上每一次相互作用所損失的能量亦不一樣，因此會造成所謂的"射程偏滯"(Range Straggling)效應。事實上，因為有此 Straggling 的變異因素。故射程需要以更精確的方式來加以定義之。圖 6-1 說明如何定義射程，該圖是阿伐粒子通過各種厚度的吸收介質後偵測出來的分率比較。它代表在重荷電粒子與偵檢器之間加上不同厚度的吸收介質後，打到偵檢器的重荷電粒子數目。通常以 50%處，定義為粒子輻射的平均射程(Average Range or Mean Range, R_a)，亦即入射的阿伐粒子有一半被吸收介質厚度所阻停的射程。而斜率的延伸處為所謂的延伸射程或稱為外插射程(Extrapolated Range, R_e)，最大射程(Maximum Range)則以 R_m 表示之。

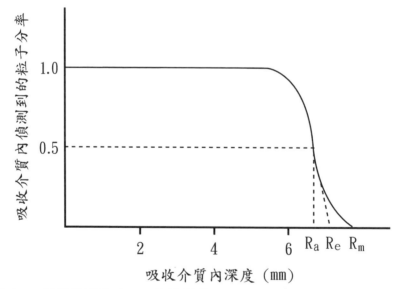

・圖 6-1　射程的說明（R_a＝平均射程，Re＝外插射程，R_m＝最大射程）

如前述已說明過，平均射程(R_a)是吸收介質，可以將入射的阿伐粒子的半數阻停(Stopping)的厚度。但需注意的是該條線顯示阿伐粒子並不是直線式的往下衰減到靠在其右邊的 X 軸上，而是有一點點拖尾(Tail Off)而平滑彎曲拉至射程之終點，這就是上述的所謂偏滯效應(Straggling Effect)。如果忽略偏滯效應，且在畫圖時在最後端的直線部分以外插法至零，則可得外插射程(Extrapolated Range, R_e)。外插射程與平均射程之關係是

$$R_e = 1.1 R_a \dots\dots\dots\dots\dots\dots\dots\dots\dots\dots\dots\dots\dots\dots\dots\dots(6.1)$$

平均射程是最常用於射程表中及其相關計算。帶電荷粒子的射程可以用線性單位來表示，例如 mm, cm。但因是吸收介質的密度會受溫度和壓力因素的改變而有所不同，且將影響其線性射程的準確性。所以考慮吸收介質的密度的單位表示法亦常被採用，這個單位稱為質量厚度單位(Mass Thickness Unit)，通常以 mg/cm^2 來表示。以質量厚度單位表示的射程，可以很容易的由吸收介質的密度和該粒子的線性射程的數據利用式(6.2)計算之。

$$R\,(\text{mg/cm}^2) = R\,(\text{cm}) \times \text{Absorber Density}\,(\text{mg/cm}^3) \dots\dots\dots\dots(6.2)$$

使用質量厚度單位的優點是在於它不受溫度及壓力的影響，因為任何一個帶電荷粒子的射程，不管以上述哪一個方法表示，常會受到下列幾個因素的影響，包括：

1. 吸收介質的質量數(A)或原子序(Z)。
2. 荷電粒子的能量。
3. 荷電粒子的質量。
4. 荷電粒子的電荷數，如質子等於 1，阿伐粒子等於 2。

　　一般而言，帶電荷的粒子在高原子序(Z)的物質中有較短距離的射程，因為該物質中有較多的電子與它相互作用。較高能量的粒子比較低能量的粒子有更長的射程，因為需要更多的相互作用來分散粒子的能量。若粒子帶有較大電荷數，則將導致較短的射程，因為較多電荷與吸收介質的電子將增加彼此的庫倫(Coulomb)作用。此外，粒子具有較大質量者也比粒子具有較小質量但是有相同的動能者，具有較短的射程，此點可以增加相互作用的時間來說明，因為質量較高的粒子比質量較低的粒子但帶有相同動能者的速度較慢，因此與吸收介質作用次數相對則較多且較頻繁。

　　有一些靠實驗觀察所得的經驗公式，可以用於計算已知能量之阿伐粒子在空氣中或其他吸收介質中的射程。一個有用的關係式如下所示。

$$R = a\,(E_\alpha)^b \dots\dots\dots\dots\dots\dots\dots\dots\dots\dots\dots\dots\dots\dots\dots\dots\dots\dots\dots (6.3)$$

a, b 為常數，R 為射程（以線性單位表示之，E_α是 α 粒子的能量（以 MeV 表示）），常數 b 經常是 1.5~1.8 的值，若針對空氣在 STP（25℃，1atm）條件下，式(6.3)可變更為

$$R_{\text{air}}\,(\text{cm}) = 0.31 E_\alpha^{3/2} \dots\dots\dots\dots\dots\dots\dots\dots\dots\dots\dots\dots\dots\dots\dots\dots (6.4)$$

　　而上述常數將隨吸收介質的種類、溫度、壓力及荷電的粒子種類不同而有所變化，若使用質量厚度為單位，α 粒子在空氣中的射程可以下式計算之。

$$R_{\text{air}}\,(\text{mg/cm}^2) = 0.4 E_\alpha^{3/2} \dots\dots\dots\dots\dots\dots\dots\dots\dots\dots\dots\dots\dots\dots (6.5)$$

圖 6-2 為阿伐粒子在鋁中的射程與能量之關係圖，圖中 X 軸為阿伐粒子的能量以 MeV/amu 來表示，這在射程對能量關係圖中，是一種很普遍的

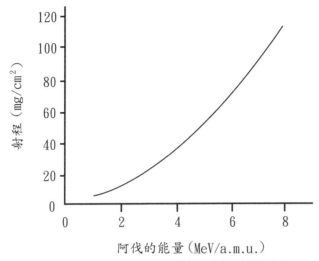

· 圖 6-2　不同能量阿伐粒子在鋁中的射程

表示方式。質子如持有相等的能量，則其射程將為阿伐粒子的 4 倍大，因射程與入射粒子所帶的電荷(Charge)的平方成反比關係。另外，尚有一般性射程計算公式，如式(6.6)可適用於當 $Z > 10$ 的吸收介質而粒子能量在 0.1~1000 MeV 間之質子，重氫及阿伐粒子等。

$$\frac{R_Z}{R_{\text{air}}} = 0.90 + 0.0275 Z_{\text{abs}} + (0.06 - 0.0086\, Z_{\text{abs}}) \log \frac{E_{\text{MeV}}}{m_p} \quad ......(6.6)$$

在式(6.6) Z_{abs} 是吸收介質之原子序(Z)，E_{MeV} 是粒子之能量以 MeV 表示，m_p 為粒子之質量，以 dalton 表示之。而此射程是以質量厚度 (mg/cm^2)表示。

如果吸收介質的原子序(Z)是小於 10，式(6.6)的前二項即可以下列數據取代，例如 H$_2$ 為 0.3，He 為 0.82 ($Z = 3$~19)，若是阿伐粒子則式(6.6)可簡化為式(6.7)。

$$R_Z\,(\text{mg/cm}^2) = 0.173\,(E_\alpha)^{3/2}\,(A_{\text{abs}})^{1/3} \quad ....(6.7)$$

6-2-2　阻擋本領

有關荷電粒子的能量在吸收介質中損失的速率，稱為阻擋本領 (Stopping Power, S)，或稱為游離比度(Specific Ionization)，其定義為

$$S = -\frac{dE}{dx}$$ ....(6.8)

此值與粒子的電荷、質量有直接的關係，但與粒子的能量則呈反比的關係。圖 6-3 為阿伐粒子在吸收介質不同距離的游離比度(Specific Ionization, S. I.)，又通稱為布拉格曲線(Bragg Curve)。若細查該曲線，可獲知一個粒子的游離比度是它在吸收介質中行進距離的函數，而粒子能量損失之速率剛開始增加的較慢，但當接近射程時則漸漸的達到頂峰 (Peak)，此說明阿伐粒子在接近射程的尾端時，因為移動的較慢，且與物質作用的時間較長，故有一較高的游離比度，因此容易產生更多的離子對。另外，要介紹一名詞，稱為相對阻擋本領(Relative Stopping Power, RSP_{abs})，雖然現在這個觀念已不廣泛的被使用，但它可以指出相對於空氣而言，其他不同材料對游離輻射的屏蔽效率。相對阻擋本領的定義，可以下式表示之：

$$RSP_{abs} = R_{air}/R_{abs}$$ ....(6.9)

在此 R_{abs} (absorber)與 R_{air} (air, STP)各代表粒子在某一介質中線性射程與粒子在標準狀態(STP)下空氣中的線性射程。RSP 值愈大，表示此吸收介質屏蔽能力愈好，阿伐粒子在此吸收介質的實際射程就愈短。例如針對一個能量為 7MeV 的阿伐粒子而言，若吸收介質為空氣，則 $RSP_{air}=1$，阿伐粒子在空氣中實際射程約為 5.7 公分；若吸收介質為水或生物軟組織，則 $RSP_{water}=800$，或 $RSP_{tissue}=800$，射程約為 0.007 公分，但若吸收介質為鋁，則 $RSP_{Al}=1735$，射程約為 0.0033 公分。

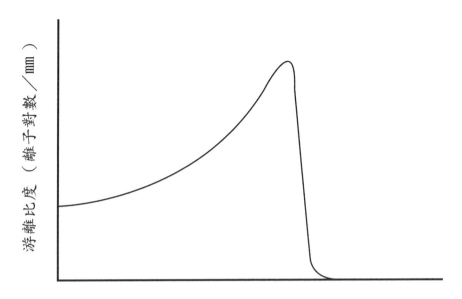

・圖 6-3　阿伐粒子之游離比度（布拉格曲線）

6-3 貝他粒子與物質的相互作用

　　輕的荷電粒子與物質的相互作用比重的荷電粒子更為複雜，在放射性衰變中，我們最關心的是 β^- 及 β^+ 粒子。貝他粒子與物質的相互作用與重的荷電粒子一樣，主要是經由游離（非彈性碰撞），以及原子或分子的激發。除此之外，貝他粒子的相互作用還包括回散射(Backscatter)以及制動輻射(Bremsstrahlung)與契忍可夫(Cerenkov)輻射之發射，最後的三種作用，對於重的粒子而言是不具意義的，對於貝他粒子而言，本章節亦僅強調回散射和制動輻射，契忍可夫輻射將略去不談。貝他粒子由於質量較小，其與具有相同能量的較重粒子比較，具有較快的速率且與物質作用時間相對較短，所以所產生的比游離度(Specific Ionization)比起重粒子而言，相對的小很多。

6-3-1　貝他粒子的射程

前文已提到貝他粒子並不是單一能量的，它顯示出連續性的能量且有一最大能量值 E_{max}，如圖 3-4 所示。所以，貝他粒子的射程亦是一種連續性的，可達到一最大射程。在這裡最大的射程可對應到貝他粒子含有最大的能量，表示對於一個貝他衰變反應事件中，貝他粒子接受所有的衰變能量，而沒有反微中子(antineutrino)的釋出。貝他粒子最高的射程比具有相等能量的較重粒子的射程更大，因為貝他粒子的速度較大，例如能量 0.157 MeV 由 ^{14}C 發射出的貝他粒子(β^-)在鋁中具有 30 mg/cm² 的射程，同樣在鋁中由 ^{32}P 發射的 1.7 MeV 的貝他粒子的射程為 800 mg/cm²，然而對照能量為 2 MeV 的阿伐粒子在鋁中的射程卻僅為 10 mg/cm² 左右。

目前相關的經驗式已被發展出來，且可將貝他粒子的最高能量和最大射程相互轉換的為 Glendnin 方程式，其內容如下所示：

$$R_{max} = 407\,(E_{max})^{1.38}，$$

適合於貝他能量範圍 0.15~0.8 MeV ....(6.10)

$$R_{max} = 542\,E_{max} - 133，$$

適合於貝他能量範圍 0.8~3.0 MeV ....(6.11)

在此所提的射程是以 mg/cm² 為單位，能量為 MeV。圖 6-4 表示 β 粒子在鋁中的射程與能量的關係曲線。圖 6-5 所示為貝他粒子最大射程測定的一種實驗裝置，一般使用蓋革計數器或比例計數器，吸收介質的厚度可逐步增加變厚。鋁被放置在離偵檢器很近的位置以降低散射所造成的計數誤差，直到偵側活性值達到定值，然後再增加吸收介質鋁的厚度，再偵側最後計數率。

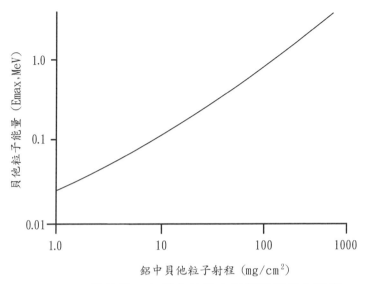

· 圖 6-4 貝他粒子在鋁中的最大射程與能量之關係

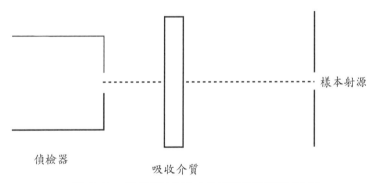

· 圖 6-5 貝他粒子最大射程測定實驗裝置

6-3-2 制動輻射

　　這種模式的相互作用常發生在高能量的貝他粒子，當貝他粒子靠近吸收介質的原子核，因庫倫力的相互作用而將電子加速並偏離其原來的路線，導致能量的損失，而這種能量損失是以電磁波輻射線的型式發射，出來的即是所謂的制動輻射(Bremsstrahlung Radiation)。

Bremsstrahlung Radiation 是由在 X 光能量範圍的光子(photon energy) 的連續能譜所組成，而其最大的能量等於貝他粒子(β^-)的能量。由於制動輻射之強度與入射粒子的質量平方成反比，所以重的荷電粒子較不易引起同樣的（相當的）這種輻射線的發射。另外，制動輻射之發射最可能的產生是在高原子序(Z)的吸收介質及高β^-能量的條件。有公式描寫其相關的能量損失如式(6.12)所示。該式可說明β^-粒子因 Bremsstrahlung Radiation 或游離的能量損失之相對關係。

$$\frac{\text{藉由 Bremsstrahlung 的能量損失}}{\text{藉由游離的能量損失}} = \frac{E_e Z_{\text{abs}}}{800} \quad\text{......................}(6.12)$$

E_e：入射β^-粒子的能量，以 MeV 為單位。
Z_{abs}：吸收介質的原子序。

此處游離的能量損失主要是指β^-粒子與原子核外的電子產生非彈性碰撞，而產生的游離作用。而制動輻射是指與較大原子序之吸收介質的原子核產生的非彈性作用，而且當β^-能量愈大或吸收介質的原子序數愈高，制動輻射也變的更重要。通常，制動輻射對一般加馬射線或其能譜的輻射偵測會造成一定程度的背景值和測試上的干擾。但制動輻射被使用在作為 X 光激發射源及醫學應用目的的分析卻相當有用。

6-3-3 貝他射線的回散射

在前面提到制動輻射發射時，β^-粒子因與吸收介質相互作用導致於β^-很大的偏離其原來路徑，但有一部分的β^-粒子被吸收介質散射直接轉回其原來入射的方向，此種過程稱為回散射(Backscatter)。

貝他粒子回散射產生的程度主要與散射物質的原子序和散射物質的厚度有關係，回散射是隨吸收介質的厚度增加直到以外插法所得的貝他粒子的射程的 1/5 左右為止，在此之後回散射的程度基本上是保持固定的，此外，回散射的過程在本質上並不具有強烈能量依存性，所以對於高能量的貝他粒子僅有一點點的回散射增加。又因為發射的角度及散射的貝他粒子的能量與吸收介質的特性有關，所以回散射現象可以利用作為確認吸收介質的本質，亦是作為放射分析目的的一種方法。

6-3-4　正電子與物質的相互作用

高能量的正子與物質中的原子或分子相互作用初期是以彈性散射(Elastic Scattering)及非彈性散射(Inelastic Scattering)兩種方式進行。在這些相互作用中，由於離子對之產生，把其大部分的能量損失掉，此情形與負電子的作用一樣。而當正電子損失掉它原來大部分的動能後，即會產生所謂的互毀輻射(Annihilation)。而當正子產生互毀輻射效應之前，正子可能進行某一種反應，以便生成所謂 "Positronium Atom"（正負電子藕原子）。Ore 在 1949 年提出一公式，可以推算在氣體中生成正負電子藕原子時，正子的最小能量。

$$E_{min} = V - 6.8 \, \text{eV} \quad\text{..(6.13)}$$

在此，V 是氣體分子的游離能(Ionization Energy)，其單位為 eV。游離是當正子所具有的能量比氣體的游離能還高時，比較有利於相互作用。正負電子藕原子可能會在吸收介質中與其他的原子或分子相互作用，藕原子以引起化學反應（例如氧化、還原、交換反應等），最後經過互毀事件，它們可以得到兩個能量分別為 0.511 MeV 且方向相反的加馬光子，而此光子所具備的穿透性比原來的正子更高，且可以在吸收介質中引起更進一步的相互作用，因此，離子對將在吸收介質中的深處產生，其位置遠超越原來的正子的最大射程(Maximum Range)。

6-4 加馬射線與物質的相互作用

　　加馬射線是一種電磁波輻射，不帶電荷且無靜止質量(Rest Mass)，因此加馬射線與物質的相互作用，與帶電荷粒子所得的經驗和結果完全不一樣，加馬射線不會受到庫倫作用力的約束及影響。

　　一般而言，在吸收介質中，加馬射線僅會進行一種或少數幾種與電子或原子核相互作用模式，它們不會連續性的損失能量。在這些相互作用中，加馬射線可能完全消失或將其大部分能量轉換為物質的游離之用。針對游離而言，大部分的游離事件仍是由二次電子(Secondary Electrons)所引起的，不是由原始的加馬射線(Primary gamma Ray)本身直接所引起，因此加馬射線沒有不連續性的射程，取而代之的是加馬射線光束的強度隨其通過之物質吸收而定，且遵從指數衰減定律。

　　加馬射線與物質的相互作用模式主要有三種，分別是光電效應(Photoelectric Effect, PE)，康普吞散射(Compton Scattering, CS)及成對發生(Pair Production, PP)。另外，當加馬射線能量很低時，可能產生合調散射(Coherent Scattering)，此作用只是改變入射光子的角度，並無能量轉移，因此在與物質作用及輻射安全防護上較不重要。另外，當加馬射線能量極大時，亦可能產生光致蛻變或稱為光分裂現象(Photodisintegration)，物質的原子核捕獲一光子並放出中子（在大多數情形），此為一極高能反應，此種作用亦為一低限反應。合調散射與光分裂現象不在本章討論範圍。

6-4-1 光電效應

加馬射線與原子在某一次相互作用過程中，所得的結果是由吸收介質的原子放出一個電子，且加馬射線完全消失。亦即入射加馬射線能量完全被原子吸收，而原子釋出一個光電子，如圖 6-6 所提示，此過程稱為光電效應，而被加馬射線撞擊而出之電子又稱為光電子(Photoelectron)。光電子接受的能量是加馬射線的能量減去其電子軌域的結合能(Binding Energy)，如式(6.14)所示。

$$E_{e,\ PE} \equiv E_\gamma - BE_e \dotfill (6.14)$$

被釋放出來的光電子可以再誘起第二次的游離事件。產生光電效應的或然率(Probability)是與吸收介質的原子序(Z)有關，且與加馬射線的能量是成反比例的關係，如式(6.15)所示為產生光電效應的或然率。

$$\text{Probability}_{(PE)} = \frac{k\,(Z_{abs})^5}{E_\gamma^{7/2}} \dotfill (6.15)$$

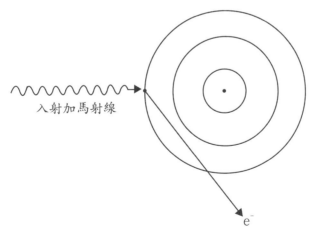

入射加馬射線

e⁻

發射出來的光電子

· 圖 6-6　加馬射線與物質相互作用產生的光電效應

　　所以光電效應對於具低能量(< 1 MeV)的加馬射線，且在高原子序的吸收介質中最易產生。圖 6-7 說明加馬射線的數目對加馬能量作圖，所得的一個理想的加馬光譜的例子，此圖顯示唯一的相互作用僅有光電效應，而且可以偵測到全部(100%)發射出去的光電子，所以僅有一個尖峰(Peak)出現，所產生的光電子將在偵檢器中獲得電壓脈衝(Pulse)，相當於一個不連續的(Discrete)的脈高。這個尖峰在加馬能譜中稱為全能量光峰(Full Energy Peak, *FEP*)。在能量光譜中，它所占的位置是稍低於入射加馬能量的位置，這個差額就是相當於(Equivalent)光電子在原子內的結合能(*BE*)。一般而言，理想的能峰是單一直線，但實際上能得到的光譜都是具有一定的能峰寬度(Peak Width)，其原因主要是儀器的因數以及測不準原理(Uncertainty Principle)的影響所致。

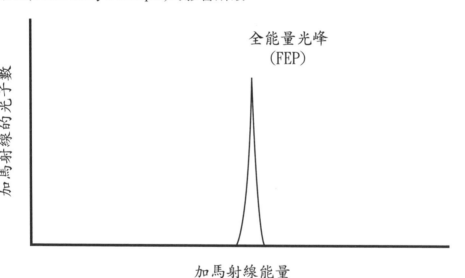

・圖 6-7　加馬射線僅以光電效應作用所得到理想的加馬光譜

6-4-2　康普吞散射

在光電效應中，所有的加馬射線能量是在單一次與原子的電子相互作用時全部損失。加馬射線亦可以與原子的電子以另外一種方式做相互作用，亦即僅損失其一部分的能量。在這一個過程中，電子仍是由作用物質原子散射出來，且獲得由加馬射線所損失的部分能量。而加馬射線則擁有比原入射時較少的能量，且偏離原始的路線被散射出來，如圖 6-8 中的(γ')。此稱為康普吞散射(Compton Scattering, CS)，CS 電子是由原子發射(Eject)的電子，它亦可以再誘發第二次的游離事件。被散射的加馬射線(γ')，可能由偵檢器逃逸，這是非常有可能性的，但電子逃逸的可能性較小，因為其射程比加馬射線短小很多。

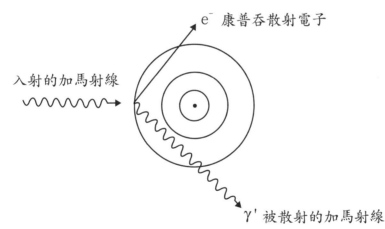

・圖 6-8　加馬射線和物質以康普吞散射相互作用示意圖

在康普吞散射效應中，假如散射的加馬射線由偵檢器中逃逸，僅入射加馬射線轉移給康普吞散射電子之部分能量被偵測到，則此事件將被記錄在多頻脈高分析儀(Multichannel Pulse-Height Analyzer, MCA)而呈現出低於全能峰的波峰；相反的，假如散射的加馬射線沒有從偵檢器中逃逸，但取而代之的是進行更進一步的相互反應，例如：光電效應，或更

多次的康普吞散射反應，則最後所有能量皆損失在偵檢器中被偵測出來，此事件(Event)仍可被偵檢器視為單一事件，而以全能峰的能譜被記錄下來。

一般而言，康普吞散射的或然率直接與吸收介質中原子的電子數目（原子序，Z）有關，並且與加馬射線的能量成反比，如下所示：

$$\text{Probability}_{(CS)} = k \left[\frac{Z_{\text{abs}}}{E_\gamma} \right] \dots\dots(6.16)$$

康普吞散射線對於能量範圍在 $0.6{\sim}4.0\,\text{MeV}$ 的加馬射線以及在高原子序(Z)的吸收介質中最可能產生。康普吞相互作用的結果是可以獲得一連續性的散射加馬射線的能量，其值可由最大值至最小值。

康普吞散射線所產生的加馬射線的能量的最小值，$E_{\gamma'\text{min}}$ 是由其原來的方向散射到夾 $180°$的方向後所留下（剩下）的能量，其最小的能量可以式(6.17)表示之：

$$E_{\gamma'\text{min}} (180° \text{ scatter}) = \frac{0.511 E_{\text{incident}\,\gamma}}{0.511 + 2E_{\text{incident}\,\gamma}} \dots\dots(6.17)$$

上式中，如果入射的加馬射線的能量變的很大時 ($2E_{\text{incident}\,\gamma} >> 0.511$ MeV)，此時被散射的加馬射線的能量，其最小值會趨近於 $0.25\,\text{MeV}$。

一般而言，對於康普吞散射，吾人可以基於動量守恒的考量，在康普吞散射過程中，對於不一樣的散射角，散射的加馬射線($E_{\gamma'}$)的能量藉由下式來加以計算

$$E_{\gamma'} = \frac{0.511 E_{\text{incident}\,\gamma}}{0.511 + (E_{\text{incident}\,\gamma})(1 - \cos\theta)} \dots\dots(6.18)$$

　　在此，θ是散射的加馬射線與原入射方向的夾角，康普吞散射對加馬射線光譜之效應可由圖 6-9(a)及圖 6-9(b)加以說明之，如果加馬射線的全部能量在偵檢器中損失（被吸收了），即全部能量的尖峰出現於光譜中，但被散射的加馬射線由偵檢器逃逸，即帶一些能量出去，由這些加馬射線所帶走的能量之範圍（大小）是介於由 180°反向散射的最小能量到接近入射加馬射線的能量。這些事件均記錄於光譜中，這個範圍的能量叫做康普吞連續光譜(Compton Continuum)，在全能量尖峰與康普吞連續光譜之間有一間隙(Gap)，這是因為由偵檢器逃逸的任何散射加馬射線至少有一 180°反向散射加馬射線的最小能量之關係；而對於高能量之γ射線，這個間隙靠近 0.25 MeV 左右，所以在理想的光譜中，針對來自單一能量射源的高能加馬射線，在全能峰(Full Energy Peak)與(FEP−0.25 MeV)能量間，沒有任何事件可被偵測記錄下來。

　　實際上的加馬光譜（對照圖 6-9(a)），全能量尖峰尚有出現，正如康普吞連續光譜，在實際事件發生的次數記錄於全能量尖峰和康普吞連續光譜之間，並不是零，雖然尚看到兩者之間有 "谷" 存在，在這個光譜之間隔之中，記錄的事件一部分因為在偵檢器中，多次的散射事件以及一個入射加馬射線以上的相互作用的混合，這些加馬射線是沒有時間被偵檢器解釋出來的。在康普吞連續光譜的能谷前的最高處稱為康普吞陡邊(Edge)，或康普吞能肩(Compton Shoulder)，在真正的加馬射線測定中，加馬射線可以不僅與偵檢器本身相互作用，亦與在偵檢器周圍的吸收介質（如屏蔽物質）相互作用。由這些屏蔽物來的康普吞散射加馬射線亦可以進入偵檢器且被記錄下來，這些外界來的回散射(Backscatter)的加馬射線是以比 180°小的角度散射，其散射的連續光譜亦以高能量存在，如在圖 6-9(b)所看到的。

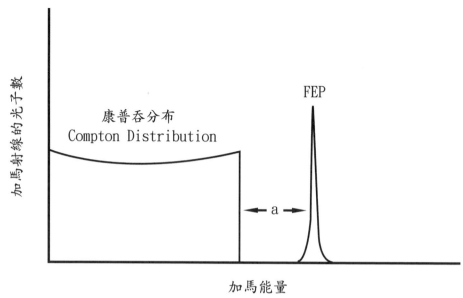

(a)加馬射線完全僅以康普吞散射方式與偵檢器作用時所獲得理想化的加馬光譜

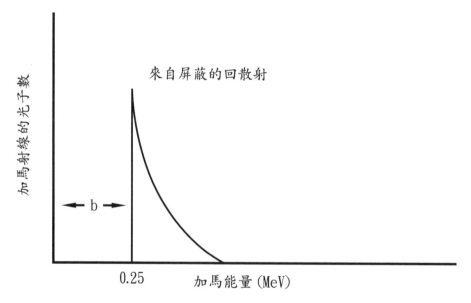

· 圖 6-9 (b)在偵檢器外產生康普吞相互作用的回散射光子進入偵檢器時所獲得的理想化光譜

6-4-3　成對發生

　　此一模式之相互作用並不是很普遍，相對於前述兩種作用模式它僅在高能量的加馬射線時產生。當靠近吸收介質原子的原子核時，加馬射線因與吸收介質作用而被轉換成"物質"型式，並以一對"負電子－正電子對"(Negatron-Positron Pair)的型式出現（圖 6-10），此一現象叫做"成對發生"。因為電子擁有靜止質量(Rest Mass)，它相當於(Equivalent) 0.511 MeV 的能量，此外正電子亦是如此，因此，對此轉移模式可以產生的最小加馬射線能量需要 1.022 MeV。如果入射加馬射線持有 1.022 MeV 以上的能量，其剩下的能量(Residual Energy)即給予此一正負電子對當作動能($K.E$)。

　　事實上，對於加馬射線來說，"成對發生"的出現是要能量在 4 MeV 或以上時，其或然率才有機會到最高。"成對發生"產生的可行性，一般而言，是與加馬射線的能量和吸收介質的原子序(Z)有關。下列的式子(6.19)僅可以應用到加馬射線的能量在 4 MeV 以上時。

$$\text{Probability}_{(\text{PP})} = k\,(\log E_\gamma)\,(Z_{\text{abs}})^2 \quad\text{................................(6.19)}$$

　　在這個事件上，創造出來的正電子最後仍是在吸收介質內慢下來且進行互毀(Annihilation)效應，而產生二個 0.511 MeV 的加馬光子，而負電子將會如前述貝他粒子與物質作用模式進行進一步反應。有關成對發生的作用模式如圖 6-10 所示。

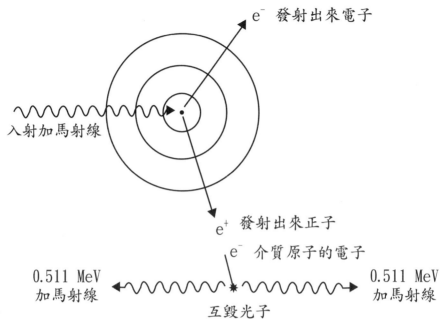

e⁻ 發射出來電子

入射加馬射線

e⁺ 發射出來正子

e⁻ 介質原子的電子

0.511 MeV
加馬射線

互毀光子

0.511 MeV
加馬射線

· 圖 6-10　成對發生的模式及產生的正子與介質原子的電子進行互毀作用

6-4-4　加馬射線吸收的數學處理

在加馬射線與物質之間的相互作用中，共有三種主要的過程，包括光電效應、康普吞散射效應及成對發生，均可能促成加馬射線的吸收現象。加馬射線吸收的全或然率是由所有的個別或然率之總和而成，圖 6-11 所示說明上述三種主要作用模式為入射加馬射線能量及吸收介質原子序的函數。

觀察加馬射線通過吸收介質時的情形，可以知道入射的加馬射線的活度被物質吸收的量，是依循指數函數(Exponential Function)的方式吸收，其關係式如式 6.20 所示：

$$I_d = I_o e^{-\mu_m d} \quad\dots\dots\dots\dots\dots\dots\dots\dots\dots\dots\dots\dots\dots\dots\dots (6.20)$$

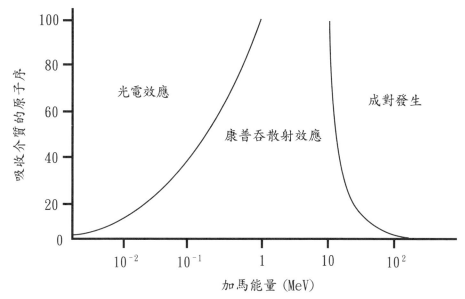

・圖 6-11 在不同入射的加馬能量和不同吸收介質原子序條件下預測可能發生的相互作用模式

I_d：在吸收介質的某一厚度 d 的活度。

I_o：入射的加馬射線活度(Incident Intensity)。

d：吸收介質的厚度(mg/cm^2)(Thickness of Absorber)。

μ_m：質量吸收係數(cm^2/mg)(Mass Attenuation Coefficient)。

μ_m 對溫度、壓力等因素而言比較無關（不敏感）。而當吸收介質的厚度將加馬射線的活度減低到原來的一半的值時，叫做半值層厚度(Half-Layer Thickness)($d_{1/2}$)。$d_{1/2}$ 與質量吸收係數之間的關係如式(6.21)所示。

$$d_{1/2} = \frac{0.693}{\mu_m} \quad\quad\quad\quad\quad\quad\quad\quad\quad\quad\quad\quad (6.21)$$

通常最有效的吸收介質即是擁有最小的 $d_{1/2}$ 值。

6-5 中子與物質的相互作用

　　中子與物質的相互作用是完全與帶電荷粒子和電磁波輻射不相同。不帶電荷的中子幾乎完全與原子核作用，而不與原子中的電子作用。中子與原子核的相互作用共有三種，包括彈性和非彈性散射以及直接的相互作用。中子由原子核捕獲(Capture)的結果馬上發射帶電荷的粒子或加馬射線，此結果常被利用為偵測中子的基本原理。中子在物質中的射程通常比具有同等能量或更大能量的帶電荷粒子長。

　　中子的相互作用型式是非常依存於其所具有的能量，一般具有平均能量約為 0.04 eV 的低能量中子稱為慢中子或熱中子，它們可以進行彈性散射和直接相互作用兩種。其中，由熱中子與原子核直接相互作用稱為放射性捕獲，以此種方式進行的核反應非常普遍。在這種型式的反應裡，中子是被原子核所捕獲，其結果成為一種激發(Excited)狀態，而此狀態隨後以發射加馬射線做為制激(De-excitation)方式。這些(n, γ)反應普通應用於中子活化分析法(Neutron Activation Analysis, NAA)以及放射性同位素之製備。

6-6 輻射照射對物質的物理效應

　　輻射與物質相互作用的結果將在雙邊引起變化，即輻射本身及其所作用的物質。這些變化之中有一部分是有用的，而其他部分則是傷害性的。輻射與物質的相互作用中，所謂 "有用的" 一些事實是它可提供偵測輻射的基礎。此外，就一般產生核反應而言，如中子或帶電荷粒子所具有的動能可能大部分分給反應產物，該能量均大於化學鍵能（維持原子在分子中的能量），所以就核反應之結果很可能分子中的部分化學鍵被破壞，因此導致物質的化學性質之改變。這些反應性很高的生成物包括原子可能被剝奪以致失去 10 個原子軌道(Orbital)上的電子的中間產物，這種可能帶電荷的化學物種(Chemical Species)通常被稱為熱原子(Hot Atom)，熱原子在放射化學的應用領域上具有很多實際的用途。

輻射照射對於固態無機物質產生效應的情況亦很普遍，主要包括原子在晶格位置(Lattice Positions)的改變或本質的改變。由某一個物體或結晶格子上將原子從原有位置移走，可能導致該固體的導電性、電阻、抗張力(Tensile Strength)和其他物理特性的改變。例如對半導體，以輻射線照射過的結晶在其晶格上將產生缺陷，可能導致導電度(Conductivity)的改變。此外，由輻射照射引起的更不利的物理效應是曝露在核反應器邊的鋼鐵，將造成其結構受變化而使其脆弱性(Brittleness)增加等。

其他對於固體無機物質的輻射照射效應，尚包括電子的相互作用。輻射線可能誘起或變成為觸媒，促進氧化或還原過程，其結果將造成物質材料顏色之變化，例如，將寶石置放在核反應器，或以輻射線加以照射，則寶石的顏色將可被改變。另外，被激發的電子可能以高能狀態被陷入在結晶中，被陷入在結晶中的能量可以經由加熱固體而將能量釋放出來，這個過程即為熱發光劑量計(Thermoluminescence Dosimetry, TLD)的基本偵測原理。

有機化合物對輻射完全是不同的效應，由輻射引起的激發可以產生自由基(Free Radicals)。自由基是非常富於反應性的，它可與很多種其他的分子反應，例如經由輻射照射，高分子（聚合物）(Polymer)中的交叉鏈結(Cross linking)的程度可以在照射過程或高分子聚合過程(Polymerization Process)反應後大大的提昇，以增加這些聚合物的物理特性，如硬度等。

此外，食物之照射亦可加強其儲存期限和保鮮能力，或加以消毒滅菌，這些都是輻射照射對於有機物質有用的效應。

練習題　　　　　　　　　　　　　　　　　　　　　　　*Radiochemistry*

一、選擇題

(　　)1. 算 7MeV 的阿伐粒子在空氣中的平均射程約為多少？（試以 $R_{air}(cm)=0.31E_\alpha^{3/2}$ 評估）　(A)5.7 公分　(B)33 公分　(C)1.2 公尺 (D)3.3 公尺。

(　　)2. 下列何者為游離比度（或稱為比游離度）的單位？　(A) KeV/μm (B) ion-pairs/eV　(C) ion-pairs/mm　(D) mCi/mg。

(　　)3. 阿伐粒子在空氣中生成一離子對平均約損失多少能量？ (A)26.4eV　(B)30eV　(C)35eV　(D)43eV

(　　)4. 一般所謂α射線射程(Range)通常是指　(A) Mean Range　(B) Maximum Range　(C) Extrapolated Range　(D) Minimum Range。

(　　)5. 阿伐粒子的本質為何？　(A)中性氦原子　(B)裸露的氦原子核 (C)氘核　(D)氚核。

(　　)6. 相同能量的α粒子射程幾乎相同，故α射線的光譜(α-ray spectrum) 為下列何項？　(A)線狀光譜(Line Spectrum)　(B)連續光譜 (Continuous Spectrum)　(C)線狀與連續兩者混合之光譜　(D)以上 皆非。

(　　)7. 重荷電粒子在物質不同距離的什麼物理量之曲線，稱為布拉格曲 線(Bragg Curve)？　(A)放射活性(Activity)　(B)射程(Range)　(C) 游離比度(Specific Ionization)　(D)放射比度(Specific Activity)。

( )8. Ra-226, Po-210, Rn-222 皆會釋出何種游離輻射？　(A)alpha-particle　(B)beta particle　(C)X-ray　(D)gamma-ray。

( )9. 下列何者是直線能量轉移(Linear Energy Transfer, LET)的物理量單位？　(A) KeV/μm　(B) ion-pairs/mm　(C) eV/ion-pair　(D) mm/MeV。

( )10. 下列有關α粒子之敘述何者"錯誤"？　(A)它是一種直接游離輻射　(B)具有 4a.m.u.質量　(C)具有 2 個單位正電荷　(D)與物質作用模式最主要是與原子核產生彈性碰撞。

( )11. 當較輕的高能粒子進入高原子序數(high Z)物質時，可能與原子核起作用而放出 X-射線，此作用稱為　(A) Bremsstrahlung　(B) Cerenkov Radiation　(C) Annihilation　(D) Characteristic Radiation。

( )12. 因α粒子能量約數 MeV 而在空氣中生成一離子對時，只消耗約 35eV 的能量，因此約多少次的碰撞，α粒子才會損失大部分能量？　(A)10^3次　(B)10^5次　(C)10^7次　(D)10^9次。

( )13. 下列有關α粒子與周圍物質交互作用模式之敘述，何者正確？(A) α粒子能量足夠大時，與周圍原子或分子的核外電子碰撞而起游離效應　(B) α粒子能量降低到相當於原子的價電子能量時，不起游離效應而與周圍的原子或分子起彈性碰撞只激發原子或分子(C) α粒子能量相當於原子 K 層電子能量時，α粒子有機會從物質拾取(Pick-up)兩個電子而成為氦原子，此過程也是游離效應　(D)以上皆正確。

(　)14. Po-210, Pb-206 及 He-4 各原子的質量分別為 209.9829, 205.9745 及 4.0026a.m.u.，試計算由 Po-210 所放出α射線的能量為多少？ (A)2.70MeV　(B)5.40MeV　(C)6.80MeV　(D)8.10 MeV。

(　)15. 重荷電粒子輻射與物質作用，最主要的反應模式為何？　(A)激發 (B)游離　(C)核反應　(D)產生電磁輻射。

(　)16. 制動輻射主要是由以下哪一種輻射與物質反應所釋出？　(A)阿伐 粒子　(B)中子　(C)貝他粒子　(D)加馬射線。

(　)17. 下列有關貝他粒子(β^-)之敘述，何者"錯誤"？　(A)來自放射性 核種之發射　(B)來自 X 光機的陰極燈絲之釋出　(C)帶一單位負 電荷的高速電子　(D)具有連續能量的粒子束。

(　)18. 碳–14 及氮–14 的原子質量各為 14.00324 a.m.u. 及 14.00307 a.m.u.，設電子質量為 0.00055 a.m.u.，則碳–14 貝他衰變所產生的 β^- 粒子的能量為何？（已知：$^{14}C \to {}^{14}N + e^-$）　(A)0.160MeV (B)0.511MeV　(C)0.671 MeV　(D)1.022MeV。

(　)19. 下列哪一核種為純β^-衰變核種？　(A) ^{131}I　(B) ^{137}Cs　(C) ^{90}Sr (D) ^{40}K。

(　)20. 將 ^{32}P 放在鉛盒，所放出的β^-粒子束經過狹縫時為整齊的，經過 磁場的偏折，在照相軟片上有較低能量到較高能量的β^-粒子存 在，可明顯看出何種型態光譜(Spectra)？　(A)線狀光譜　(B)連續 能譜　(C)區塊群狀不規則光譜　(D)以上皆有可能。

(　)21. 放射性核種進行貝他衰變時，放出電子（正電子或負電子），同 時也放出下列何種粒子？　(A)中子　(B)微中子　(C)質子　(D)阿 伐粒子。

( )22.從 β^- 射線能譜可看出，β^- 射線的平均能量 E_{ave} 約在最大能量 E_{max}，β^- 的幾分之幾處出現機率較大？ (A) $\dfrac{1}{2}$ (B) $\dfrac{1}{3}$ (C) $\dfrac{1}{4}$ (D) $\dfrac{1}{5}$ 。

( )23.有關微中子的特性之敘述，下列何者"錯誤"？ (A)不帶電荷，無質量 (B)不與物質交互作用，但可帶走 β^- 衰變的一部分能量 (C)在 β^- 衰變過程中，微中子所帶能量等於能譜最大能量減去 β^- 粒子之能量 (D)微中子與正子一樣，在自然界中無法長期存在，且會迅速與電子作用產生互毀輻射。

( )24.β^- 粒子和 α^{++} 粒子在通過物質時，皆會與物質原子核外電子碰撞，並產生游離與激發等相似的作用，但兩者之間仍有一些不同點，下列敘述何者正確？ (A)β^- 粒子與物質核外電子的質量相同，一次碰撞所損失的能量較多，並以較大角度偏折 (B)β^- 粒子會被原子核進行電子捕獲，α^{++} 粒子不會 (C)針對相同能量的 α^{++} 和 β^- 粒子而言，β^- 粒子的比游離度較大 (D)若以相同能量的 α^{++} 粒子和 β^- 粒子相比較，α^{++} 粒子的射程較大。

( )25.β^- 粒子以制動輻射方式及游離方式所損失的能量機率之比，約等於下列何項？（其中 E_e 代表 β^- 射線的能量，Z_{abs} 為作用物質原子序） (A) $E_e Z_{abs}/800$ (B)$800/E_e Z_{abs}$ (C) $(E_e)^2 Z_{abs}/800$ (D) $E_e(Z_{abs})^2/800$ 。

( )26.速度為 v 的高速電子，以接近光速 c 進入折射率為 n 的另一介質時，如果在新介質(c/n)的電子速度將超過光速，電子將過量的能量以藍白色光放出，此過程稱為？ (A) Cerenkov Radiation (B) Characteristic Radiation (C) Scattering Radiation (D) Braking Radiation 。

( )27. ^{35}S 釋出之 β^- 粒子在下列哪一種物質中射程（路徑）最大？ (A)空氣 (B)水 (C)鋁 (D)混凝土。

( )28. α^{++} 粒子的質量約為 β^- 粒子質量的幾倍？ (A)2 (B)4 (C)1840 (D)7360。

( )29. 在做 β^- 計數測定時，下列何者是誤差的可能主要來源？ (A)試樣的自吸收(Self-absorption) (B)使用不同原子序物質的試樣容器所可能產生的回散射(Back-scattering)因素(C)以上兩者皆是 (D)以上兩者皆不是。

( )30. 有關 β^- 粒子體內或體外之輻射曝露，下列何項輻射防護觀念是正確的？ (A) β^- 在體外射程不大，實驗時使用玻璃片或透明塑膠或金屬板皆可抵擋，故 β^- 在體外通常不易引起顯著的輻射生物傷害 (B) β^- 粒子的防護要特別注意所產生的制動輻射；故通常可利用原子序較低的屏蔽物質使其產生制動輻射能量較小，亦即利用低原子序物質作為吸收 β^- 粒子之用，然後再接高原子序物質來降低制動輻射 (C) β^- 粒子在水中的線性能量轉移(LET)值並不高，故在活體實驗中可使用做為放射示蹤劑，但碳(^{14}C)、氫(^{3}H)、硫(^{35}S)、磷(^{32}P)及鈣(^{45}Ca)等構成人體組織成分元素，以其放射性同位素做示蹤劑從事追蹤實驗時，往往會產生局部堆積及濃縮現象而易引起局部放射性傷害，故須特別留意或避免 (D)以上皆對。

( )31. 從放射性核種所釋出的加馬射線，其能量一般介於下列哪一範圍？ (A)100eV~10KeV (B)10KeV~3MeV (C)4MeV~8MeV (D)8MeV 以上。

(　)32. 有關加馬射線與物質的交互作用，基本上與 α^{++} 粒子與或 β^- 射線有何不同？　(A)加馬射線不帶電，與物質原子核外電子碰撞一次就幾乎失去所有能量，而 α^{++} 或 β^- 為荷電粒子與物質原子核外電子碰撞多次才失去能量（如 α 粒子約為 10^5 次，β^- 粒子約為 $10^2 \sim 10^3$ 次）　(B)加馬射線會與物質產生光電效應，康普吞效應和成對發生，α^{++} 及 β^- 粒子則不會　(C)在射程方面，加馬射線與物質的核外電子碰撞在光電效應只一次，康吞卜效應及成對發生亦只二到三次碰撞後加馬射線就消滅了，可是未與物質起交互作用的加馬射線卻以光速前進並可能達到極遠處，故對加馬射線而言，不像 α^{++} 或 β^- 粒子有一定射程存在　(D)以上皆對。

(　)33. 在光子與物質作用的效應中，必須高於多少能量的光子，才可能產生成對效應(Pair-Production)？　(A)0.511MeV　(B)1.022MeV　(C)2.0MeV　(D)以上皆可以。

(　)34. 康普吞效應中，1MeV 的入射光子經一 90° 角的散射，試問其能量損失率約為多少百分比？　(A)16.5%　(B)33.8%　(C)66.2%　(D)83.5%。

(　)35. 同上題（第 34 題），若入射光子能量為 0.1MeV，亦經一 90° 的角散射，則其入射光子的能量損失率為多少？　(A)16.5%　(B)33.8%　(C)66.2%　(D)83.5 %。

(　)36. 入射光子與物質作用進行康普吞散射，試問散射光子的波長與入射光子的波長大小變化如何？　(A)散射光子波長變長　(B)散射光子波長變短　(C)散射光子波長不變，亦即仍等於入射光子波長　(D)以上三種皆有可能。

（　）37.入射光子與物質進行康普吞效應，若入射的能量為 5.11KeV，試求反跳電子的最大能量($E_{max, e-}$)和散射光子的最低能量(hv')$_{min}$ 分別為何？　(A) $E_{max, e-}$=0.10KeV, hv'_{min}=5.01KeV　(B) $E_{max, e-}$=1.20KeV, hv'_{min}=3.91KeV　(C) $E_{max, e-}$=3.91KeV, hv'_{min}=1.20KeV (D) $E_{max, e-}$=5.01KeV, hv'_{min}=0.10KeV。

（　）38.同上題（第 37 題），若入射光子的能量為 5.11MeV 則反跳電子的最大能量($E_{max, e-}$)和散射光子的最低能量(hv')$_{min}$ 分別為多少？(A) $E_{max, e-}$=0.24MeV, hv'_{min}=4.87MeV　(B) $E_{max, e-}$=1.60MeV, hv'_{min}=3.51MeV　(C) $E_{max, e-}$=3.51MeV, hv'_{min}=1.60MeV　(D) $E_{max, e-}$=4.87MeV, hv'_{min}=0.24MeV。

（　）39.下列有關光電效應之敘述何項“錯誤”？　(A)最易產生的情況是光子的能量稍大於作用物質核外電子的束縛能(B_k)　(B)作用後光電子的動能等於入射光子能量減去電子束縛能　(C)束縛能愈小愈容易產生光電效應，亦即愈外層電子愈容易發生光電效應　(D)光子不可能與自由電子產生光電效應，光電效應發生的機率，隨入射光子能量增加而遞減的很快。

（　）40.下列何項是中子與物質的主要作用模式？　(A)中子與輕物質的彈性碰撞，如(n, n)反應　(B)高能中子與較重物質的非彈性碰撞，如(n, n'γ)反應　(C)與物質進行核反應釋出荷電粒子如(n, α)，(n, p)反應或釋出加馬射線如(n, γ)反應；或進行核分裂(n, f)　(D)以上皆是。

二、填充題

1. (1) 輻射與物質交互作用的機制，涉及輻射與物質之間_____的轉移。

   (2) 物質由_____及_____組成，輻射可能與物質組成的這些單元之一或之二交互作用。

   (3) 而任何特定種類之交互作用發生的機率與輻射的_____的及_____有關。

   (4) 在所有交互作用中，吸收體之原子由於它們與輻射的交互作用而被_____或_____，最後，能量轉移到組織或是屏蔽中，而成為_____散失掉。

2. (1) 輻射依其在物質的游離方式，可劃分為_____游離輻射及_____游離輻射。

   (2) 直接游離輻射是指帶_____的粒子，如α^{++}, β^-, P^+, e^-等具有充分動能，能藉由庫侖力碰撞使物質產生游離，在物質中的游離能力很_____，穿透力甚_____（請填強或弱）。

   (3) 間接游離輻射是指不帶電荷的粒子，（如_____）及電磁波（如_____，_____）；不易與原子核外之電子直接作用而產生游離，通常它們先與物質產生某種作用，而放出荷電粒子，再由此荷電粒子與物質作用，故稱為間接游離輻射，其穿透力一般較直接游離輻射_____（請填強或弱）。

3. 帶電粒子在物質中運動時，不斷損失其能量，待能量耗盡，就停留在物質中，它原來運動方向所穿行的最大距離，稱為入射粒子在物質中的_____(range)。

4. (1) α粒子是自然界產生最重的直接游離粒子，具有_____a.m.u.（u，原子質量單位）和_____單位正電荷，其本質上就是_____元素的原子核(He^{2+})。

(2) α粒子在空氣(air)裡，每毫米(mm)約產生_____到_____的離子對或稱游離對，ion-pairs)，其射程亦只有幾_____（請填 mm, cm, m）。在生物體中的射程，則僅零點零零幾公分，故一張薄紙或人體皮膚表層即可阻止其通過，不致造成體外曝露問題。

(3) α粒子由於質量與電荷都大，因此游離能力很強且行走路徑差不多是_____（請填直線，彎曲線或樹狀徑跡）。

(4) α-蛻變（α-disintegration, α-decay）主要發生在重原子核裡，在此種型態蛻變裡，會放出一種氦核，其包含_____個質子和_____個中子，放出α後，原子序_____2，中子數_____2。（請填增加或減少）。

(5) 一般而言，原子序在_____以上，質量數大於_____之原子，大多數以進行α-蛻變，使其原子趨於穩定，形成的子核種，其質量數必較母核_____4。（請填增加或減少）

(6) α⁺⁺與物質作用[或稱為能量損失模式(modes)或機制(mechanism)]可能發生以下五種反應：

與外圍電子產生_____(inelastic collisions with atomic electron)。
與原子核產生_____(inelastic collisions with atomic nucleus)。
與外圍電子產生_____(elastic collision with atomic electron)。
與原子核產生_____(elastic collision with atomic nucleus)。
_____(transmutation)。其中，又以第_____種為最主要的作用，亦即主要與外圍電子產生庫侖作用，使原子核外圍的電子脫離軌道而產生游離(ionization)（占大部分）；或使外圍電子產生激發(excitation)（占小部分）。

5. ^{226}Ra（鐳-226）進行α-蛻變可得到那一子核種？_____

6. (1) 帶電粒子穿過中的徑跡(track)可在＿＿＿＿＿＿(Wilson cloud chamber)或氣泡室裡看出來(the modern equivalent, a bubble chamber)，威爾遜雲霧室亦即在一中空之圓柱室頂端，盛以空氣和水蒸氣，當活塞壓縮時，室內蒸氣達於飽和，然後突然使活塞後退，室內蒸氣即因壓力驟然減低，急速地行絕熱膨脹，溫度急劇下降，成為過飽和，此時如有帶電質點侵入，部分氣體分子被撞擊而游離，過飽和氣體即以離子(ion)為凝結中心，形成細小的微滴，這些液滴即為入射質點經過之處留下一條明顯的徑跡，足供我們觀察或攝影記錄。

(2) ＿＿＿＿＿＿的質量很大，所以其路徑(path)通常為一條直線(straight)，但有時會撞擊原子核而在路徑末端有點偏離（機率很小）。

(3) 當電子或β⁻粒子穿過空氣時，依其能量每毫米(mm)約產生＿＿＿＿＿至＿＿＿＿＿＿離子對(ion pairs)，因此在雲霧室裡只有幾滴水滴形成，而可數出水滴的個數，因此，電子或β⁻粒子在雲霧室裡的徑跡由於質量小，極易偏離直線軌道，所以其徑跡是＿＿＿＿＿＿＿＿＿的。

(4) 加馬射線(γ-ray)穿過雲霧室時，其本身並不留下徑跡，除非在行進的途中造成電子的運動才會留下徑跡，故一般γ-ray 在穿過雲霧室時，因可此電子似分叉似地運動，因此呈現出＿＿＿＿＿＿＿的徑跡。

7. 不穩定的重元素之α粒子衰變，所放出的α粒子是否只有單一能量？＿＿＿＿＿＿

8. 不穩定的重元素進行α-衰變，於放出α粒子後是否可能伴隨γ-ray 的釋出？＿＿＿＿＿＿。

9. 有些夜光鏡錶表面或數字會產生眼睛可以感覺到的可見光線，主要是這些發光的錶面是由極似閃爍螢光物質且含_____發射體所組成的。

10. $^{14}N+$_____$\rightarrow^2H+^{16}O+Q$

11. $^{27}Al+$_____$\rightarrow^{30}P+^1n+Q$

12. 1934 年，居里夫人的女兒和女婿(F. Joliot & I. Curie)以_____粒子撞擊鋁箔，首次成功的製造出天然界不存在的磷同位素（^{30}P；$t_{1/2}=3$ 分 15 秒），證實放射性同位素可以由人工方式獲得，而此種作用說明了高能量的荷電粒子，可與物質進行核反應產生轉化作用(transmutation)。

13. 所謂游離比度（或稱比游離度，specific ionization）是指游離輻射在物質中行進，單位_____所游離的離子對。其物理單位可以_____來表示。

14. 同上題，游離比度包括初游離（一次游離）和二次游離（俗稱射線）。

15. 使氣體產生一離子對所需的平均能量，稱為_____值。空氣的 W 值為_____eV，氬(Ar)的 W 值為_____eV，CH_4 的 W 值為_____eV。

16. 重荷電粒子，在物質不同距離的游離比度曲線稱為_____曲線。

17. 重荷電粒子進入物質時，單位距離之能量消失與入射粒子的電量平方成_____比，與入射粒子的速度平方成_____比。（請填正比或反比）。

18. 直接游離粒子在物質中每單位長度所損失的能量稱為_____(linear energy transfer, LET)，就物質來說稱為_____(linear stopping

power)，此值與入射粒子的_____和_____有關，也與阻擋物質本身的性質有關。

19. 線性阻擋本領除以_____稱為質量阻擋本領(mass stopping power)。

20. (1) 常見的 LET 之物理量單位為_____。

    (2) 常見的 mass stopping power 之物理量單位為_____。

21. (1) 當原子核內的_____數太多，原子核呈不穩定狀態時，極易放出貝他粒子(β^-)。n→p$^+$+β^-+_____。

    (2) 大部分核種放出β^-之後，新原子核仍處於不穩定狀態會繼續放出_____射線。

    (3) 原子核進行β^-衰變時，有靜止質量約等於 0 的_____(anti-neutrino)同時釋出。

    (4) 貝他粒子的能譜是單一能譜或連續能譜？_____。

    (5) 貝他能譜的平均能量 E_{av}，約為最大能量 $E_{max, \beta}$的幾分之幾。____

    (6) β^-與物質作用，會與原子核外的電子產生非彈性碰撞，而產生_____作用，亦會與原子核產生非彈性碰撞而放出_____輻射。

22. 試比較α^{++}, β^-, γ 在下列四項中之能力大小。(1)穿透力　　(2)游離氣體的能力　　(3)照像感光效應　　(4)相同能量之比游離度。

    (1)_____(2)_____(3)_____(4)_____。

23. α^{++}粒子, β^-粒子及γ射線在空氣中每公分游離的離子對數約為多少？

    (1) 10^0~10^1 ion pairs/cm　　(2) 10^2~10^3 ion pairs/cm　　(3) 10^4~10^5 ion pairs/cm。答：α^{++}：_____，β^-：_____，γ：_____。

24. 常見的 pure β^-的放射衰變核種有那五種？答：_____

25. 同上題，其中以那一個半衰期最長？_____，約為_____年。

26. (1) X-光和γ射線統稱為_____，其基本性質如下：速度等於光速，約為 $3 \times 10^8 m/s$；能量 E 等於 hν 或 hc/λ，其中 h 代表_____，ν代表_____，λ代表_____。

(2) γ射線的來源是來自於_____，而 X-射線是由_____所放出，故兩者特性最大不同點是來源不同。

(3) 診斷用的 X-光，其波長約為_____Å（埃）。

(4) X-射線依學理而言主要有兩類，但實際情形其來源有四，分別為：
外圍電子軌道變化時釋出之多餘能量（特性輻射）。
制動輻射。
_____。
_____。

27. _____(internal conversion, IC)是指受激態的蛻變子核種返回基態，釋出加馬射線，而此加馬射線有時會被該原子的核外電子所吸收而使原子核外電子游離出來的過程。而此種過程釋出的電子稱為_____電子(conversion electron)。一般而言原子，原子序愈大，發生 IC 的機率就愈_____，亦即重原子比輕原子易發生轉換。

(1) K, L, M 層的電子以那一層電子最易被內轉換？答：_____

(2) IC 電子與β⁻粒子最大不同點在於那裡？答：_____

(3) 內轉換電子多屬_____層電子。（請填內或外）

(4) 內轉換常伴隨_____輻射。

(5) 特性輻射若再被其它原子核外電子所吸收而游離，此游離出來的電子，稱為_____電子(Auger electron)。

28. 光子與物質的三種主要作用，分別為_____效應，_____效應，和_____效應。

29. 光電效應(_____effect)，是指原子將光子完全吸收而將軌道上的_____打出之效應。

30. 何種情況較易發生光電效應
    (1) 當光子的能量稍大於作用物質外電子的_____能(B_k)。作用後電子的動能等於_____。
    (2) 愈接近原子核的_____層電子，愈容易發生光電效應。（請填內或外）
    (3) 光子能量愈_____（請填大或小），光電效應發生機率愈大，作用物質原子序愈_____（請填大或小），光子與物質反應截面（發生機率）愈大。

31. 康普吞效應(_____effect)，是指光子與原子外圍電子（認為是自由電子）產生彈性散射，入射光子的部分能量轉移至電子，剩餘部分則為散射光子帶走，稱之。

32. 承上題，不論光子具任何能量，幾乎都會產生_____效應，但通常發生最大機率的光子能量介於_____MeV 至_____MeV 之間。

33. 康普吞效應可依_____不滅原理與_____不滅原理，精確算出作用後，散射光子與散射電子的能量。

34. 入射光子與物質進行康普吞效應後，散射的光子能量_____，波長_____。（請填變大，不變，變小）

35. 自由電子或束縛能很小的電子，容易發生_____效應。

36. 入射光子與物質進行康普吞效應，若散射光子以 $\theta =$ _____散射時，則散射電子可獲得最大能量，$E_{e,\ max}=2E^2/(mc^2+2E)$，其中 θ 表散射光子方向與入射光子水平線之夾角，E 表入射光子的能量，mc^2 為

電子靜止能量(0.511MeV)；因此康普吞作用之能量分布為自 E=0 至 $E_{e, max}$，其中 $E_{e, max}$ 稱為_____(Compton edge)。

37. 當光子能量大於_____MeV 以上時，光子和原子核起磁場作用，光子完全消失，而產生一對正、負電子，此效應稱為成對產生效應或成對效應。

38. 當成對產生的正電子(β^+)之動能消失殆盡時，極易與負電子產生_____作用(annihilation)而消失，並產生兩個方向相反（夾 180°角），能量為_____ MeV 的光子（γ射線）。

39. (1) 正電子的靜止質量之能量釋放約為_____MeV。

(2) 負電子的靜止質量之能量釋放約為_____MeV。

(3) 又相對應於一個質子靜止質量的能量釋放約為_____MeV。

(4) 一個原子質量單位(u)相當於_____MeV 的能量。

(5) 1eV（電子伏特）=_____J（焦耳）。

40. 電子是組成電(electricity)的粒子，也帶有自然界存在最小單位的電量。早在 1897 年，英人湯普森(J.J. Thomson)就首次成功的測定_____ (cathode ray)的性質，並證明此射線即為電子所組成，同時也測定陰極射線與質量的比值(e/m)，等到 1917 年密立根(Millikan)著名的油滴試驗測定電子的質量以後，即可計算電子或單位電荷(charge)的電量，目前公認的數值是 $e^- = 4.803\times10^{-10}$esu=_____C（庫侖），電子質量 m=_____g=_____kg。

41. (1) 自 1962 年開始，科學界對原子的質量就以 ^{12}C 原子量的_____ __做為原子的質量單位，而稱為統一原子質量單位(u)，以區別在 1962 年以前，以 ^{16}O 的 1/16 為標準的原子質量單位(a.m.u.)。

(2) ^{12}C 原子核中，有_____個質子和_____個中子，^{12}C 原子核質量的 1/12 也就是一個中子和一個質子的平均質量（中子和質子質量幾乎相等）。採用新標準以後，較以往以 ^{16}O 為標準所測得原子質量，更接近在化學上使用已久的元素原子量的數值。故 1u（原子質量單位）=_____g=_____kg。

(3) 所謂電子伏特(eV)就是一個電子，經電位差為_____的電場加速所獲得的能量。1eV=_____J（焦耳）= _____erg（耳格）。

42. 物質和能量性質雖然截然不同，但是根據_____(Einstein)的理論，兩者是可以互換的，它們的關係 E=_____，其中 E 是能量，以焦耳(J)為單位，m 是物質質量以_____為單位，C 是常數，也就是光線在真空中的速度，約為_____m/s。

43. 根據 42 題，一個統一原子質量單位(u)相當於_____MeV，一個靜止的電子相當於_____MeV 的能量，一個靜止的質子相當於_____MeV 的能量，一個靜止的中子質量相當於_____MeV 的能量。

44. 光子與物質作用，除了光電效應，康普吞效應，成對發生效應以外，當光子能量很低時，可能產生_____(Coherent scattering)，此作用只是改變入射光子的_____（請填角度或能量），因_____能量轉移（請填有或無）因此在輻射防護上並不重要。另外當光子能量極大，可能產生_____現象(photodisinteqration)，例如當光子能量達 1.67 與 2.22MeV 即會使 Be-9 和 H-2 產生光分裂現象，即 ^{9}Be(γ, n)^{8}Be, ^{2}H(γ, n)^{1}H。

45. 從放射診斷而言，光子各種作用機率的比較如下：

(1) 當能量低於 20KeV（約_____KVp 時），主要為光電效應，當大於 30KeV（約_____KVp 時），_____效應就顯得重要，而_____發生機率則顯得很低。

(2) _____效應和_____現象在放射診斷使用的能量範圍內，根本沒有發生的機率，因此在臨床放射診斷裡，_____效應和_____效應是二種重要的作用，而光電效應是一種完全吸收的作用，故散射輻射幾乎都是因_____效應而來，其散射源則為_____。

46. 請從以下五個選項，填入正確答案 A.光電效應　B.康普吞效應　C.成對發生　D.和調散射　E.光分裂（光蛻變）現象

(1) 診斷用 X 光系統中之濾片可以消除低能量（長波長）X 射線，主要是藉助什麼作用？_____

(2) 在放射診斷上，何種效應發生較多時可使影像對比增加？_____

(3) 放射線診斷部門之醫療人員所接受到的輻射來源大都來自何種效應？_____

(4) 放射診斷之輻射線所不會產生的反應？_____

(5) 放射診斷照相時，X 光與身體組織主要發生何種效應？_____

(6) 一般診斷用之 X 光所使用之電壓其放射線與物質作用最可能產生何種作用？_____

(7) 30KeV 的 X 射線主要與鉛產生何種作用？_____

(8) 何種效應可以將能量轉換成質量？_____

(9) 光子與物質作用產生機率與 Z^4/E^3 成正比？_____

(10) 光子與物質作用產生機率與 Z/E 成正比？_____

(11) 光子與物質作用產生機率與 Z^2E 成正比？_____

(12) 何種效應與原子序的關係最小？_____

(13) γ 低能量射線與高原子序物質易產生？_____

(14) 原子將光子完全吸收而發射出軌道電子？_____

(15) 在 X 光攝影中欲區別骨骼與軟組織，或骨骼與空氣，則所選的電壓最好在那一種效應中最顯著？_____

47. X-光攝影，其電壓很少超過 150KVp 的最主要理由是什麼？_____
　　（請從 A.B.C.D 選一較正確答案）
　　(A) 電壓太高，X 光機之設計困難
　　(B) 電壓太高，患者的劑量太多
　　(C) 電壓太高，對患者的危險性增加很多
　　(D) 不容易辨別人體中不同的組織

48. 下列何種射源照射人體時，被骨骼吸收的能量比軟組織高很多？
　　(A)30KeV 的 X-ray　(B) Cs-137 射源　(C) Co-60 射源(D)熱中子
　　答：_____

49. X-光管產生 X-光的量是由　(A)真空管玻璃材質　(B)管電流(mA)與
　　曝露的時間(s)的乘積　(C)真空管內的真空程度　(D)管電流(mA)與管
　　電壓(KVp)的乘積。答：_____

50. 控制 X 射線的穿透能力的是_____（請從(A)~(E)選一正確答案）。
　　(A) mA　(B) Sec　(C) mAs　(D) kVp　(E) distance。

51. 同上題，X-光的穿透能力即是一般所指 X-光的_____(quality)，常
　　以_____來表示。

52. 中子為一不帶電荷的中性粒子，穿透力極強，當其穿越物質時，主要
　　與_____發生直接碰撞，藉由一些機制間接使物質游離。（請填原
　　子核或核外電子）

53. 對於輻防人員而言，中子與物質作用主要的反應類型有_____散射
　　（碰撞），_____散射（碰撞）及_____三種。

54. 在彈性散射中，中子與靶核碰撞而損失能量，損失的能量傳給了靶核，
　　彈性碰撞的結果，會使快中子能量遞減，方向改變。入射中子與質量數

為 A 的原子核互相碰撞後，中子損失的能量與物質質量數成_____

（請填正比或反比）。故與輕物質彈性碰撞後，可使快中子的速度快下

降，這也是為何快中子須以輕物質來做屏蔽或緩和體的原因。

55. 同上題，試舉出三種常用作快中子屏蔽或緩和體的含氫物質：_____

，_____，_____。

56. 所謂中子的非彈性散射，是指入射中子把一部分能量給予散射物質並

激發靶核，當受激核返回到它們的基態時，通常會發射出_____輻

射，對於高能中子與_____元素的作用而言（請填重或輕），非彈

性散射是非常重要的，例如_____元素。

57. 快中子與物質碰撞減為熱中子後，被吸收體原子核捕獲的機會大增，

中子被捕獲的結果，靶物質可被活化〔具放射性，同時釋出輻射（如

α粒子，質子，γ射線等）〕。重要的中子捕獲反應有：

(1) _____$(n, \alpha)^7Li$

(2) $^{113}Cd(n,$_____$)^{114}Cd$

(3) $^{14}N(n,$_____$)^{14}C$ 等。此外，中子被某些核種捕獲，其複合核

會發生分裂反應並放出巨大能量，這就是_____的原理，^{233}U,

^{235}U 與 ^{239}Pu 可捕獲熱中子而行分裂，但 ^{237}Np, ^{238}U 等必須與快

中子作用才能分裂。

58. (1) $^{59}Co(n, \gamma)$_____

(2) $^{10}B+$_____$\rightarrow ^4He+$_____

(3) $^{23}Na(n, \gamma)$_____。

59. 中子與物質的作用機率，一般以_____(σ)表示。通常中子能量愈

高，速度愈大，則截面愈_____。（請填大或小）

60. 中子通過屏蔽物之衰減情形，呈_____衰減，即 $I=I_0e^{-\Sigma t}$，式中表屏蔽物的厚度，Σ 表衰減係數。

61. 中子捕獲放出荷電粒子，最典型的反應型式為組織中的氮吸收熱中子，而放出 0.588MeV 的質子，其反應式為 $^{14}N+^1n\rightarrow$_____+_____。

62. 熱中子與人體軟組織中哪一元素作用，產生(n, p)反應？　(A)碳　(B)氮　(C)氧　(D)氫　(E)氟。

Radiochemistry

第 7 章

放射性偵測及
其度量儀器

前　言

　　放射線是無味、無色及無形的，所以無法以人體的五官直接去感應。偵測放射性的原理主要是利用放射線與物質作用後，產生電、光、熱、化學變化、核反應等反應，再以這些反應的結果配合輻射度量學的理論和定義來決定輻射的質和量。而具備此一類功能的儀器即稱為輻射偵檢器(Radiation Detector)，所以輻射偵檢器亦是一種轉換器(Transducer)可將入射的輻射能量轉化為另一種可由電子元件及配備可以指示或度量的能量型態(Energy Form)。放射線與物質發生作用後通常會產生離子對、閃爍光、電子電洞等現象。這些作用後的產物經過收集、放大、以及處理，最後使用顯示器(Displayer)以數值顯示出來。放射線偵測儀器的基本組成如下：

　　關於放大器（包括訊號處理器部分）及顯示器等均屬於電子儀器，在這裡暫不作詳細的說明，僅先對於偵檢器部分作概要的介紹。因為放射線與物質之間的相互作用模式繁多，放射線所具備的能量大小不一，再加上放射線的活度水平、特性差異亦大，沒有單一種型式的偵檢技術可以通用於全部種類、活度高低不一的放射線的偵測。為了切合實際上的需要，必須發展更多樣式的放射線偵測技術以及放射線偵檢器，因此對於一般常用的偵檢器，例如充氣式偵檢器、閃爍偵檢器和半導體偵檢器等將是本章討論的重點。

　　另外，在本章亦將偵測儀器的系統分為兩大部分以方便介紹。第一部分為電子系統（如利用電訊號、脈衝、電流等），第二部分則包含其他不用電子方法偵測的系統（如照像、化學反應及熱發光劑量計等）。

7-1　偵檢器操作用語之定義

　　在放射性偵檢器的操作上必須注意到下列三個參數及其代表的意義，包括：效率(Efficiency)、解析度(Resolution)及無感時間(Dead Time)。

一、效　率(Efficiency)

　　效率(ε)是指由放射性射源發射出來的放射線的數目中，實際上被偵檢器偵測到的真實的數目。通常計數效率可由下列二種方法來加以定義和分類：

1. 絕對效率(ε_{abs})：依據由射源發射出來的放射線之數目而定，其定義如下：

$$\varepsilon_{abs} = \frac{\text{所記錄的脈衝之數目}}{\text{射源所發射的放射線的數目}} \quad \text{.................................(7.1)}$$

2. 固有效率(ε_{int})：依據達到偵檢器的有效射線的數目而定，其定義如下：

$$\varepsilon_{int} = \frac{\text{所記錄的脈衝之數目}}{\text{達到（打到）偵檢器的放射線的數目}} \quad \text{..................(7.2)}$$

很多時候效率愈高愈好，對於穿透性低或非穿透性的放射線，如α、β⁻及重荷電粒子若使用適當的偵檢器幾乎可以獲得 100%的效率，相反的對於穿透性高的放射線，如加馬射線、x 光、中子等不帶電荷的放射線，其偵測效率通常是不高的。上述絕對效率(Absolute Efficiency)主要依恃於偵檢器的特性且與計數的幾何因素，如偵檢器所張的立體角因素，射源至偵檢器的距離等，有密切的關係。而偵檢器的固有效率(Intrinsic Efficiency)主要依存於偵檢器的材料、輻射能量以及在入射輻射方向偵檢器的實際厚度。

二、解析度(Resolution)

能量的解析度(R)是指偵檢器對於具有兩種或兩種以上不同能量的放射線可以鑑別出來的能力，但是這並不是說所有的偵檢器均具備這種特殊的能力而可以獲知有關放射性的能量訊息。對於輻射偵測儀器的設計而言，這個參數並不是完全必需的但卻是獨特的。解析度(R)之定義可以敘述如下：

在圖 7-1 以縱軸表示偵測出來的放射線計數數目(Number of Counting)，並對橫軸的放射線能量所作的圖。解析度的定義可由式(7.3)表示之。

$$R = \frac{\Delta E}{E_o} \quad\text{……………………………………………(7.3)}$$

在此 E_o 表示在能譜尖峰(Peak)頂點的能量，而ΔE 是指在底線與尖峰頂點一半的地方該波峰的寬度（參照圖 7-1），ΔE 就是一般所定義的全寬半高值(Full Width At Half-Maximum, FWHM)。而解析度通常是以百分比率來表示，如 $R = 0.10$ 或 10%。對偵測器而言，R 值愈小解析度愈好，相反的，R 值愈大表示解析度愈差，但事實上解析度是不可能很完整的，因為電子雜訊和放射線與物質的相互作用的性質，本來就具備統計上的關聯。一般而言，對於不同型式的偵檢器，其能量解析度的變化是很大的。

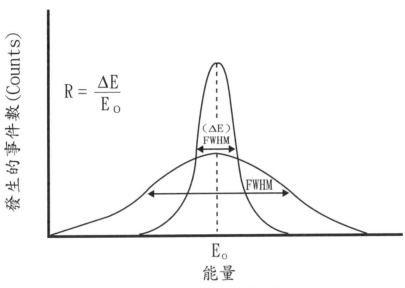

$$R = \frac{\Delta E}{E_o}$$

發生的事件數 (Counts)

（ΔE）FWHM

FWHM

E_o
能量

・圖 7-1　脈衝型偵檢器之能量解析定義

三、無感時間(Dead Time, τ)

偵檢器均有無感時間(τ)，它是指當該偵檢器接受了第一次入射的輻射線後必須先回復到原來的狀態，才可以對隨後入射的放射線有所感應，在這個時間之內，偵檢器是不會作用，而似乎是在休息，此段時間稱為無感時間，因此無感時間亦可視為恢復電場強度所需的時間。無感時間是受到偵檢器之特性和其附屬的電子設備等的影響和限制所致，一般偵測性能較佳的偵檢器系統可能在 10^{-9} 秒(nano-second)之間即可以回應第二個入射的放射線。對偵檢器而言，無感時間愈大，將會造成偵測

效率減低，偵測結果誤差變大，尤其當遇到高計數率時，此無感時間的損失，可能更嚴重。

7-2 充氣式偵檢器

充氣式偵檢器(Gas-Filled Detectors)是目前醫療院所、核能工業及學術單位使用最廣泛的輻射偵測儀器。所有的充氣式偵檢器，其主要的構造是由一充滿特定氣體的管腔所構成，它可能是封閉型或可以設計為連續在流通的通氣型，但一般以封閉型的充氣偵檢器較多見。充氣式偵檢器電壓係加於橫跨在氣體腔的兩個電極上以便產生電場，管中央的金屬細絲為正電極(Anode)，通常連接高壓正電並與管壁絕緣，而管壁為負電極(Cathode)連接高壓負電並接地。當放射線入射（或通過）該充氣管腔，會使特定氣體游離產生“離子對”（其中一個是電子，另一個是帶正電的離子），該離子被電極吸引住，即可產生電氣的訊號，而電氣訊號不管是以電流、電壓的脈衝高度或彙集總電荷的方式均可加以測定，如此可以獲悉放射線通過該充氣腔之量。通常入射的放射線要產生一個氣體“離子對”所需要的能量（W 值），大約介於 30~35 eV 之間（相差僅幾個 eV）。在本章中主要將討論三種充氣式偵檢器，包括：(1)游離腔(Ionization Chamber)、(2)比例計數器(Proportional Counter)、(3)蓋革計數器(Geiger-Muller Counter, GM Counter)。

充氣式偵檢器的工作電壓與脈衝高度或脈衝信號之關係如圖 7-2，此圖稱為充氣式偵檢器的特性曲線，通常可分為六個區域。

1. **區域 I**：稱為再結合(Recombination)區域。在此區域因外加電壓不足，“離子對”將因再結合而消失，因此產生的脈衝信號太小，使得這區域沒有實際的應用價值。

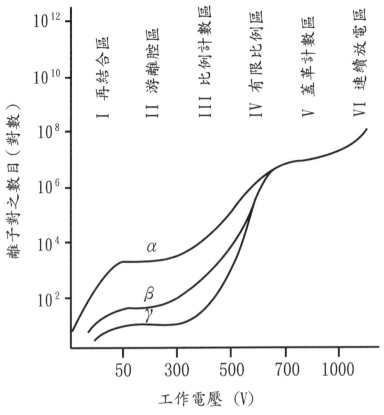

．圖 7-2　充器式偵檢器的特性曲線

2. **區域 II：** 在此區域外加電壓逐漸升高，電子和正離子再結合機率減少，所有的離子對都可以收集下來而呈現飽和的脈衝信號，且離子不會被加速到很高的能量，以致引起二次游離(Secondary Ionization)，所以訊號之振幅(Amplitude)與入射放射線之能量保持一定，即脈衝高度與游離的離子對數目有關，而與外加電壓無關。在此區域是游離腔的操作區域，稱為飽和區或游離腔區(Ionization Chamber Region)。

3. **區域 III：** 在此區域中，本來生成之原始的 "離子" 被加速向兩電極移動，並帶有足夠的能量進行二次游離，產生氣體增殖(Gas Amplification)的現象，此時離子對的數目會急遽增加，脈衝信號亦隨

工作電壓升高，在此區域脈衝高度與一次游離(Primary Ionization)的離子對的數目成線性比例關係，故此區域稱為比例計數區(Proportional Region)，亦是比例計數器之操作區域。

4. **區域 IV**：在此區域中，脈衝高度仍隨一次游離的離子對增加而增加，但入射放射線之能量與輸出(Output)的訊號之間的線性關係已不存在，不能當作偵檢器使用之。此區域稱為有限比例區或限制比例區(Limited Proportional Region)。

5. **區域 V**：偵檢器之電壓再提高，單一游離化事件(Single Ionization Event)在整個密閉管內變成為電氣放電(Discharge)的結果。此時氣體游離的增殖作用仍繼續增加，直到產生足夠的正離子使得電場降低直到氣體增殖作用停止，此過程亦稱為自限(Self-limiting)。此區稱為蓋革牟勒區域或稱為蓋革計數區(Geiger-Mueller Region, GM Region)。GM管即在這區域操作，GM 管的計數由於在此區產生的脈衝信號皆具有相同的高度，故僅能計數輻射量，對於入射粒子的能量和核種的種類則不能加以鑑別。

6. **區域 VI**：此區域由於工作電壓過高（通常在 1000 伏特以上），縱使沒有放射線入射亦會自行產生游離並連續性放電(Continuous Discharge)，因此不能作為偵檢器之應用，沒有實用之價值，此區域亦稱為連續放電區。

7-2-1 游離腔

這是最老舊且最簡單的放射線偵測計數器之一。圖 7-3 即為游離腔的一種簡單示意圖。典型的游離腔腔體直徑約數公分，腔內充滿氣體，氣體的壓力範圍約為 0.1~10 氣壓，所填充的氣體一般為空氣或氬氣。當放射線入射游離腔時即可產生“離子對”，如遇沒有電場存在，此“離子對"即簡單的再結合,但如在兩極之間有足夠大的電場,該離子即向電極方向移動,而所測得的電氣訊號依據電子電路使用的型態和設計,可以電流(Current)、電壓脈衝高度(Voltage Pulse Height)或聚集的總電荷量(Accumulated Total Amount of Charge)等方式加以表示之。

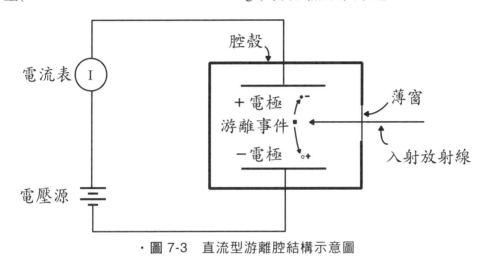

· 圖 7-3 直流型游離腔結構示意圖

一、電流的方式(Measurement of Current)

最普遍的游離腔的操作方法是以測定電流的方式運行,即由游離腔收集的電子訊號以測定電流的方式進行,以此方法操作時,該游離腔稱為直流游離腔(DC Ion Chamber)。電流是在加壓的電場中由於離子對的移動而來,電流之大小程度與 "離子對" 的生成速率有關,圖 7-4 是提示游離腔的電流與所加電壓的關係,在低電壓僅收集到一部分的 "離子對" (相當於圖 7-2 的再結合區域),但後來電壓升高到某一程度以後,"離子對" 即全部被收集,而對於一定活度的放射線射源,其電流即成為一種飽和值。此一區域即為飽和區,代表直流游離腔適當的操作電壓。

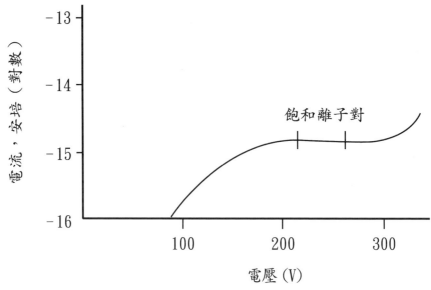

· 圖 7-4　直流型游離腔飽和區域提示圖

二、脈衝方式(Measurement of Pulse Height)

　　以脈衝方式操作的游離腔是基於帶電荷的粒子（通常是阿伐及核分裂碎片）和游離腔內氣體之間的個別相互作用所產生的電壓脈衝的偵測。圖 7-5 是在說明一個游離腔脈衝方式操作時的情形，在這一型偵測器所測到的訊號是跨過電阻兩端的電壓，如果沒有放射線入射游離腔，外加的電壓連接在游離腔內的電極上，其電阻兩端的電壓是零，但當放射線入射游離腔內後所產生的離子對，被收集在電極上，即將降低跨在電極上的電壓。跨在電阻的電壓之差異值(Voltage Difference)即代表游離腔內的電壓之降低，電極電壓的差異值即是需要測定的量（一般而言電壓變化之程度是很微少，所以必須要加以放大，與 DC 型一樣）。

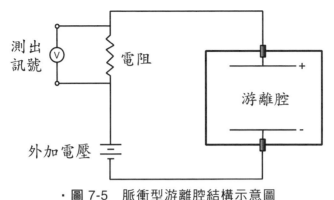

· 圖 7-5 脈衝型游離腔結構示意圖

三、靜電式的或電荷聚集式的游離腔
(Electrostatic or Charge Integration Ionization Chamber)

　　這是最老舊模式的游離腔，其原理與驗電器(Electroscope)很相似。此型游離腔包含很多成對狀(Pairs)且很輕的金屬箔片和纖維薄片，將金屬箔片與纖維片一片一片互相排定後，各個交互的縛緊並加以懸吊，再以硬的導電體固定，若對此裝置物加以靜電(Static)電荷，其結果可使其個體分開，因為相同的電荷間會有排斥力的關係。當放射線通過腔體所產生的"離子對"，可以移動至箔片(Foil)，並慢慢的使其放電，並使該箔片回到其原來之位置，而每次箔片的偏向(Deflection)的時間被記錄下來，並代表它與通過該游離腔的放射線之量的比例關係。保健物理上所應用的口袋型袖珍游離腔或稱劑量筆(Pocket Chamber, or Pen Dosimeter)即是一例。

　　游離腔在放射化學上可以應用的機會很多，其優點包括：(1)構造比較簡單；(2)價格低廉；(3)此系統儀器幾乎在任何種類的氣體腔中都可以操作，因此可以很方便的運用在很多放射性氣體試樣的測定；(4)可以有效偵測高及低的兩種活度水平，並能提供入射輻射的能量訊息；(5)電子結構簡單穩定不需要常作校正；(6)對於阿伐和貝他粒子有很好的偵測效

率。當然游離腔亦有缺點，最主要是其輸出的訊號很小，需要加以外部放大(Amplification)。直流和電荷積集式游離腔常個別當作鑑別用儀器或劑量計之用（保健物理學實作上），因其對阿伐粒子偵測效率高並可提供其能量訊息。尤其是直流式的游離腔在偵測氦（阿伐粒子）及碳-14（弱的貝他粒子）氣體特別有用，在碳-14 定年法的測定上，計數效率幾乎可以達到 100%。脈衝型游離腔對於阿伐粒子或帶有電荷的重粒子，欲測量其正確的能量時亦非常有用。

7-2-2　比例計數器

比例計數器亦是以氣體充填的偵檢器之一。它使用比游離腔更高電壓（圖 7-2 中第Ⅲ區域）來操作，因為在更高的電壓操作下，入射的輻射線所產生的 "離子對"，當它們在向電極移動時會被加速至更高動能，可提高電子與其他氣體分子之間撞衝，藉以誘發所謂二次游離(Secondary Ionization)，同時釋出更多的自由電子，而原來所產生的訊號，將在其內部產生氣體倍增(Multiplication)的現象。這個倍增現象稱為湯生突崩（Townsend Avalanche 或 Townsend Cascade），如圖 7-6 所示。如果能以適當的方法或條件加以有效控制倍增現象，且保持與入射的放射線所產生的起始離子對數目成線性比例關係，則不但可以設計成適當的比例計數器，同時入射放射線的相關能量訊息亦可得知。圖 7-7 是表示兩種普通型式的比例計數器的結構。

圖 7-7(a)是一種密閉式的圓筒狀計數器，管柱本身即當作陰極作用，一條很細的電線通過該管柱的中心當作陽極，試樣必須放置在管柱外面，因此需要設立一個很薄的 "窗" 口，藉以偵測放射線。

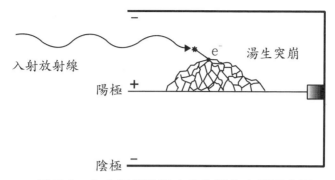

‧圖 7-6　在充氣偵檢器中產生湯生突崩示意圖

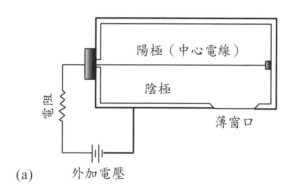

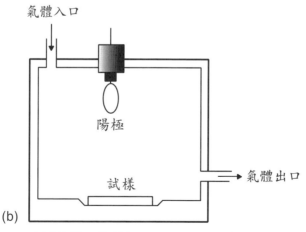

‧圖 7-7　比例計數器的結構。(a)密閉式圓筒狀比例計數器；
　　　　　(b)無窗氣體流通型比例計數器

　　圖 7-7(b)所示是另外一種構造設計,即為氣體流通式比例計數器,它可以使氣體連續流入計數器內,試樣亦可以放置於氣體腔裡面。這種安排是基於對某些特殊的放射線的考量,例如穿透力很小的放射線(即軟性(soft)的輻射線)或者經過偵檢器的窗口時,其中一部分恐怕會被吸收的試樣。比例計數器幾乎是以偵測脈衝高度(Pluse Height)的方式操作為主,且利用氣體倍增現象,放大氣體中產生的離子對,因而在相同的情況下,比例計數器產生的脈衝比游離腔大得多。若輻射因產生的離子對數目太少時,游離腔不能以脈衝的型式操作,而比例計數器在這種情況下仍可繼續使用,因此用來偵測低能量 x 射線能譜是比例計數器很重要的應用之一。此外,也可用來偵測中子及其他特別情況下的輻射。另外,比例計數器在設計上及運作上有二個需求是必要的,第一個需求是:雖然任何氣體都可以使用於游離腔,但在比例計數器是不能如此,必須要限制,因為在比例計數器中,其訊號是依靠自由電子的收集而得,且不希望有負離子之生成,所以要充填進去腔內的氣體不應該具有強力的電子吸收傾向的特性,亦即須使用電子親和力低且不可以生成負離子的氣體,例如 He, Ar 及 Xe 等鈍氣氣體。第二個需求是:為了要符合最好的操作條件,不要以很高的頻度產生第二次湯生突崩(第二次的湯生突崩是由於部分充填氣體的原子的制激(De-excitation)過程中放出光子(Ultraviolet Photons),該光子經光電效應後又會產生另一電子,故將發生一次又一次的突崩),為了防止此現象之出現,需要加入所謂的為淬熄劑(Quenching Agent),此物質的成分是一種分子構造較為複雜而且游離能較低的氣體物種,它可以由被激發的鈍氣離子接受能量,然後以解離反應方式制激或者以其他不屬於輻射線的形式進行制激。當我們選擇適當的充填氣體以及淬熄氣體物質時,則在比例計數器中的湯生突崩可以被壓制且限制在局部的範圍(Localized)內而不致於擴大到整個管柱中。目

前，比例計數器最常使用電子親和力低的充填氣體混合物為 P–10 氣體，它含有 90%的氬氣作為充填氣體(Filled gas)以及 10%甲烷作為淬熄劑。

比例計數器的優點亦有下列幾點：

1. 可以產生大量的信號。
2. 所需的外部倍增(External Amplification)比游離腔小。
3. 內部倍增係數(Internal Amplification Factor)可高達 $10^3{\sim}10^4$。
4. 可以簡化電路(Circuit)，雜訊小。
5. 因為僅為電壓脈衝(Pluse)操作型式，回應時間短，無感時間(Dead Time)亦短。

7-2-3 蓋革計數器

蓋革牟勒計數器(Geiger Muller Counter, G.M. Counter)為第三種型式的充氣偵檢器，俗稱 G-M 計數器或蓋革管、蓋氏偵檢器。蓋革計數器與比例計數器之偵測原理同樣是基於氣體增殖，因此，亦應避免使用易於形成負離子的氣體，一般常使用 He 或 Ar，此外充填氣體尚須考慮淬熄(Quenching)作用。

一般而言，要處理放射性物質時，首先需以最普通的計數法(Counting Method)將其放射性活度量出來，而 G.M.計數器系統可說是最方便，且簡單又易於操作的一種儀器。在 G.M.管(G.M. Tube)加上去的電壓又是比游離腔或比例計數器高，因此，當放射線通過充氣腔(G.M. Tube)時，所產生的電子，將更容易且更強烈的被加速而向陽極移動，並獲取高的能量，該電子也因此可以誘起第二次游離，這些現象都與在比例計數器中產生的一樣，但不甚相同的是在 G.M.管中，電子所帶的能量更大，在激發很多氣體分子時，撞衝的次數亦更多，其中一些受到制激(De-excitation)，由激態回到基態時會放出，帶有能量的光子(Photon)，

這些光子本身經光電效應又會產生另一電子，並在 G.M.管內的其他地區誘起（開始）另一個湯生突崩。因此，只要有一個地方發生游離，即會發生一次又一次的突崩，直到最後因正離子在陽極絲附近的累積造成電場強度降低才停止。圖 7-8 是說明光子與湯生突崩之間的作用情形。

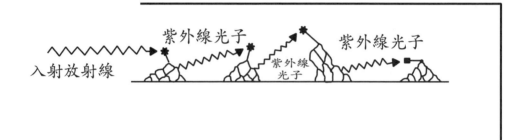

· 圖 7-8　GM 偵檢器內湯生突崩的產生與傳播

當偵檢器在 G.M.管電壓區操作時，任何的輻射線，不論輻射種類或能量大小，在進行相互作用時皆可以引起整個蓋革管的放電。這個現象是由於在電極周圍會發展出正離子層(Positive Ion Sheath)或稱為空間電荷(Space Charge)而停止，這個正離子層產生出來的原因是因正離子本身質量較大在移動時不像電子那麼快的被加速出去的關係。

對 G.M.計數器來說，不管你要偵測的放射性粒子的種類，或其能量的高低，當你增加電壓，G.M.計數器的計數速率將達到一個平原區(Plateau)，這與脈衝型游離腔及比例計數器偵測阿伐粒子時的阿伐平原區相似。另外，如果偵檢器的電壓增高的相當大，充填氣體的絕緣能力不夠且被超越，偵檢器將進入了另一個連續性放電區域（圖 7-2VI 地區）。在這個地區，偵檢器不能直接對試樣的放射性活度有真正的對應(Correspondence)。因此，一般對於脈衝氣體充填計數器系統，操作電壓是設在計數速率與外加電壓曲線上整個平原區的三分之一處。

在結構上和充氣氣體的需求上，G.M.計數器與比例計數器很相似，密封的管子可以提供加以利用，因為 G.M.管收集的訊號是來自於其所產生的電子，充填用的氣體不可含有高濃度且可以強力吸收電子的物質，故稀有鈍氣氣體特別是氦(He)、氬(Ar)等使用情形最為普遍。

此外，蓋革計數器管內重複脈衝發生(Repetitive Pulses Occurring)的問題比比例計數器更為嚴重。其主要原因乃是當正離子往陰極移動，將多餘的能量釋出使管壁材料游離產生二次電子，此電子經氣體增殖後產生許多重複的假訊號。為了防止這種現象，則必需採行加入淬熄劑(Quenching Agent)的所謂內部淬熄或控制電路的所謂外部淬熄。在氣體流通式的偵檢器中，這些淬熄劑，通常是有機分子，例如乙醇、異丁烷、甲酸乙酯等，係比主氣體分子構造較為複雜且游離能較低的氣體，當正離子與淬熄氣體碰撞後，將使正電荷傳遞給淬熄氣體，帶正電的淬熄氣體分子到達陰極後可獲取電子恢復中性，但多餘的能量使分子本身分解而不使陰極表面再放出電子。另外，在密閉式的充氣管內，通常使用少量的鹵素氣體，如溴氣或氯氣，而鹵素氣體分子因分解後能再自行結合，故計數器的壽命較長，而前述有機分子由於氣體須被分解以完成其作用，故在有用壽命期間，氣體將慢慢消耗，通常在 10^9 個計數之後就無效了。而外部淬熄一般以外加電路使高壓在每個脈衝之後自動降低到無法再產生進一步氣體放大的強度，降低的時間約為幾百微秒，但其缺點主要是計數率會偏低。

目前，密封式的 GM 計數器仍以鹵素氣體為最佳淬熄劑的選擇，而氣體流通式的 GM 計數器通常選擇氣體混合物作為最佳的充填氣體和淬熄劑，此氣體混合物包含 97%的氦(He)以及 3%的有機淬熄劑，例如異丁烷(Isobutane)。

一、G.M.計數器的優點

　　蓋革計數器早在 1928 年即由蓋革和牟勒兩人所提出，其設計簡單，廉價且易於操作，在平原區上(Plateau)對於所加的電壓變化小，且由於管內相互作用的程度夠大，故不需要在管外再加以放大信號，一般而言，其靈敏度高，且用於偵測輻射線之有無，或要尋找遺失射源，G.M.計數器是最佳的選擇。

二、G.M.計數器的缺點

　　蓋革計數器的特點為，只要有一個輻射粒子進入筒中，筒中的氣體即被全部游離並產生一個脈衝，且與入射粒子的種類及能量無關。因此，對於入射的輻射線，無法確認其核種種類和輻射型式，亦無法做能譜鑑定提供相關能量訊息，且無感時間亦較長(100~500 μs)，對於高計數率的輻射度量較不合適且需做校正。

7-3 閃爍偵檢器

　　閃爍偵檢器與游離腔偵測器一樣，自從放射線之研究開始即占了很長的歷史。1900 年初期之物理學者已觀察到阿伐粒子入射於一些物質時可以引發產生閃光(Flash of Light)，閃爍(Scintillation)是由希臘語火花(Spark)而來。拉塞福(Rutherford)曾經以下述的方法使用閃爍偵檢器(Scintillation Detector)，在他的實驗中曾以硫化鋅(Zinc Sulfide, ZnS)塗在帆布上利用顯微鏡計數閃光之數目，以便測定阿伐粒子。根據該實驗的結果建立了很有名的原子模型（即重的粒子位在原子核中心，輕的粒子分布在其周圍）。現今的閃爍偵測法的基礎是由放射線在閃爍偵檢器中作用所引起，將發射出來的光（不能以肉眼看到者），再加上電機工學的附屬設備加以測定的。雖然拉塞福對閃爍光之測定法是很枯燥無味而辛苦，但他的共同研究者蓋格(Geiger)即利用此構想再加上電機工學重新設計蓋氏計數器(G.M. Counter)，用以偵測α粒子。

目前各種不同型式的閃爍偵檢器雖然其系統組合和材料不一樣，但其基本的工作原理仍有很多相似的地方。入射的放射線與閃爍物質之間的相互作用與一般常見的方式類似，產生游離和激發原子或分子，但閃爍偵檢器並不是直接測定由放射線與吸收介質所產生的離子對之電子訊號，而是偵測來自於激發的原子或分子在制激(De-excitation)過程時所發射出來的光子，這些光子通過閃爍物質後，再打到光電倍增管(Photomultiplier Tube, PMT)的光陰極，光子被吸收並放出光電子，這些電子訊號經光電倍增管的平行電極逐漸被吸收，放大後再以電流脈衝輸出。

依據上面簡單描述，可以了解到，理想的閃爍物質必須具備一些特性，第一，它必須持有適當的分子或結晶結構，可以讓放射線通過並有效的產生閃爍光之發射。第二，產生光的過程稱為發光(Luminescence)，光線必須通過物質始可加以偵測之，所以閃爍物質對於其所產生的光波長必需是光學上透明的。一般而言，閃爍物質與放射線的相互反應後，若經過長時間的遲延才實地的發射出光，稱為磷光(Phosphorescence)，磷光對於高計數率是不適合的，所以光之發射在放射線與閃爍物質相互作用後需要快速的進行，此部分即所謂的螢光(Fluorescence)。第三，閃爍物質必須具有良好的物理特性可以養成晶體，也可以容易機械加工，並與其他零件結合。最理想的閃爍物質是在化學上穩定且不易潮解，通常易潮解(Hygroscopic)的結晶需以氣密(Air Tight)容器的包裝方式加以處理，目前一般使用的閃爍物質主要有無機閃爍體及有機閃爍體兩種。

7-3-1 無機閃爍偵測器

目前無機閃爍偵檢器最廣泛被使用的是鹼金屬鹵化物(Alkali Halide)的晶體，如碘化鈉(NaI)是最普遍的放射線偵檢器物質，這些晶體可以當作放射線的偵檢器使用，因為對應放射線通過晶體時，在晶體的能階之間可產生電子的轉移。在結晶固體中，個別原子的能階組成許多非常接近的空間軌域，稱之為能帶(Band)。在晶體中電子可以占據兩個能階的可能性，如在圖 7-9 所示。價帶(Valence Band)是一個較低的能量帶，電子基本上被限制於晶格位置，而這些電子不是在晶體中可自由移動通行的，如果這個帶被占據，該物質是電的絕緣體(Insulator)。而導電帶(Conduction Band)是在較高的能階上，代表電子具有足夠的能量可以自由的在整個晶體中移動，如這一個能階是由很多電子占據，該物體就成為電的導電體(Conductor)。在上述兩種能階中間的能帶稱為〝能帶空隙〞(Band Gap)，它是屬於被禁制的能階，電子不存在此能帶中。若價帶電子吸收能量（例如由入射的放射線吸收能量）將一個電子激發進入導電帶，當該被激發的電子降激回到價帶，它即以發射光子而釋失其能量。

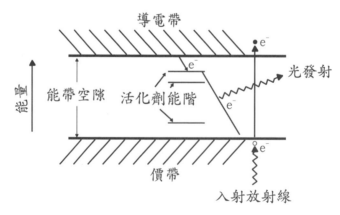

· 圖 7-9 閃爍晶體中的能階示意圖

在上面所描寫的閃爍過程，對於純的碘化鈉晶體來說，其效率不是很高的。其理由有二，其中之一為 "能帶空隙" 太寬大了，所以電子的轉移是不太可能。第二個理由是電子轉移產生了，但發射出來的光子可能因能帶空隙較寬而導致發射出來的光子的能量太高而在可見光的範圍之外。為了要克服這個問題亦即為了增加無機閃爍體發射可見光的機率，通常會在無機閃爍體中加入一些不純物，此不純物通稱為活化劑(Activator)，此活化劑可改變純晶體正常的能帶結構而在晶格中產生一些特殊的且能階小於整個禁制能帶空隙，如圖 7-9 所示。如此電子的轉移至這類新的活化能階(Activator Level)，即不需要那麼大的能量，所以轉移可以較容易產生，加上當制激(De-excitation)產生時所發射的光持有較低的能量極為靠近電磁能譜中 UV 或可見光區域。對於 NaI 閃爍晶體而言，Tl 是很好的活化劑，因此無機閃爍系統常常被設計為碘化鈉（鉈）[NaI (Tl)]閃爍晶體。

NaI (Tl)閃爍偵檢器是最適合於偵檢加馬射線，X－射線。有時候高能量的電子亦可以利用之。這些偵檢器很廣泛的被使用，幾乎可以說在做放射分析工作的任何實驗室皆是必須的儀器，尤其對於加馬光譜上一些有用的特性，包括高偵測效率，轉變光線的輸出效率以及與能量之間的線性回應等。而晶體對加馬射線持有好的偵測效率主要是因為無機晶體是較高密度的固體（與充氣計數器相比），且具有高的原子序(Z)的元素，碘。碘元素可以加強光電過程的效應。此外，NaI (Tl)的晶體可以養成到 $5'' \times 5''$ 英吋的各種形狀，包括盤狀、井狀型（晶體之中心有洞，可使試樣放在類似井中加以測量）以適用於各種不同的功能。

對於加馬射線的偵測，NaI (Tl)最大的缺點是其對能量的解析能力較差，最好的解析度約略僅能達到 6%（如 662 KeV γ, Cs–137），而解析能力基本上與閃爍過程本身有關，所以僅把技術上的問題改進，對於其解

析能力仍是沒有辦法改善。尤其對於高計數效率的應用或實驗之用。對於要測量閃爍事件通常需要 230 ns，與其他閃爍物質比較時，這是算長時間，因此 NaI (Tl)偵檢器在這方面不是很理想。除此之外，NaI (Tl)是潮溼性很強的晶體必須以金屬的容器密閉在其內。

圖 7-10 是無機閃爍偵檢器[NaI(Tl)]與半導體偵檢器[Ge(Li)]針對 ^{137}Cs 和 ^{60}Co 兩混合核種所測得的加馬射線能譜之比較（半導體偵檢器將另在 7-4 節介紹）。在 NaI(Tl)的能譜上可看到波峰比較寬廣(Broad Peak)，這可反映出 NaI(Tl)偵檢器的能量分解力（能量解析度）較差，但在各尖峰下的較大面積亦說明 NaI(Tl)的偵測效率比較優異（與同一大小的半導體偵檢器比較）。目前市面上雖能買到高偵測效率的半導體檢器，但對相同等級偵測效率的 NaI(Tl)偵檢器而言，它仍然是相當昂貴的。

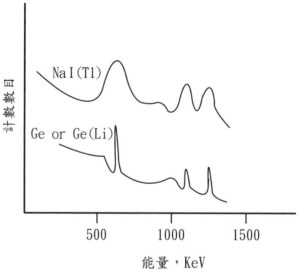

· 圖 7-10　NaI(Tl)和 Ge(Li)的加馬射線能譜比較
（無機閃爍偵檢器與半導體偵檢器之特性比較）

7-3-2　有機閃爍偵檢器

　　以有機閃爍物質當作偵檢器使用，通常有機物均持有 π－電子系統者。圖 7-11 提示蒽(Anthracene)及 1,2 二苯乙烯(Stilbene)，二種有機閃爍物質的結構。對於這些分子來說，光的發射是由於在個別的分子內的電子轉移的結果所引起，而不是因為存在晶體特殊晶格的能階之間的電子的轉移，因此晶體結構並不重要，有機閃爍體可以是液體或固體，它們本來是使用於阿伐粒子或貝他粒子的偵測，而不是為加馬射線之計數，因為大部分的有機分子均由低原子序元素所構成。

蒽

1,2 二苯乙烯

・圖 7-11　二種普遍的固態有機閃爍體的化學結構

　　液態閃爍偵檢系統(Liquid Scintillation Detection Systems)，目前已廣泛被使用在生醫、生化以及有機化學等的研究，其理由是此法特別適合於偵測弱的貝他發射體核種，如 ^3H 及 ^{14}C，且這些核種是有機分子最常用的示蹤劑。液體閃爍混合物簡稱閃爍雞尾酒(Scintillation Cocktail)，其中含有具閃爍特性的溶質和相關溶劑，以及被溶解的試樣。普遍的閃爍性溶質為 2,5－二酚化合物(P.P.O.)，聯三苯及四苯丁二烯；而甲苯，對甲苯等，則是通用的溶劑。含有放射性元素（如 ^3H 或 ^{14}C）的試樣需要溶在溶劑中，由試樣發射出來的放射線似乎先與溶劑作用，因為它的數目比溶質多出很多，溶劑即將能量轉移至閃爍劑，它將以制激作用發射出

光子,而此光的波長範圍最好是光電倍增管能有效回應的,如果不是,其他的另一種成分叫做波長轉移劑(Wavelength Shifter),可以加入液體雞尾酒中。該波長轉移劑將有效的吸收由閃爍體發射高能量的光,然後以更適合於該光電倍增管的較低能量的光再發射出。POPOP (1,4-bis-[2-(5-phenyl oxazolyl)] benzene)是目前較普遍被使用的波長轉移劑。

7-3-3　光電倍增管

在閃爍偵檢過程中,偵測由放射線發射出來的光子僅是其第一步驟而已,這些非常弱的光訊號必須改為有用的電子訊號才能被計測,光電倍增管(Photomultiplier Tube, PMT)即是完成此一任務的配備。圖 7-12 是說明 PMT 與閃爍晶體連結在一起的基本結構,PMT 是裝在不透明的容器內,因為外面的光對 PMT 而言,必須完全被摒除掉,而僅由閃爍的光子在 PMT 內有所對應和反應。在偵檢器與 PMT 之間的光接合是屬於一種光敏感陰極的元件,稱為光導管(Light Pipe),通常是透明樹脂材質。在 PMT 的後端是一層對光非常靈敏的物質,稱為光陰極(Photocathode)。由放射線作用而來的光子撞衝光陰極,且引起電子之發射,此即為光電子(Photoelectrons)。光電子雖然在最後會被陽極(Anode)吸引上,但是它要達到陽極之前,將遇到一系列屬於平行電極的代納倍極(Dynode),而其作用是要增加電子的數目。且這些電子最後仍達到陽極,當光電子撞衝第一個代納倍極,它會誘起發射更多的電子,這些電子被加速後將衝向下一個代納倍極,如此在每一個代納倍極均引起發射更多的電子出來,這種電子的增殖繼續在(8~12)個代納倍極間進行,其結果產生很大的電子急流並在代納倍極上被收集起來。在普通的 PMT 對每一個光電子的輸入及輸出的光電子數目比可能達到 10^7~10^{10} 的倍率(Gain)。由 PMT 產生出來的脈衝仍然與光電子的數目成正比,它是由互相作用時產生出來的光的強度所控制，光的強度又是與產生閃爍的放射線的能量成正比。

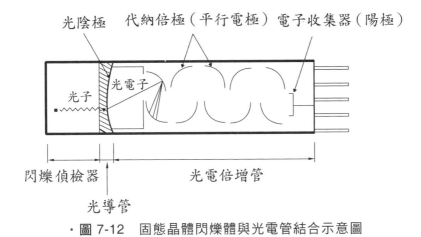

・圖 7-12　固態晶體閃爍體與光電管結合示意圖

7-4　固態半導體偵檢器

固態半導體偵檢器是在 1960~1970 年間發展出來的，該偵檢器對加馬射線之光譜偵測貢獻很大，這種偵檢器對加馬射線而言，具有很好的能量分解力（能量解析度），這是在充器式偵檢器或無機晶體閃爍偵檢器所無法比擬的。

7-4-1　半導體偵檢器之工作原理

通常半導體偵檢器是由鍺(Ge)或矽(Si)所作成，而半導體晶體存有帶狀的結構，很像以前對無機晶體閃爍體曾經描寫過的一樣，但帶與帶之間的空隙(Gap)大小不一樣。對於半導體偵檢器而言，其價帶與導電帶之間的空隙比無機晶體如 NaI (Tl)偵檢器的更窄，例如矽的能階差是 1.1 eV，而鍺(Ge)即為 0.66 eV，因此要使原先存在價帶的電子跳至導電帶所

需的能量也很小，通常介於 2.98~6.5eV 左右，例如，矽半導體材料要產生一個電子電洞所需能量為 3.61eV 而鍺為 2.98eV。當放射線通過時會注入足夠的能量進去該偵檢器系統，將在價鍵帶(Valence Band)上的電子激發而提昇至導電帶上(Conduction Band)。如此，好像在充氣偵檢器中產生"離子對"一樣，在半導體偵檢器中造出"電子電洞"對(Electron-Hole Pair)。電"洞"（它實在是缺少電子的核種）和電子可以在晶體中經由晶體回應電場一般而進行移動(Migrate)並產生電子訊號，如此這個電子訊號即成為放射線通過的一種指標。

完全純粹的半導體，就是僅由矽或鍺原子所組成的半導體，在理論上可以如此描述，但在實用上它是不能當偵檢器的。此部分的純半導體晶體被稱為固有的半導體偵檢器(Intrinsic Semiconductor Detector)。實際上的半導體偵檢器所用的半導體材料必須要經過很多複雜的處理始可成為有用的偵檢器材料。

而一般所知半導體偵檢器用材料事實上是含有一些不純物(Impurities)，這些不純物對於半導體的電子特性有極大的特別效應。很多時候，不純物是"有目的"的被加入，並在可以控制的方式下加入，如此可以在偵檢器的電子特性上，做出所希望的改變。

在半導體偵檢晶體中，重要的不純物之型態是要比平常使用天然的純鍺(Ge)或矽(Si)的中性原子所持有四個價電子(Valence Electron)要多一個或少一個價電子。例如，考慮加入磷原子於鍺晶體中，如圖 7-13 所示的範例，表示在該圖中多出一個額外價電子(Extra Electron)。因為磷(P)比鍺(Ge)多擁有一個價電子（5 個），圖中所示就存在多餘的一個電子，這一類的半導體稱為 n－型(n-type)半導體。"P"原子的存在亦可以在其能帶空隙(Band Gap)創造出新的能階稱為"電子授予能階"(Donor Level)，它是非常靠近導電帶(Conduction Band)（圖 7-14）。這個意思是說電子可以比較容易的被提昇進入導電帶，而且該半導體的電子特性是由在導電帶中的這些多餘的電子所控制，所謂 n－型的半導體電子也被視為是主要的載體(Majority Carriers)。

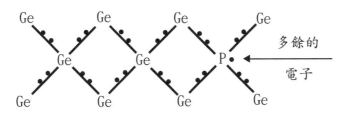

n－型半導體

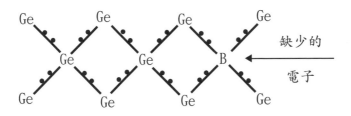

p－型半導體

· 圖 7-13　半導體中 n－型和 p－型的不純物

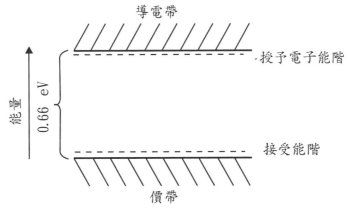

· 圖 7-14　半導體晶體帶空隙中的電子授予能階和接受能階

　　另一方面，如果以一個硼(B)原子來置換鍺，其結果是在半導體中出現了一個多餘的 "電洞" (Hole)。這一類的半導體稱為 P－型(P-Type)半導體。其中，電子特性皆由多餘的 P－型的 "洞" 來主導。硼(B)原子的存在可以在能帶空隙(Band Gap)創造出新的接受能階(Acceptor Energy Level)，而且它很靠近價電帶。(圖 7-14) 所示，存在於價電帶中的電子若持有足夠的熱運動能者，將被提昇至接受能階，然後留下一些多餘的 "洞" (Hole)。如此，不純物的存在可以提供電荷載體(Charge Carrier)的數目，而不論是電子或 "電洞" (Hole)。

　　為要半導體當做放射線的偵檢器使用時，第一要件似乎是要將 n－型或 p－型的半導體物質上加電場，當放射線通過這些晶體時，把創造出來的電荷載體(Charge Carriers)加以收集即可。可是這樣的做法並不實用，為了要利用半導體作為放射線偵檢之用，最好的設計是將 n－型或 p－型半導體加以緊密的接合在一起，也就是形成 p-n 接合(p-n Junction)的效應（如圖 7-15）。如果二種型式（n－型和 p－型）的半導體在一起做接合，在 n-p 接合的旁邊附近可能產生電荷載體移動，即電子向 p-區移動（向左），而 "電洞" 即向 n-區移動（向右）。這個結果將創造出一個區，在這個區之內沒有多餘的 "洞" 或多餘的 "電子"，而且將電荷載體都耗乏掉，所以這個區也稱為耗乏區（或空乏區）(Depletion Region)。同時，這個區也是很強烈的抵抗電流流通的區域，如果放射線入射或通過這個耗乏區並創造出電荷載體，且被吸引朝向 n 或 p，如此則耗乏區即可以被用來當作放射線之偵測器使用。然而，以此法造出來的 p-n 接合，如果沒有任何外加的電壓，亦不能被當作一個放射線的偵檢器使用。因為耗乏區僅是一個很小的空間，因此大部分種類的放射線可以由此通過而不被偵測到。此外，在 p 和 n 附近自然產生的（因為做成 p-n 接合的結果創造出來的）電壓之差異（p 和 n 雙邊之電壓之差異）

並不夠大到一個程度足以把生成的耗乏區的所有的電荷載體收集起來。因此，如果我們在 p-n 接合區域，加上逆向偏壓(Reverse Bias)即可以獲得更好的有用的結果。在 n 這邊加上正的電壓的結果將大部分的載體電子(Carrier Electron)由耗乏區移動出去。另一方面在 p 邊加負的電壓將可以使 "洞" 由耗乏區移動出去。如此加上逆向偏壓可以加強 p-n 接合自然發生的趨勢。當 "電子" 和 "電洞" 互相的由 p-n 接合移動到更遠地方去，耗乏區的大小(Size)將可增大，且對電流的通過亦可增加更大的阻力。所有的半導體偵檢器是依據這個逆向偏壓於 p-n 接合的特性做成的。在實用上，只有在耗乏區內的電子電洞才能被分離而收集，故欲有效偵測射程較遠的高能量或高穿透力輻射，必須選用耗乏區寬度超過輻射在偵檢器內射程的半導體材料。

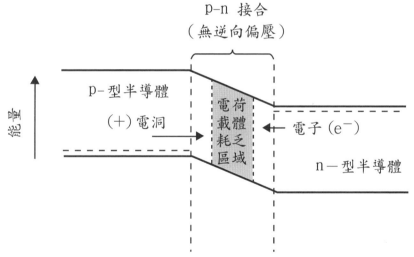

・圖 7-15 半導體 p-n 接合中電荷載體耗乏區域之產生示意圖

7-5 不用電子方法偵測放射線

　　在放射線的應用方面雖然大部分的工作是利用電子系統的偵測方法加以完成，上述 7-2 節至 7-4 節均是說明其應用範圍，在此節將簡單的討論其他種類的偵測系統，它們對於一些特殊的情況也非常有用。

7-5-1 照像板法

　　對於放射線之偵測來說，照像板法(Photographic Plates)是第一種輻射偵檢器型式被使用且最原始的方法（如 1895 年 Becquerel 所採用一般）。入射的放射線與照像用的乳劑板作用，其情形正如與光線作用一樣，該乳劑板中的鹵化銀小粒子將被加以活化。

　　經顯影步驟以後乳劑產生黑暗的區域，那就是與放射線發生過相互作用的區域，在自動放射攝影術(Autoradiography)裡含有放射性物質的部分與照像用乳劑板相接觸，底片顯像後黑化區域出現，而可以產生目的物的影像出來。自動放射攝影術的方法已在生物研究上廣泛的利用，並可以看到放射性示蹤劑在身體器官中的分布。另外，在保健物理領域裡，為了輻射防護及偵測人員對於放射線之曝露所使用的膠片佩章(Film Badges)則是另外一種型式照像偵測的方法，但目前已漸漸被淘汰。

7-5-2 化學劑量測定法

　　通常化學劑量計(Chemical Detectors)是當遇到災害時，所使用的一種偵測法，在此情況下放射的活度通常是極高水平，常在 kCi 或更高等級。此種偵檢器是依據放射線與化學系統之間的互相作用所引發的自由基(Free Radical)來加以測定的，並藉以判定放射線之活度。因自由基可以誘起化學反應，其變化的程度即可以利用普通的化學測定技術加以偵測(Monitoring)。其中最普遍的例子是硫酸亞鐵(Ferrous Sulfate)水溶液又稱為弗立克劑量計(Fricke Dosimeter)，其成分為含 0.001 M FeSO$_4$，0.001M NaCl 及飽和空氣的 0.8N 硫酸水溶液。由於入射輻射的作用，亞鐵離子(Fe^{2+})將被氧化成三價的鐵離子(Fe^{3+})，然後利用光譜儀分析 Fe^{3+} 的濃度，即直接將 304nm 或 224nm 光譜通過劑量計溶液即可推測入射輻射的劑量大小。其主要的化學反應如下列方程式所示。

$$\gamma（或\alpha）+ H_2O \rightarrow OH\cdot + H\cdot$$
$$H\cdot + H\cdot \rightarrow H_{2(g)} \uparrow (Recombination)$$
$$OH\cdot + Fe^{2+} \rightarrow Fe^{3+} + OH^- (Oxidation)$$
$$Fe^{3+} + SCN^- \rightarrow Fe(SCN)^{2+}（深紅色）$$

Fe(SCN)$^{2+}$是深紅色的錯鹽離子，其濃度可以利用光譜儀測定之，偵測系統亦可以利用已知劑量大小的放射線來加以校正。而通常為了要加強其穩定度，該溶液需保持在無氧狀態(Oxygen-free)的密閉容器中。

7-5-3 溫度偵檢系統

另一種偵測系統可以利用非常高放射線活度（kCi 程度）的 α 發射體或正在進行自發分裂反應的放射性核種，將待測的放射線源放置在靈敏的溫度卡計(Calorimeter)中，在裡面所有發射出來的放射線的能量，也就是由阿伐粒子或由分裂的碎片所放出來的能量完全加以吸收(Dissipated)，最後以該系統的整個設備的溫度之上昇顯示出來，溫度卡計的溫度上升與所需時間之間的關係可以用以表示放射線之活度。此類型是度量輻射與物質作用所產生的熱量來標定輻射劑量，故亦稱為熱卡計偵檢器(Calorimetric Detectors)。

7-5-4　熱發光劑量計

　　將一些無機晶體暴露於輻射線，其結果是把原來在價電子帶上的電子加以激發至傳導帶上，這個過程已在第 7-3 節閃爍偵檢器的討論中提到。用在熱發光劑量計(Thermoluminescence Detectors, TLD)上面的晶體擁有將電子捕獲後加以保留的特性。因此不會馬上產生光線之發射，如果晶體暴露於放射線之後經過一段時間，予以加熱給予足夠的能量，它可將以前捕獲保留的電子釋放出來，並加以制激(De-excitation)，而使其發生光子，發射出來的光的強度與晶體所接收的放射線劑量成正比，這是所謂 TLD 的原理。為要做成 TLD 之材料，所選擇的物質常依據要測定何種類的放射線而定。TLD 晶體對於 X-ray、加馬粒子、貝他粒子及質子，在很廣範圍的暴露強度內都會有對應。氟化鋰(LiF)是最理想的選擇材料，它具備了合理的靈敏度，且系統足夠穩定，不會很容易的再發射能量，且 LiF 的有效原子序數為 8.31 也很接近人體生物組織，如水為 7.51，肌肉為 7.64，脂肪為 6.46，骨骼為 12.31。另外，$CaSO_4 : Mn$（在此 Mn 是一種活化劑，Activator）晶體對放射線亦很靈敏，但其缺點是不能完全的保留陷住的電子，所以會造成所謂電子的"消失"(Fading)，而影響計讀準確性。另一方面，$CaF_2 : Mn$ 是不會有"消失"效應，但對於放射線不夠靈敏，因此選擇適當的熱發光晶片是需要依使用的需求考量來決定。目前，市面上常用的熱發光劑量計有 $LiF : Mg$, Ti 和 $CaF_2 : Mn$ 以及 $CaSO_4 : Dy$ 與 $Li_2B_4O_7 : Mn$ 等材料，其中 Mg, Ti, Mn, Dy 等元素是為製造 TLD 時添加的活化劑，以產生介穩態能階。上述不同材料皆有不同的特性，商品成品一般有圓盤狀、粉狀、棒狀、片狀等可視實際需求選用。

7-6 中子偵測器

　　中子是不能很有效的以過去所討論的任何基本的偵檢器來加以偵測，因為中子與物質的相互作用是經由散射(Scattering)及核反應，而不是以原子的游離或激發的方式，但由於以中子誘起的反應產物中常常有帶電荷的粒子或加馬粒子，這些可以使用以前所討論的儀器加以偵測之，所以只要將偵測器的系統加以變化即可以充作偵測中子之用。

7-6-1 熱中子偵測器

　　熱中子(Thermal Neutron)不引起顯著的散射反應，所以利用產生帶電荷粒子的核反應是其偵測法的基礎。最常被利用於中子偵測的熱中子相互作用是 $^{10}B\ (n,\ \alpha)^7 Li$。事實上，它是利用反應中形成的阿伐粒子加以偵測的。游離腔或比例計數器即可以用於偵測中子，使用 $^{10}BF_3$ 當作充填氣體，在腔中將以含有 ^{10}B 的物質塗上腔壁做內襯(Lining)，可使阿伐粒子生成後不易逃出腔外而被偵測。$^3He\ (n,\ p)\ ^3H$ 反應亦可以利用，在游離腔及比例計數器 ^3He 是以氣體方式被使用，質子是以粒子型態被偵測。^3He 極為昂貴，所以此法相對於 ^{10}B 的方法而言，不是很廣泛的被使用。其他高中子截面(σ)而有用的中子反應為 $^6Li\ (n,\ \alpha)\ ^3H$ 反應，然而此反應並不用於游離腔或比例計數器，因為沒有恰當的氣體存在，可能比較方便使用此反應的是利用與碘化鈉閃爍偵測器類似的碘化鋰(LiI)晶體，它可作為中子偵測器和閃爍體使用。此方法可以提供好的中子偵測效率，因為偵檢器的材質是比較高密度的固體而不是氣體。Li 化合物亦可以分散於其他閃爍體，如 ZnS 等使用。此外，放射捕獲反應($n,\ \gamma$)並不常用於作一般簡單的中子偵檢。但 $^{113}Cd\ (n,\ \gamma)\ ^{114}Cd,\ ^{115}In\ (n,\ \gamma)\ ^{116m}In$ 兩個中子捕

獲反應(Neutron Capture Reactions)卻常被用來作熱中子偵測，因為此二反應均具有很高的中子截面，而且可以用來測定來自核反應器或來自其他中子源的中子束(Neutron Fluxes)。

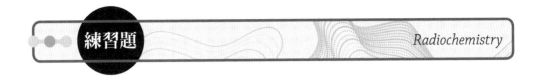

練習題　　　　　　　　　　　　　　　　　　*Radiochemistry*

一、選擇題

(　)1. 輻射偵檢器基本上可視為一種什麼儀器？　(A)能量的轉換器　(B)信號的處理器　(C)影像的顯示器　(D)影像的傳輸器。

(　)2. 在工程上將某一物理量或能量轉換成其他形式的轉換裝置皆可稱為轉換器(Transducer)，以電學的觀點而言，物理量經轉換所得的信號可以是下列哪一項的變化值？　(A)電壓　(B)電流　(C)電阻或電容量　(D)以上皆對。

(　)3. 由於轉換器所輸出的信號往往都很微弱，故無法推動輸出轉換裝置，所以在二者之間常需加上什麼電子組件以增加信號之電壓、電流或功率等，才能使輸出轉換裝置正常運轉？　(A)顯示器　(B)放大器　(C)電阻器　(D)電容器。

(　)4. 一般說來，電能的使用大致可分成兩大類，一是信號的處理，一是能量的轉換。在了解電能的處理過程中所使用的元件，它的特性、原理以及運用方法為何，是屬於下列那一學門或工程的學習領域？(A)電子學　(B)控制系統　(C)電磁學　(D)電機工程學。

(　)5. 學習輻射偵測的目的為何？　(A)了解游離輻射的強弱或能量及種類，作為輻射應用的重要資訊　(B)保障職業工作人員及一般民眾的輻射安全及健康福祉　(C)偵測生活環境及工作場所等是否遭受放射污染，確保生態環境的永續發展及安全無虞的工作環境　(D)以上皆是。

( )6. 輻射和物質作用模式，常產生下列何種反應，可據以設計成各種
不同輻射偵檢器？　(A)電和光的信號　(B)化學和熱量變化　(C)
核反應　(D)以上皆是。

( )7. 下列何者"不是"天然游離輻射的來源？　(A)在地表測得的二次
宇宙射線　(B)空氣中微量的氡(Rn-220, Rn-222)　(C)存在人體內
的放射性核種，如鉀-40，碳-14　(D)核試爆的放射性落塵
(Fallout)。

( )8. 人造游離輻射的來源中，以下列哪一項所占比率最高？　(A)醫療
用的輻射，如醫用 X 光，電腦斷層攝影的照射　(B)核試爆的放射
性落塵　(C)核能電廠與研究用反應器的輻射　(D)民生與工業界
的輻射應用。

( )9. 下列哪一項物理參數常被用來鑑別游離輻射的種類？　(A)偵測效
率　(B)能量解析度　(C)無感時間　(D)放射比度。

( )10 下列哪一個值，所代表的輻射偵檢器的解析度(R)最佳，核種能量
的鑑別能力最好？　(A)6%　(B)10%　(C)12%　(D)20%。

( )11.FWHM 代表一個輻射能譜波峰的全寬半高值，其大小與下列那項
參數有關？　(A)偵測效率　(B)無感時間　(C)能量解析度　(D)以
上皆對。

( )12.下列何者主要是造成輻射偵檢器無感時間(Dead Time)的原因？
(A)放射性衰變的隨機特性，有某些機率使真實事件損失　(B)偵
檢器本身的特性　(C)系統組件電子電路的限制　(D)以上皆是。

( )13.下列那一項操作因素可能造成輻射偵檢器無感時間損失最嚴重，
影響度量準確度亦最大？　(A)高計數率　(B)低計數率　(C)高能
量入射粒子　(D)低能量入射粒子。

( )14. 利用以下核反應如：$^{10}B+^1n \rightarrow ^4He+^7Li$ 或 $^6Li+^1n \rightarrow ^3H+^4He$，可用來作為輻射偵檢器原理，偵測那一種輻射？ (A)加馬射線或 X 光 (B)阿伐及貝他等荷電粒子 (C)中子 (D)以上皆可。

( )15. 硫酸亞鐵溶液或稱為弗立克(Fricke)劑量計，是利用下列哪項作為輻射偵測的原理？ (A)游離 (B)激發 (C)化學變化 (D)熱量變話。

( )16. ZnS, NaI, $CaSO_4$, LiF 等閃爍偵檢器主要的輻射偵測原理為以下何項？ (A)游離式 (B)激發式 (C)化學劑量計 (D)熱卡計。

( )17. 下列哪一種偵檢器是利用輻射和物質作用產生正、負離子對，再收集正或負離子的信號，以評估輻射的質與量？ (A)中子偵檢器 (B)熱發光劑量計 (C)氟化鋰閃爍偵檢器 (D)游離腔。

( )18. 入射輻射與充氣式偵檢器管腔內氣體甚至管壁起游離作用產生離子對，此種游離的產生稱為 (A)一次游離(Primary Ionization) (B)二次游離(Secondary Ionization) (C)激發游離 (D)感應游離。

( )19. 當充氣式偵檢器的工作電壓夠高，一次游離所產生的正負離子或自由電子往往獲得足夠的能量再產生更多的游離，此種游離稱為 (A)二次游離 (B)飽和游離 (C)比例式游離 (D)以上皆非

( )20. 針對充氣式偵檢器的設計原理，如果入射的輻射強度（粒子數）維持不變，逐漸增高所加電壓，可顯示出每次游離所收集到的離子對數目（亦即測到的訊號大小）與所加電壓或電場強度的關係，此圖稱為充氣式偵檢器的 (A)標準曲線 (B)特性曲線 (C)衰變曲線 (D)核反應曲線。

( )21.充氣式偵檢器的特性曲線圖中，下列哪一區域可被用來應用於輻射偵測？　(A)再結合區　(B)飽和區　(C)有限比例區　(D)連續放電區。

( )22.充氣式偵檢器的特性曲線中，哪一區域脈衝高度正比於原始離子對的數目，即 $Q = n_0eM$，式中 Q 為收集總電量，n_0 為原始離子對，e 為電子所帶的電荷，M 為平均氣體放大因子。　(A)飽和區　(B)比例計數區　(C)有限比例區　(D)蓋革計數區。

( )23.充氣式偵檢器的特性曲線中，哪一區域會因電壓持續升高造成二次游離，且因產生的正離子移動較緩慢造成在陰極的濃度過高，致使空間電荷(Space Charge)嚴重影響偵檢器內電場的分布而使外加電壓和電場的關係呈非線性關係？　(A)游離腔區　(B)有限比例區　(C)再結合區　(D)蓋革計數區。

( )24.在充氣式偵檢器的特性曲線中，下列哪一區域沒有氣體增殖(Gas Amplification)現象產生？　(A)游離腔區　(B)比例計數區　(C)有限比例區　(D)蓋革區。

( )25.試計算能量為 5.0 MeV，放射活度為 10^3 dps 之阿伐粒子，在游離腔內將產生多少安培(Amp)的電流？假設阿伐粒子游離產生的電荷百分之百(100%)可以被收集，且產生一離子對的 W 值為 35.2 eV，一個電子的電荷量相當於 1.6×10^{-19} 庫侖(C)，1 安培等於 1 庫侖/秒。　(A)2.2×10^{-9} (B)2.2×10^{-11} (C)2.2×10^{-13} (D)2.2×10^{-15}

( )26.依據使用電子電路(Electrical Circuit)的型式不同，游離腔偵測的電子信號(Electrical Signal)可以下列哪一種方式表示？　(A)電流　(B)電壓脈衝　(C)聚集的總電荷量　(D)以上皆對。

(　)27.下列那一型的游離腔在偵測放射性氡氣體（ α 粒子）以及碳-14
（弱 β 粒子）氣體特別有用，尤其針對碳-14 定年法之 $^{14}CO_2$ 的計
數效率幾可達 100%？　(A)脈衝型　(B)直流型　(C)靜電式　(D)
電荷聚集式的。

(　)28.比例計數器所充填的氣體為何者？　(A) He　(B)空氣　(C) P-10
氣體(90% Ar, 10% CH₄)　(D) Ar。

(　)29.比例計數器最常充填 P-10 氣體，它含有 90% 氬氣及 10% 甲烷，
其中甲烷的主要作用為何？　(A) filler gas　(B) quenching agent
(C) oxidation agent　(D) reduction agent。

(　)30.比例計數器的回應時間(Response Time)快，主要導因於僅有電壓
脈衝操作型式，其理由為何？　(A)訊號是利用自由電子的收集，
而不收集移動緩慢的正離子　(B)有湯氏突崩現象　(C)訊號收集
主要依靠負離子　(D)氣體倍增現象可以控制，且與入射的放射線
所產生的起始離子對數目成線性比例關係。

(　)31.充氣式偵檢器中，適合用來偵測低能量 X 射線能譜，以及用來偵
測中子的是哪一種？　(A)游離腔　(B)比例計數器　(C)蓋革計數
器　(D)以上皆非。

(　)32.放射線偵測之原理及系統配置為何？　(A)偵檢器→計數器→放大
器　(B)放大器→計數器→偵檢器　(C)偵檢器→放大器→計數器
(D)計數器→偵檢器→放大器。

(　)33.游離腔偵檢器中，電子經陽極吸收成電流，試問輸出電流大小與
入射劑量率成何比例關係？　(A)正比　(B)反比　(C)平方正比
(D)沒有關係。

(　)34. 游離腔偵檢器一般使用之電壓為　(A)50~300 伏特　(B)300~500
伏特　(C)500~800 伏特　(D)800~1000 伏特。

(　)35. 比例計數器一般使用之電壓為　(A)100~300 伏特　(B)200~500 伏
特　(C)500~800 伏特　(D)1000~1200 伏特。

(　)36. 比例計數器所用電壓較游離腔高，其脈衝大小與電壓成　(A)平方
正比　(B)反比　(C)正比　(D)無關。

(　)37. 下列哪一種充氣式偵檢器用來偵檢阿伐粒子最有利？　(A)游離腔
(B)比例計數器　(C)蓋革計數器　(D)劑量筆。

(　)38. 下列何種偵檢器電子信號放大率最大？　(A)游離腔　(B)比例計
數器　(C)蓋革計數器　(D)閃爍偵檢器。

(　)39. 蓋革計數器所使用之工作電壓約為何？　(A)100~300 伏特
(B)300~500 伏特　(C)500~700 伏特　(D)700~1000 伏特。

(　)40. 比例計數器中所填充之氣體為何？　(A)氬　(B)甲烷　(C)90%氬
氣和 10%甲烷　(D)空氣。

(　)41. 游離腔內所充入之氣體為何？　(A)空氣或氬氣　(B)甲烷　(C)P-10
(D)氫氣。

(　)42. 充氣式偵檢器的偵測原理主要為　(A)游離　(B)激發　(C)核反應
(D)化學變化。

(　)43. 袖珍劑量筆係屬於小型的何種偵檢器？　(A)蓋革計數器　(B)游
離腔　(C)比例計數器　(D)無機閃爍偵檢器。

(　)44. 輻射偵測儀表因輻射能量變化，其反應亦隨之變化的現象稱之
為？　(A)線性關係　(B)能量依持性　(C)再現性　(D)方向性。

( )45.蓋革計數器所充填的氣體為何？　(A)氦氣或氬氣　(B)空氣　(C) P-10　(D)氫氣。

( )46.下列何者屬於常見的中子偵檢器？　(A) BF_3 比例計數器　(B)蓋革計數器　(C) Ge(Li)偵檢器　(D)游離腔。

( )47.目前常使用的輻射偵測儀器，哪一種不是屬於充氣式偵檢器？(A)游離腔　(B)比例計數器　(C)蓋革計數器　(D)碘化鈉（鉈）閃爍偵檢器。

( )48.游離腔之度量建立於電子平衡下，而其工作範圍在下列哪一區域？　(A)再結合區　(B)飽和區　(C)有限比例區　(D)連續放電區。

( )49.所謂湯生突崩(Townsend Avalanche)實際上是一種什麼現象？　(A)電子訊號功率放大現象　(B)二次游離產生的氣體倍增（增殖）現象　(C)氣體連續放電現象　(D)電子制激過程伴隨的效應。

( )50.下列哪一種輻射偵檢器因二次電子的嚴重氣體增殖，導致產生多重覆的假訊號，故需要作淬熄(Quenching)？　(A)游離腔　(B)蓋革計數器　(C)無機閃爍偵檢器　(D)半導體偵檢器。

( )51.下列哪一種充氣式偵檢器適合於作每天例行性的放射污染檢查或用來尋找遺失的射源？　(A)游離腔　(B)比例計數器　(C)蓋革計數器　(D)袖珍劑量筆。

( )52.偵測 ^3H 和 ^{14}C 的弱 β^-，以下列哪一種偵檢器最佳？　(A)蓋革計數器　(B)液態閃爍偵檢器　(C)碘化鈉（鉈）偵檢器　(D)半導體偵檢器。

(   )53. 恢復電場強度所需的時間稱為？　　(A)Recovery Time
(B)Resolving Time　(C)Dead Time　(D)Response Time。

(   )54. 氟化鋰熱發光劑量計加熱計讀時，會產生輝光曲線(Glow Curve)，
此曲線下的面積可用來評估什麼？　(A)輻射的種類有多少種
(B)入射輻射的加馬能量大小　(C)人員所受輻射劑量多寡　(D)以
上皆是。

(   )55. 下列有關熱發光劑量計之敘述，何者"錯誤"？　(A)熱發光劑量
計中的資料，一旦加熱計讀後即行消失，故不可重覆再行使用
(B)熱發光劑量計是屬於人員劑量監測計的一種　(C)可做為指環
劑量計，以偵測手皮膚的劑量　(D)熱發光劑量計也可用來偵測貝
他輻射或中子。

(   )56. ^{7}LiF 和 ^{6}Li$_2$^{10}B$_4$O$_7$ 二種材料可用來作為偵測哪一種輻射之劑量
計？　(A)阿伐粒子　(B)貝他粒子　(C)光子　(D)中子。

(   )57. 膠片佩章(Film Badge)是屬於人員劑量偵測儀器的一種，但目前已
逐漸淘汰而被熱發光劑量計所取代，主要原因為何？　(A)靈敏度
較差　(B)AgBr 原子序與人體組織原子序相差太大需校正　(C)易
受潮及不能耐高溫　(D)以上皆是。

(   )58. 有機閃爍偵檢器中較普遍使用的波長轉移劑(Wavelength Shifter)為
下列何者？　(A)甲苯　(B)PPO（2,5-二酚化合物）　(C)POPOP
(D)四苯丁二烯。

(   )59. 下列哪一種偵檢器需調製所謂的閃爍雞尾酒 (Scintillation
Cocktail)？　(A)NaI(Tl)無機閃爍偵檢器　(B)液態閃爍偵檢器
(LSC)　(C)半導體偵檢器　(D)蓋革計數器。

(　　)60.氟化鋰(LiF)的有效原子序很接近人體生物組織故常用來作為人體 劑量計的材料，其值約為何？　(A)7.51　(B)6.46　(C)8.31　(D) 12.31。

二、填充題

1. 目前應用最廣泛的閃爍偵檢器，有無機的鹵化鹼金屬晶體，以＿＿＿＿＿ 最常用；以及有機的液體及塑膠。

2. 同上題，＿＿＿＿＿＿閃爍偵檢器有較好的光輸出與線性，但其＿＿＿＿＿＿ 回應時間較慢；＿＿＿＿＿＿閃爍偵檢器回應很快，但光的產率較少。 （請填有機或無機）

3. ＿＿＿＿＿＿閃爍晶體密度高，組成原子序亦高，適用於加馬能譜分析， 而＿＿＿＿＿＿閃爍偵檢器則常用於貝他能譜分析與快中子偵檢。（請填 無機或有機）

4. 為何有機閃爍偵檢器測量不到加馬射線能譜波峰？ 答：＿＿＿＿＿＿＿＿＿＿＿＿＿＿＿

5. 液體閃爍偵檢器(Liquid Scintillion Counter, LSC)主要用來偵測哪一種 游離輻射？ 答：＿＿＿＿＿＿＿＿＿＿＿＿＿＿＿

6. 有機閃爍體可加入＿＿＿＿＿＿，利用其對中子的高吸收截面而行偵測中 子。

7. 所謂閃爍物質，或稱為閃爍體(Scintillator)是指吸收能量之後會放出＿＿ ＿＿＿之物質。

8. 無機物質的閃爍機制取決於物質結晶格子的能態。一般而言，電子只能存在於物質中不連續的能帶，而分成絕緣體或半導體。較低的能帶稱為_____帶，代表電子基本上限制於晶格位置，而_____帶代表電子具有足夠的能量可以自由在整個結晶移動，在中間的能帶稱為_____帶，對於純晶體在此能帶中電子不存在。

9. 無機閃爍晶體吸收能量將一個電子由其正常在價電帶的位置提昇穿過帶隙(Band Gap)進入傳導帶，而在價電帶產生一個_____(Electron hole)，對純晶體而言，電子回到價電帶而發射光子為沒有效率的過程，且典型的帶隙寬度很大，導致其光子能量太高而在可見光的範圍之外。為增加在降激發過程中發射可見光的機率，通常在無機閃爍體中加入少量的雜質(Impurity)，此雜質稱為_____(Activator)，藉以縮小純晶體正常能帶寬度，而在晶格中產生特殊的位置，如碘化鈉晶體中加入_____，可使光輸出增加 10 倍。

10. 續上題，閃爍偵檢器的作用主要是閃爍體電子的_____原理。（請填激發或游離）

11. 閃爍偵檢器的作用原理如下：
    (1) 閃爍體吸收輻射後，將電子激發至激態並陷入_____能階上。
    (2) 陷入活化體能階之電子回到基態(Ground State)，以_____釋出過多的能量。
    (3) 螢光打到_____的光陰極上，並放出電子。
    (4) 電子向第一正電極加速而放大，產生 4 至 6 倍的二次電子。
    (5) 正電極的電壓後一級比前一級高，因此電子逐級被吸收而放大，產生極多的電子。
    (6) 最後一級電極的輸出是_____，其高度正比於原始輻射的能量。

12. 半導體偵檢器(Semiconductor)又稱為_____偵檢器，其運作原理在基本上與游離腔偵檢器(Ion Chamber Detector)相同，（皆利用_____原理），唯一不同處是以半導體介質代替前者兩極之間的氣體，對相同之入射輻射能而言，因產生一對點子-電洞對所需能量較_____（請填大或小），故會生成較_____（請填多或少）之電子-電洞對，可降低計測之統計誤差，並提高對能量之_____(Resolution)。

13. 對 Si 而言，產生一對電子-電洞所需能量_____eV；對 Ge 而言，產生一對電子-電洞所需能量為_____eV。

14. 半導體內的電子-電洞對，可經由_____(Thermal Excitation)方式產生，亦可經由_____作用產生。

15. 當輻射進入半導體內，如果不外加電場，則電子和電洞很快會_____(Recombination)而消失，因此須外加電場將二者分離，並為兩端電極所收集，而於外電阻產生_____訊號，此訊號正比於入射輻射的能量，所以半導體偵檢器可作為_____分析以鑑別核種。

16. 均勻的半導體是否適合作為偵檢器使用？為什麼？

    答：_____。

17. 半導體偵檢器必須做成具有_____作用之 p-n 或二極體的形式，以減少漏電所引起之_____，同時為了增加電子-電洞的收集效率，半導體偵檢器在工作時必須加上相當高的_____向電壓（請填順或逆），使其內部形成一個高電場的_____(Depletion Region)，只有在空乏區內的電子-電洞才能被分離而收集，故欲有效偵測射程較遠的高能或強穿透力輻射，必須選用空乏區寬度超過輻射在偵檢器內_____的半導體材料。

18. 同上題，增加空乏區寬度的方法通常有二，其一為外加一很高的＿＿＿＿＿＿(Reverse Bias)，但其值大小受材料特性限制，過高高壓致材料崩潰(Breakdown)。另一方法為減少半導體內的＿＿＿＿＿＿濃度，這與半導體的純化技術有關；以鍺(Ge)晶體為例，目前最純的 Ge 晶體其雜質濃度可控制在 $3×10^{10}$cm^{-3} 左右，其在 3000V 逆向偏壓下之空乏區寬度約可達 2 公分，以此做成之偵檢器稱為＿＿＿＿＿＿(HP Ge Detector)。

19. 1960 年，Pell 提出利用鋰(Li)原子與 P 型雜質的互補作用(Compensation)來降低有效雜質濃度(Effective Impurity Concentration)大大擴展了矽半導偵檢器內＿＿＿＿＿＿的寬度，而鋰原子的互補作用必須經由鋰漂移(Lithium Drifted)的方法才能達到，故此種偵檢器又稱鋰漂移矽偵檢器，簡稱矽（鋰）[Si(Li)]偵檢器。同樣製作原理，鍺（鋰）[Ge(Li)]亦是利用鋰原子漂移的方法形成空乏區。

20. Si(Li)和 Ge(Li)在室溫下鋰原子在矽鍺晶體中，具有相當大的移動性必須經常保持在低溫（一般指在＿＿＿＿＿＿的溫度）下，偵檢器特性才不會變壞。

21. 鍺（鋰）偵檢器對加馬射線的偵測效率不如同體積的 NaI(Tl)偵檢器，但其＿＿＿＿＿＿則遠優於後者，許多用 NaI 閃爍計數器無法分辨出的能峰(Energy Peak)，用（鍺鋰）偵檢器可清楚分辨出來，能量解析度佳尚有一個優點，即可在高＿＿＿＿＿＿之背景中找出很微弱的輻射能峰信號。因為假使偵檢器的計測效率相同，則能譜中每一能峰所包含的面積均等。此時，能量解析度差的則其能峰寬而小很容易隱沒於雜訊中，反之，能量解析度佳的則能峰＿＿＿＿＿＿而＿＿＿＿＿＿，很容易找出能峰之位置所在，此優點在某方面亦稍可彌補 Ge(Li)偵檢器效率差的缺點。

22. Ge(Li)偵檢器對高能量加馬射線的偵測效率大約只有同體積 NaI(Tl)偵檢器的_____倍，且大體積的 Ge(Li)偵檢器不易製作，成本昂貴，必須經常保持在液態氮的溫度，使用上有許多不便，故 Ge(Li)偵檢器主要應用在需要高能量解析度的核種分析上，一般對於單一核種的偵測或加馬射線的強度偵測應用上，仍以價格相對較為低廉而效率又高的_____為主。

23. _____偵檢器由於沒有鋰原子漂移處理的不穩定現象，故可以保存於室溫中而不虞變壞，但在使用時為減少漏電流發生，仍需冷凍至液態氮的溫度才能正常工作，其工作特性及應用範圍與 Ge(Li)偵檢器相似。

24. 常用來評估偵檢器能量鑑別力的條件參數是_____(FWHM, full width at half maximum)，尤其是鑑別加馬核種的能量解析度(Resolution)。

25. FWHM 通常以_____單位來表示。

26. 假設一加馬能譜中，已知一能峰(γ-ray peak)其能量大小為 E，該能峰(Peak)的 FWHM 為 $\Delta E_{1/2}$，則偵檢器的能量解析度(R, resolution)可以何值來表示？即 R=_____。

27. 一般 X 光機所使用的整流器，通常是用那一種半導體材料製成的。
答：_____。

28. 同上題，矽整流器是由滲入雜質如_____，而變成 P 型矽以及滲入雜質如_____，而變成 n 型矽的矽片所組成。

29. 同上題，P 型矽是電子的_____者，n 型矽是電子的_____者。
（請填接受者(Acceptor)或授與者(Donor)）

30. 在整流器裡，電子是由＿＿＿＿向＿＿＿＿流動，也就是電流是由＿＿＿＿向＿＿＿＿＿流動。（請分別填入 p 或 n）

三、問答題

1. 請說明充氣式偵檢器特性工作曲線之六個區域之名稱、工作電壓、特性及能否作為充氣式偵檢器？

2. 請說明何謂「一次游離(Primary Ionization)」？何謂「二次游離(Secondary Ionization)」？

3. 試以蓋格計數器說明何謂淬熄(Quenching)？如何降低或消除淬熄以增加計數器壽命？

4. 實驗室中有蓋革計數器(GM counter)、液態閃爍計數器(Liquid Scintillation Counter, LSC)、高效益純鍺半導體偵檢器(High Performance Germanium Detector, HPGe)、井型碘化鈉無機閃爍計數器(Well-type Inorganic Scintillation Counter)、游離腔(Ion Chamber)、熱發光劑量計(Thermoluminescence Detectors, TLD)。試問下列的情況選用哪一種儀器最合適，您的理由和依據是甚麼？
   (1) 要量測可能不小心接受放射汙染之工作人員尿中氚(Tritium; H-3)的濃度？
   (2) 要監測工作人員近一個月來皮膚所受劑量是否超過法規限值？

Radiochemistry

第 8 章

放射計數統計

前　言

　　放射性核種產生衰變時，並不意謂所有的每一個放射性核種原子核，在同一時間內一起引發衰變的現象，而僅是其中的極小部分的一些核種在進行衰變。換言之，此現象係一種屬於完全隨機發生的事件(Entirely Random Event)。當在觀察由很大量數目的放射性核種所組成的試樣時，並不可能預測那一個特定的放射性核種的原子核，在下一個時刻之內將要衰變，而僅能對整個試樣描述其衰變過的放射性核種的總數目而已。從另一角度來說，衰變現象並不是所有的每一個放射性核種的原子核均產生衰變而是在所有的放射性核種中，僅由一部分原子核從頭開始一直衰變至完全崩解產生另一核種為止，然而在其他的放射性核種的原子核中，仍然可能沒有引起任何變化。至於那幾個放射性核種的原子核應該起衰變，這個問題就要以統計的方法加以處理。因此，放射性的衰變偵測，必須觀察大量的衰變次數，藉以符合隨機過程(Random Process)的特性，始可利用且符合統計方法處理。

　　放射計數是一種度量，也是一個物理量，度量必定出現度量誤差。誤差並不是錯誤，而是一定量中的小變化。我們通常對原始數據（例如一段時間的計數值）不太感興趣，一般的做法是將一組原始數據加以處裡，以得到有用的數據。例如求出平均值，扣除背景計測值，除以計測時間以求得計數率等。這些運算的過程均須考慮到誤差的變化，此即稱為誤差的擴展(Error Propagation)。本章節從放射計數統計學(Statistics of Counting)的觀點討論各種運算過程的誤差處裡，以及計測時間如何最適化(Optimization)等，內容包含誤差、準確度和精密度、標準誤差、百分標準誤差的定義與演練，也包含計數率標準誤差、標準誤差加、減、乘、除的運算與計數時間的分配介紹。放射統計學專業領域較為艱深，亦已超過本書探討主要範圍，但仍加入基礎相關放射度量之統計理論與實測範例介紹，期能有助於初學者對放射性試樣的計數及誤差處理，及其準確度和精密度的測量與觀念有一清晰的認識，以有效提升放射計數實驗的品質與品保。

8-1 誤差、準確度和精密度

放射性衰變的活性度量、放射性同位素半衰期的量測等都必須透過放射儀器來加以計數量測，然而，任何測量使用計數儀器加以測量必定會有所謂的誤差(Error)產生，尤其在放射性物質之量測。統計學上可將誤差簡單概分為系統誤差(Systematic Error)和隨意誤差(Random Error)。

系統誤差又稱為可測誤差(Determinate Error)的產生，常起因於實驗儀器發生故障或不適當的實驗步驟，例如，實驗器具的不正確或缺陷、看錯或記錯實驗結果數據、實驗方法與操作不正確、過濾不完全沉澱，系統誤差可以藉由校正或從新修正檢測等方式以達到正確，或細心規畫嚴謹控制實驗條件步驟等將誤差降至最低。

隨意誤差又稱不可測誤差(Indeterminate Error)是由於不可控制的變因或實驗條件的變動所引起，例如，量測放射性衰變計數時，會因為度量儀器高電壓的波動而產生誤差。此外，放射性衰變本身的無規散亂過程，如 α、β、γ 射線釋出即為隨意過程，縱使使用同一測定放射樣品、同一度量儀器、同一測定位置及條件，所測定的計數值與立刻再計數的計數值，亦會有不同之結果數據，因此以統計方法來處理是必要的。

準確度或稱精準度(Accuracy)表示為某一次測量值與真實值(True Value)間的接近程度；精密度則是用來表示一組測量值的再現性(Reproducibility)者稱為精密度(Precision)，即測量值與平均值的誤差。必

須瞭解平均值可能與真實值相差很大。一般測量值愈接近平均值時其精密度愈高。例如，放射免疫分析中，將同一檢體重複分析，目的是為了評估精密度。另外，測量值愈接近真實值時，其準確度愈大。隨意誤差的減少可增加精密度，但是要增加準確度，則必須同時減少系統誤差和隨意誤差。

8-2 標準誤差

一組測量值的標準誤差（或稱為標準偏差或標準差）(Standard Deviation, S.D.)，可以表示一組樣品測量結果的精密度；一般放射性衰變均遵循波氏分布（配）定律(Poisson Distribution Law)，即一組放射性樣品的平均計數(Average Count)所得為 n 時，則其標準誤差可寫為：

$$\sigma = \sqrt{\bar{n}} \quad\text{..(8.1)}$$

此種情況下平均計數可表示為：

$$\bar{n} \pm \sigma \quad\text{..(8.2)}$$

放射性測量中的標準誤差，表示放射性衰變的統計變動，若一個放射性樣品的單一計數為 n，其值相當大而接近於 n，則 n 估計非常靠近平均值 $\bar{n}$，並可取代方程式(8.1)中的 $\bar{n}$，因此(8.1)式可改成

$$\text{標準誤差} \quad \sigma = \sqrt{n} \quad\text{..(8.3)}$$

例 8-1

一放射活性樣品偵測計數為 10,000，則其測量的標準差為何？又另一個放射性樣品為 40,000 計數，則其標準差為何？

解

偵測計數為 10,000，則其測量的標準差即為 $\sigma = \sqrt{n} = \sqrt{10000}$，亦即為 100 。

同理，放射性樣品為 40,000 計數，則其標準差 σ 等於 200。

若對一個放射性樣品重複作一系列測量，可得計數的平均值 n，依據高斯分布(Gaussian Distribution)，所有測量值的 68.3 %會落在平均值周圍一個標準差內，亦即 68.3%測量值在平均值(the Mean Value)的 ±1 標準誤差之內，即 $(\overline{n} - \sigma)$ 至 $(\overline{n} + \sigma)$。類似地統計，所有測量值的 95.5 % 將會落在平均值周圍 ±2 個標準差之內，即 $(\overline{n} - 2\sigma)$ 至 $(\overline{n} + 2\sigma)$。且有 99.7%之測量值會落在平均值周圍 ±3 個標準差之內，即 $(\overline{n} - 3\sigma)$ 至 $(\overline{n} + 3\sigma)$。高斯分布是描述輻射計測的模型中最簡化的一種。由高斯分布函數，可進一步計算一組計測數據之中與平均值相比較，偏差小於某一特定值的機率。

 例 8-2

吾人測得一個計測數據 $x = 100$，$\sigma = 100^{1/2} = 10$，假設此計數分布符合高斯分布，試計算在 $x \pm 0.67\sigma$，$x \pm \sigma$，$x \pm 1.64\sigma$，$x \pm 2\sigma$，$x \pm 2.58\sigma$，$x \pm 3\sigma$ 區間，各種不準度的意義。

解

單一計測值為 100 時，各種誤差區間的意義如下表：

區間		在區間包含真正計測值 $x^{1/2}$ 的機率
x ± 0.67 σ	93.3 - 106.7	50 %
x ± σ	90 - 110	68.3 %
x ± 1.64 σ	83.6 - 116.4	90 %
x ± 2 σ	80 - 120	95.5%
x ± 2.58 σ	74.2 - 125.8	99 %
x ± 3 σ	70 - 130	99.7 %

■ Radiochemistry ■

8-3 百分標準誤差

計數資料的統計分析中較實用的量稱為百分標準誤差(Percent Standard Deviation)，其定義為：

$$百分標準誤差\%\,\sigma \;=\; \frac{\sigma}{n}\times100 = \frac{100\sqrt{n}}{n} = \frac{100}{\sqrt{n}} \quad\text{.................(8.4)}$$

式(8.4) 顯示當 n 增加時，百分標準誤差 %σ 將減少，亦表示測量的精密度增加。

因此放射性樣品的計數中增加計數的量，可增加精密度。例如，臨床上放射免疫分析之檢查，其檢體的計數與時間之關係為檢體計數時間愈長，因 n 增加，故百分標準誤差也愈小。

例 8-3 ──────────

樣本計數需測到多少才能在 95.5% 的信賴區間內有 1% 的誤差？類似的觀念，若一放射樣品需測至 2 % 誤差，其信賴區間(可信水平)為 95.5%，則至少需收集該樣品之計數為多少？

計算方法為：95.5% 的信賴區間是 2σ，也就是 $2\sqrt{n}$ 。

$$\% \ \sigma = (\sigma / n) \times 100 = (2\sqrt{n} / n) \times 100 = 1\%$$
樣本計數 $n = 40,000$

計算方法同前，即

$$\% \ \sigma = (\sigma / n) \times 100 = (2\sqrt{n} / n) \times 100 = 2\%$$
$200/\sqrt{n} = 2\%$，樣本計數 $n = 10,000$

 例 8-4 ──────────

測量計數為 10,000 時，其百分比標準誤差(%σ)為何？測量計數若為 10^6 時，則其百分比標準誤差(%σ) 為為何？

依(8.4)百分標準誤差 %$\sigma = \dfrac{\sigma}{n} \times 100 = \dfrac{100\sqrt{n}}{n} = \dfrac{100}{\sqrt{n}}$ ，n 以 10,000 代入，可得 1% 。

測量計數 n 若以 1,000,000 代入，則百分標準誤差 %σ 減為 0.1% 。

8-4 計數率標準誤差

一個計數率(Counting Rate, c)的標準誤差(Standard Deviation of Count Rates)定義為：

$$\sigma_C = \sigma / t \quad\text{..(8.5)}$$

此處 σ 為在時間 t 內，總計數 n 的標準差，計數速率標準差 σ_C 等於 $\sqrt{n}/t$，因 n 等於計數率 c 乘以計數的時間 t。故 σ_C 亦等於 $\dfrac{\sqrt{ct}}{t}$ 或 $\sqrt{\dfrac{c}{t}}$。

$$\text{即}\quad \sigma_C = \sigma / t = \sqrt{n}/t = \frac{\sqrt{ct}}{t} = \sqrt{\frac{ct}{t^2}} = \sqrt{\frac{c}{t}} = (c/t)^{1/2} \text{...(8.6)}$$

 例 8-5

一個放射性樣品在 4 分鐘的計數為 6400 次，則其平均計數率為何？樣品的計數率標準誤差為何？

 解

平均計數率 $c = 6400/4 = 1600$ cpm；

$\sigma_C = \sigma / t = \sqrt{n}/t = \dfrac{\sqrt{ct}}{t} = (c/t)^{1/2} = (1600/4)^{1/2} = 20$ cpm。

例 8-6

若一放射活性樣品在 8 分鐘內偵測到 3200 個計數，試計算其計數速率及標準差？

 解

計算方法為，

計數速率 $c = 3200/8 = 400\ \text{cpm}$ ，
標準差 $\sigma_c = \sqrt{c/t} = \sqrt{400/8} \cong 7\ \text{cpm}$ 。

故此放射活性樣品計數速率及其標準差為 $400 \pm 7\ \text{cpm}$。

8-5 誤差的運算(Propagation of Error)

若已知兩個不同數量 x 和 y，其標準誤差分別為 σ_x 和 σ_y 而標準誤差的代數運算，如下：

加法(Addition)： $\sigma_{x+y} = (\sigma_x{}^2 + \sigma_y{}^2)^{1/2}$ ；

$$(x \pm \sigma_x) + (y \pm \sigma_y) = (x + y) \pm \sigma_{x+y}$$
$$= (x + y) \pm (\sigma_x{}^2 + \sigma_y{}^2)^{1/2} \quad\text{.....................}(8.7)$$

減法(Subtraction)： $\sigma_{x-y} = (\sigma_x{}^2 + \sigma_y{}^2)^{1/2}$ ；

$$(x \pm \sigma_x) - (y \pm \sigma_y) = (x - y) \pm \sigma_{x-y}$$
$$= (x - y) \pm (\sigma_x{}^2 + \sigma_y{}^2)^{1/2} \quad\text{...................}(8.8)$$

乘法(Multiplication)：$\sigma_{(x\,y)} = (x\,y)\,[(\sigma_x\,/\,x\,)^2 + (\sigma_y\,/\,y\,)^2\,]^{1/2}$ ；

$$(\,x \pm \sigma_x\,)(\,y \pm \sigma_y\,) = x\,y \pm \sigma_{(x\,y)}$$

$$= x\,y \pm (x\,y)\,[(\sigma_x\,/\,x\,)^2 + (\sigma_y\,/\,y\,)^2\,]^{1/2}$$

$$= x\,y\,\{1 \pm [\,(\sigma_x\,/\,x\,)^2 + (\sigma_y\,/\,y\,)^2\,]^{1/2}\,\}$$

....(8.9)

除法(Division)：$\sigma_{(x\,/y)} = (\,x\,/\,y\,)\,[\,(\sigma_x\,/\,x\,)^2 + (\sigma_y\,/\,y\,)^2\,]^{1/2}$ ；

$$(x \pm \sigma_x)\,/\,(y \pm \sigma_y) = (\,x\,/\,y\,) \pm \sigma_{(x\,/y)}$$

$$= (\,x\,/\,y\,) \pm (\,x\,/\,y\,)\,[\,(\sigma_x\,/\,x\,)^2 + (\sigma_y\,/\,y\,)^2\,]^{1/2}$$

$$= (\,x\,/\,y\,) \pm \{1 \pm [\,(\sigma_x\,/\,x\,)^2 + (\sigma_y\,/\,y\,)^2\,]^{1/2}\,\}$$

....(8.10)

 例 8-7

某輻射試樣總計數為 900，背景值為 256，則淨計數值為何？

解

總計數為 900，標準誤差 $\sigma = \sqrt{n} = 30$；背景值為 256，其標準誤差 $\sigma = 16$；依方程式(8.8)，

$$(x \pm \sigma_x) - (\,y \pm \sigma_y\,) = (x-y) \pm \sigma_{x\text{-}y} = (x-y) \pm (\sigma_x^2 + \sigma_y^2)^{1/2}$$

淨計數準值等於 $(900-256) \pm (30^2 + 16^2)^{1/2} = 644 \pm 34$

8-6　計數時間的分配

　　在核子醫學中，有數種情況必須考慮；例如計數儀器的背景計數率 (Background Count Rate)與樣品的計數率相較很高時，為避免較大的計數 百分標準誤差及計數率誤差，則必須考慮背景計數率及樣品和背景計數 時間的分配(Distribution of Counting Time)的最適化(Optimization)。一般 而言，在臨床醫院中，時間是相當重要的。而背景計數和樣品加上背景 計數間有效地分配時間，可將淨計數率誤差降低至最小，此種情形可利 用方程式表示為：

$$t_{s+b} / t_b = (c_{s+b} / c_b)^{1/2} \quad ....(8\text{-}11)$$

此處　t_{s+b}＝樣品加背景的計數時間　　　t_b＝背景的計數時間

　　　　c_{s+b}＝樣品加背景的計數率　　　　c_b＝背景計數率

　例 8-8

一個放射性樣品加背景的計數率為 585cpm，而背景計數率為 65cpm ，若總計數時間為 10 分鐘，則樣品和背景間計數時間分配的最佳值 為何？

解

依方程式(8-11)，　$t_{s+b} / t_b = (c_{s+b} / c_b)^{1/2} = (585 / 65)^{1/2} = 3$，樣品 和背景間計數時間分配的最佳值為 3：1。樣品間計數時間為 10 分鐘 × [3 /(3＋1)] ＝7.5 分鐘，背景計數時間 t_b 為 10-7.5＝2.5 分鐘。

一、選擇題:

( )1. 起因於儀器發生故障或不適當的實驗步驟,但可以矯正此情況以達到正確,此種誤差稱為 (A)Systematic Error (B)Random Error (C)Reproducible Error (D)Distribution Error。

( )2. 起因於實驗情況中的隨機變動,如高電壓的變動或者放射活性衰變中被測量數值的變動,稱為 (A)Systematic Error (B)Random Error (C)Reproducible Error (D)Distribution Error。

( )3. 測量值與真實值的接近程度稱之為 (A)Accuracy (B)Reproducibility (C)Deviation (D)Error。

( )4. 描述一連串測量的精密度(Precision)稱為測量的 (A)Accuracy (B)Reproducibility (C)Deviation (D)Error。

( )5. 下列敘述何者正確? (A)測量值愈靠近真實值則測量的精密度愈高 (B)測量值愈靠近平均值則測量的準確度愈高 (C)排除隨機誤差可降低測量的精密度 (D)排除隨機誤差與系統誤差則會有較好的準確度。

( )6. 測量一組數據的標準差(Standard Deviation),可顯示測量的 (A)Accuracy (B)Error (C)Precision (D)Random。

( )7. 放射活性衰變遵守何種定律? (A)波氏分布定律(Poisson Distribution Law) (B)高斯分布(Gaussian Distribution)定律 (C)常態分布(Normal Distribution)定律 (D)二項式分布(Binomial Distribution)定律。

(　)8. 假如放射活性樣品平均值為 $\bar{n}$，則其標準差 σ 為　(A)$\bar{n}^2$　(B)$\sqrt{n}$　(C)$1/\sqrt{n}$　(D)$\bar{n}-1$。

(　)9. 放射性樣品偵測計數為 10,000，則其測量標準差為　(A)10　(B)100　(C)1000　(D)以上皆非。

(　)10.所有測量值的 68%會落在平均值周圍約幾個標準差內？　(A)1　(B)2　(C)3　(D)4。

(　)11.所有測量值的 95%會落在平均值周圍約幾個標準差內？　(A)1　(B)1.5　(C)2　(D)3。

(　)12.所有測量值的 99%會落在平均值周圍約幾個標準差內？　(A)1　(B)1.5　(C)2　(D)3。

(　)13.百分標準偏差(%σ)等於　(A)$\dfrac{\sigma}{n}\times100$　(B)$\dfrac{100\sqrt{n}}{n}$　(C)$\dfrac{100}{\sqrt{n}}$　(D)以上皆對。

(　)14.測量計數為 10,000 時，其百分比標準差(%σ)為多少？　(A)0.1%　(B)1%　(C)5%　(D)10%。

(　)15.測量計數為 10^6 時，百分比標準差(%σ)為多少？　(A)0.01%　(B)0.1%　(C)1%　(D)10%。

(　)16.樣本計數需測到多少才能在 95%的信賴區間內有 1%的誤差？　(A)2000　(B)40,000　(C)1,600,000　(D)4,000,000。

(　)17.若一放射樣品需測至 2%誤差，其信賴區間（可信水平）為 95%，則至少需收集該樣品之計數為多少？　(A)5,000　(B)10,000　(C)50,000　(D)1,000,000。

( )18.若一樣品計數為 82,944，其平均計數若為 576，則 576 為採用多少個標準差？　(A)1　(B)2　(C)3　(D)4。

( )19.若以一個標準差信賴區間且不超過 3%誤差時，則放射樣品至少需多少計數值(counts)？　(A)1,111　(B)2,300　(C)11,110　(D)40,000

( )20.σ 為在時間 t 內，總計數 n 的標準差，試問計數速率標準差σ_C等於下列何者？　(A)$\sqrt{n}$ /t　(B)$\dfrac{\sqrt{ct}}{t}$　(C)$\sqrt{\dfrac{c}{t}}$　(D)以上皆對。

( )21.一放射活性樣品在 8 分鐘內偵測到 1,600 個計數，則其計數速率等於下列何者？　(A)20cpm　(B)40cpm　(C)200cpm　(D)400cpm。

( )22.同上題（第 21 題），其計數速率標準差σ_C等於下列何者？　(A)5cps　(B)7cps　(C)5cpm　(D)7cpm。

( )23.一放射活性樣品偵測計數值為 9,400±95，而偵測時間為 20±1 分鐘，試計算其平均計數速率和標準差？　(A)470±12cpm　(B)470±24cpm　(C)470±36cpm　(D)470±48cpm。

( )24.若一放射核種測 12 分鐘其活性計算為 12,390，試問該樣品之計數速率和標準差為何？　(A)1033 ± 1.3cpm　(B)1033 ± 4.6cpm　(C)1033±9.3cpm　(D)1033±12cpm。

( )25.同上題（第 24 題），假如背景值偵測 2 分鐘，計數速率為 50cpm，則其淨計數速率與標準差為何？　(A)983 ± 10.5cpm　(B)983±21cpm　(C)1008±10.5cpm　(D)1008±21cpm。

( )26. 測量檢體 20 分鐘，得到計數率為 10cpm，測量背景 30 分鐘得到計數率為 5cpm，其真實計數率之標準差為 (A)0.8cpm (B)1.1cpm (C)1.8cpm (D)2.3cpm。

( )27. 某輻射試樣的活度為 100±3 貝克，試樣體積為 2.5±0.1 立分公分，則試樣濃度應為多少貝克／立方公分？ (A)40±1 (B)40±2 (C)40±3 (D)40±4。

( )28. 電磁輻射量測所計算得到的強度為 16±4 衰變，量測耗時共 4 秒，則其活度應為？ (A)4±1 貝克 (B)4±4 貝克 (C)4 貝克 (D)16±4 貝克。

( )29. 某輻射試樣總計數為 16，背景值為 9，則計數準值為 (A)7±2 (B)7±3 (C)7±4 (D)7±5。

( )30. 若使用加馬井形計數儀，得到之計數為 N 時，其標準差為：
(A)$\frac{1}{2}N$ (B)$\sqrt{\frac{1}{2}N}$ (C)N×100 (D)$\sqrt{N}$。

( )31. 一放射性物質計測 8 分鐘為 3200counts，計算其平均計測率(cpm)及標準偏差： (A)400±7cpm (B)200±7cpm (C)400±14cpm (D)200±14cpm。

( )32. 若一放射核種測 12 分鐘其活性計數為 12,390，請問該樣品之計數速率和標準差為何？ (A)1033 ± 9.3cpm (B)1033 ± 12cpm (C)1033±14cpm (D)1033±18cpm。

( )33. 同上題（第 32 題），假如樣品背景值測 2 分鐘，計數速率為 50cpm，則其淨計數速率與標準差為何？ (A)983 ± 10.5cpm (B)1008±13.6cpm (C)1031±16.5cpm (D)1035±18cpm。

放射化學 Radiochemistry

(　)34. 一放射活性樣品偵測計數其值為 9390±95，而偵測時間為 20±1 分鐘，試問其平均計數速率和標準差為何？　(A)470±12cpm (B)470±24cpm　(C)470±64cpm　(D)470±95cpm。

(　)35. 一放射活性樣品在 8 分鐘內偵測到 3200 個計數，試問其計數速率和標準差為何？　(A)400±7cpm　(B)400±12cpm　(C)400±18cpm　(D)400±20cpm。

(　)36. 樣本計數需測到多少才能在 95%的信賴區間(confidence level)內有 1%的誤差？　(A)8,000　(B)12,000　(C)20,000　(D)40,000。

(　)37. 若以一個標準差信賴區間(confidence level)且不超過 3%誤差時，則放射樣品至少需多少計數(counts)數值？　(A)1111　(B)3600 (C)14400　(D)62500

(　)38. 若一樣品計數為 82944，其平均計數若為 576，則 576 為採用多少個標準差？　(A)1σ　(B)2σ　(C)3σ　(D)4σ。

(　)39. 若一放射樣品需測至在 2%誤差，其信賴區間為 95%，則至少需收集該樣品之計數為多少？　(A)1,000　(B)6,400　(C)10,000 (D)40,000。

(　)40. 計數為 10^6 時，其百分比標準差為何？　(A)0.01%　(B)0.1% (C)1%　(D)10%。

(　)41. 若一般放射物品需測至 2%誤差，其信賴區間（可信水平）為 95%，則至少需收集該樣品之計數為多少？　(A)5,000　(B)10,000 (C)50,000　(D)1,000,000。

(　)42.某放射樣品在每次計數時間為 20±1 分鐘時所得的平均計數 (count)為 9390±95，可得每分鐘為 470±N 個計數，則 N 等於多少？　(A)96　(B)72　(C)48　(D)24。

(　)43.某樣品在 4min 的計測中，其計數為 6000counts；而 4min 的背景值為 4000counts；此樣品的淨計數率為：　(A)500±25cpm (B)6000±4000cpm　(C)2000±50cpm　(D)1500±50cpm。

(　)44.輻射度量樣品甲的結果為 200±6，乙的結果為 100±3，則甲對乙的比例為 2.00±N，N 為：　(A)3.0%　(B)4.2%　(C)6.4% (D)9.6%。

(　)45.放射性免疫學分析檢查，其檢體的計數與時間之關係為：
(A)檢體計數時間愈長誤差愈小　(B)檢體計數時間愈短誤差愈小
(C)檢體計數時間愈長誤差愈大　(D)檢體計數時間愈短誤差可靠。

(　)46.測量甲狀腺 I-131 攝取，二次測得計數分別為 50,000cpm 及 20,000cpm，差異甚大的原因，最可能為何？　(A)碘同位素代謝太快　(B)準直儀選擇錯誤　(C)同位素衰變　(D)偵檢器與病患距離有異。

(　)47.在 RIA 檢測作業流程中，下列何者與單一次測定之隨機誤差無關？　(A)測定時之計數誤差　(B)檢體之儲存與收集　(C)Pipette 品質　(D)試劑之準確度。

(　)48.在 RIA 檢測作業流程中，當發現加馬計數器之背景值太高時，先考慮什麼原因造成？　(A)高壓太高　(B)放射性同位素污染　(C) 靈敏度太高　(D)儀器老舊。

( )49. 放射免疫分析中，將同一檢體重複分析，目的是為了評估下列何者？ (A)準確度(Accuracy) (B)精密度(Precision) (C)線性(Lineality) (D)穩定度(Stability)。

( )50. 測量檢體 20 分鐘，得到計數率為 10cpm，其真實計數率之標準差為： (A)0.8cpm (B)1.1cpm (C)1.8cpm (D)2.3cpm。

( )51. 放射免疫分析檢查之總誤差(Total Error)包含下列那兩種誤差： (A)隨機誤差與系統誤差 (B)隨機誤差與計數誤差 (C)系統誤差與計數誤差 (D)隨機誤差與量測誤差。

( )52. 一般放射免疫分析檢查的項目，均是將患者血液中所測之計數率，去和一些標準試劑的計數率比較，所以此時所使用之計數器(Counter)就無須進行下列何種操作程序？ (A)品質管制 (B)定期保養 (C)計數效率(Counting Efficiency)的計算 (D)背景值的扣除。

( )53. 取一未知放射活度的溶液分別裝入甲、乙兩個試管中，其中甲試管中裝入 1ml，而在乙試管中除裝入 1ml 外，尚再加人 1ml 的純水，分別使用井型固體閃爍計數器去計數，請問所測得之計數率(Counting Rate)有何特別之處？ (A)甲、乙試管所測得之計數率相同 (B)甲、乙試管所測得之計數率不同 (C)甲所測得之計數率是乙試管的兩倍 (D)無法比較。

( )54. 在實驗過程中，如遇到計數率(Counting Rate)極低的試樣（接近背景值），通常在計數時應注意下列什麼事項以降低計數的誤差(S.D) ？ (A)將計數時間加長 (B)更新儀器 (C)多計數(Counting)幾次求平均值 (D)計數三次取最高者。

(　)55. 以下有關「計數效率(Counting Efficiency)」之敘述，何者為非？

(A)測量及計算「計數效率」的過程稱之為校正。

(B)透過計數效率轉換可將計數率(Counting rate)換算成放射活度。

(C)如欲測量環境中放射污染物之量，應先求出計數器之計數效率。

(D)H-3 半衰期很長，可用來測量及計算固體閃爍計數器的計數效率。

(　)56. 在使用計數器時，如須知道試樣所含之放射活度(Radioactivity)時，一般均需對計數器進行校正工作，請問如要校正計數器時須要準備下列何物？　(A)γ 射線　(B)β 射線　(C)已知放射活度及校正時間之標準射源　(D)假體(Phantom)。

(　)57. 相同的檢體在同一批次實驗中檢測數次，計算其 CV % 值可評估：　(A)Accuracy　(B)Durability　(C)Precision　(D)Safety

(　)58. 一個分析測定所能偵測到的最低限值稱為：　(A)敏感度　(B)專一性　(C)準確度　(D)精確度。

(　)59. 放射性空浮微粒的粒徑直徑大小，呈何種分布？　(A)常態分布　(B)對數常態分布　(C)對數分布　(D)指數分布。

(　)60. 下列何項所代表的物理意義是指 "在每一個放射核種中可能產生衰變的平均或然率"？　(A)半衰期($t_{1/2}$)　(B)衰變速率常數(λ)　(C)平均壽命(τ)　(D)比活度(S.A.)。

Radiochemistry

第 9 章

放射性同位素之製備與放射性示蹤劑之應用

本章大綱

9-1 同位素之分類

　　所謂同位素(Isotope)，我們曾在前面章節中加以說明過，它是指原子序（質子數）相同，而質量數（或中子數）不同的一些原子，它們在週期表中皆處於同一位置，在正常電中性的情況下，同位素原子的核外電子皆有相同的電子數目，因此同位素彼此具有相同的化學特性，而主要不同點則在於它們的核物理特性，如半衰期，放射性及其衰變模式等。常見的同位素例子，如氫原子有三種不同同位素，分別為氫(^{1}H)、氘(^{2}H)或稱為重氫以及氚(^{3}H)，它們的原子序相同皆為 1，質量數分別為 1, 2, 3；中子數分別為 0, 1, 2；而其中氫和氘都是屬於穩定的同位素，而氚則為純貝它釋放(β^-–emitter)的放射性核種，半衰期為 12.33 年。

　　一般而言，同位素可簡單分類為穩定同位素(Stable Isotope)及不穩定同位素(Unstable Isotope)其種類和數量繁多而迭有變化，常不易分類和確認，請參閱表 9-1。不穩定同位素俗稱為放射性同位素(Radioisotope)或人造同位素（Artifically Produced Isotope 或 Man-made Isotope）。除了天然產生的放射性同位素（種類不甚多，產量也不多）之外，目前使用中的放射性同位素大多數是以人工製備出來。若從放射性同位素所具備的性質來說，可以再分為長壽命放射性同位素(Long-Lived Radioisotope)，即其半衰期較長者。以及短壽命放射性同位素(Short-Lived Radioisotope)，即其半衰期比較短的放射性同位素。雖然這種分類是比較不嚴謹，但在實際應用領域上較方便。若從其用途方面來考量亦可以分類為一般用途及醫學用途二部分。一般用途者常使用於理化、生化、工程及研究方面者種類繁多，但需要量卻較少，相反的被應用於農業、工業領域方面的放射性同位素，其種類較少但需要量卻較大。醫學用途之放射性同位素及其製劑，臨床上通稱為放射藥品或核醫藥物(Radiopharmaceutical)，也可分為二種，即診斷用及治療用核醫藥物。醫學用放射性同位素所需要的種類頗為繁多,其製備和使用需受政府衛生當局及相關主管單位的管理和監督。

表 9-1 同位素(Isotopes)

已確認總數目	約 3000 種
穩定的(Stable)	
已確認的數目	約 280 種
可以高濃度供應的數目	約 250 種
具有放射性的(Radioactive)	
已確認的數目	約 2700 種
目前存在於自然界的數目	約 50 種
由核反應器及迴旋加速器生產供應的數目	約 100 種

9-2 放射性同位素之製備

9-2-1 天然放射性同位素

在天然界存在的元素中,原子序 82 以上的某些元素,可能會自然的進行蛻變而成為放射性的同位素(稱為天然放射性同位素)。但以這種天然界存在的衰變鏈的方式所得到的同位素,在實際上的應用方面常因含量、純度及是否能穩定供應等問題,並不是很方便。一般而言,要獲得較大量、純度高且可例行性供應或特殊用途所需的放射性同位素仍是以人工方式核反應製備者較為理想。第二次世界大戰後由於粒子加速器和核反應器之普遍興建,對於放射性同位素之製備及其供應和發展貢獻很大。這些核分裂裝置設備其主要的方法和原理是以帶有高能量的入射粒

子束或中子撞擊穩定的原子核靶，讓它在核內誘起核反應，再以放射化學方法分離，並純化分離所需的同位素。

　　一般而言，利用粒子加速器加速荷電粒子來撞擊靶或作其他用途，較常見的包括迴旋加速器(Cyclotron)、直線加速器(Liner Accelerator)及同步輻射加速器(Synchrotron)等。在核反應器（原子爐）方面，由於可供應多數熱中子或快中子，加上中子本身不帶電荷與靶核間較無庫侖障壁之問題存在，因此以中子與靶核的核反應如(n, γ), (n, p), (n, α)及(n, f)等方法皆可用來生產製造許多放射性同位素。此外，核分裂生成產物中包括上百種放射性同位素，若以放射化學方法加以分離純化亦是許多有用的人造放射性同位素的來源。由於本章節牽涉到放射性同位素之製備方法和相關範圍相當多且廣，故僅針對國內外現階段較多數且較實用之製備法加以簡單的概述。

9-2-2　以迴旋加速器製備放射性同位素

　　從歷史背景發展來看，早期的放射性同位素是利用加速器製備出來的。當時加速器之研究及發展主要是由物理學者和研究人員在主導。因此，從加速器需求、設計、建造、運轉及應用等大都均朝向高能物理及次原子粒子研究方向領域，放射性同位素之製備僅是其應用的一小部分而已。後來，隨著科技之發展，比較小型的加速器亦研發成功問世。小型加速器結構比較簡單，操作方法亦簡化很多，且可設計為以製備放射同位素為主要功能和用途。因此，少數工程及研究人員即可維持，頗為適合放射性同位素製造及放射化學分析與相關粒子束或中子束之研究。

　　粒子加速器是一種儀器，可以接受由稱為離子源(Ion Source)的裝置發射出來的帶電荷離子（例如電子、質子、氘核、氦核及其他重離子），然後利用電磁場將這些離子加以加速至很高的動能(Kinetic Energy)直接用於活化(Activation)靶核上的粒子(Particle)或誘起核反應(Nuclear Reaction)，藉以產生新的放射性同位素。粒子加速器一般設備包括離子源、射柱的加速、聚焦和傳輸系統、控制系統、真空系統以及一些附屬配備。從規模來說，加速器可以分為大型的與小型的加速器。管理上，大型的加速器皆由大的學術研究機構或國家級加速器中心營運，而小型的加速器則可以放在普通的大學實驗室或醫院內運轉。至於在游離輻射防護管制上則是不分加速器的大小，均必須符合國際上所施行的輻射安全防護規範及我國游離輻射防護法及其相關法規。從加速器被加速粒子的軌道形式區分，加速器可再分為迴旋加速器和直線型加速器等。若以迴旋加速器製備放射性同位素而言，其方法和原理主要是在高度真空的迴旋型管中，將由離子源裝置發射出來的帶電荷小粒子，如質子、重氫核（氘核）、阿伐粒子及 ^{3}He 粒子等，以很高的電磁場予以加速至很高的動能（依迴旋加速器設計規模大小可達到如 KeV, MeV, GeV 或更高等級），然後引導它撞擊（照射）穩定的靶核(Target Nuclei)。以此方法誘起的核反應所產生出來的放射性同位素大都是中子缺乏(Neutron Deficient)的核種，即原子核中子數與質子數(N/P)比值較穩定所需之 N/P 比值為小的核種，所以核種放射衰變模式主要以 β^+ 衰變的方式，例如 C-11, N-13, O-15, F-18 或電子捕獲(Electron Capture)的方式衰變，例如 I-123 Ga-67, Tl-201 In-111 等。以迴旋加速器製備可以獲得典型的放射性同位素(Cyclotron-Produced Radioisotopes)如下：

醫用放射性同位素：

1. 作為臨床單光子電腦斷層攝影(Single Photon Emission Computed Tomography, SPECT)用途之放射性同位素：

^{123}I ($t_{1/2}=13.2$ hr)，核反應：^{124}Xe $(p, 2n)$ ^{123}Cs → ^{123}I, ^{121}Sb $(\alpha, 2n)$ ^{123}I

^{67}Ga ($t_{1/2}=78$ hr)，核反應：^{68}Zn $(p, 2n)$ ^{67}Ga

^{201}Tl ($t_{1/2} = 73$ hr)，核反應：^{203}Tl ($p, 3n$) ^{201}Pb $\rightarrow$ ^{201}Tl

^{111}In ($t_{1/2} = 67$ hr)，核反應：^{112}Cd ($p, 2n$) ^{111}In, ^{111}Cd (p, n) ^{111}In

2. 作為臨床正子電腦斷層攝影(Positron Emission Tomography, PET)用途之放射性同位素：

^{11}C ($t_{1/2} = 20.4$m)，核反應：^{11}B (p, n) ^{11}C, ^{10}B (d, n) ^{11}C, ^{14}N (p, α) ^{11}C

^{13}N ($t_{1/2} = 10$m)，核反應，^{12}C (d, n) ^{13}N, ^{13}C (p, n) ^{13}N, ^{16}O (p, α) ^{13}N

^{15}O ($t_{1/2} = 2$m)，核反應，^{14}N (d, n) ^{15}O, ^{15}N (p, n) ^{15}O, ^{16}O (p, pn) ^{15}O

^{18}F ($t_{1/2} = 110$m)，核反應，^{20}Ne (d, α) ^{18}F, ^{18}O (p, n) ^{18}F, ^{16}O (^{3}He, p) ^{18}F

　　由迴旋加速器製備之放射性同位素，由於其原子序與一般被採用作照射靶之材料元素不同，故此製備法可稱為無載體(Carrier-free)或無載體加入(No-carrier-added, NCA)。例如生產大量氟-18 最常用的核反應為 ^{18}O(p, n)^{18}F，一般以 O-18 濃縮 H_2O 為照射靶，在此氧-18 和氟-18 為不同原子序之核種，經放射化學方法分離純化後，可獲得沒有穩定氟同位素（氟-19）存在之高放射化學純度的放射性同位素氟同位素（氟-18）。前者氟-19 所表示的意義是"cold"和"carrier"，而產物氟-18 表示的意義是"hot"和"carrier-free"。由此法製備過程可知，它可獲得高放射核種純度(Radionuclide Purity)及高比活度(Specific Activity)之放射性同位素產物。

　　目前，國內已有多座加速器可以製備放射性同位素，包括台北榮民總醫院核子醫學部、台北內湖三軍總醫院、台北新光醫院、台中中山醫學院附設醫院及花蓮慈濟醫學中心 PET 中心管理營運的小型迴旋加速器(Baby Cyclotron)。它所生產放射性同位素大都屬於較短壽命之臨床例行使用之放射性同位素，必須在該核子醫學部門內當場使用或附近短距離醫院使用，因為，其半衰期非常的短暫，尤其是正子電腦斷層掃描同位素最長不超過 2 小時，有的甚至僅數分鐘。另外一座中型的迴旋加速器(Compact Cyclotron)是屬於行政院原子能委員會核能研究所的迴旋加速器中心。該中心已可供應一部分 SPECT 和 PET 用醫用放射性同位素，除此之外，在其他應用同位素示蹤劑之研製及生產方面，包括醫學與工業用之 ^{57}Co，環境與毒物用之 ^{52}Mn, ^{54}Mn 和作為化學研究之 ^{48}V, ^{73}As, ^{74}As 等。

9-2-3 以核反應器製備放射性同位素

本節介紹較常見且實用的，利用中子誘起核反應以生產不同特性或種類之放射性同位素製備法。中子來源主要來自核反應器(Reactor)，包括可大量供應具不同中子通量之熱中子以及能量較高之快中子等。各型中子核反應簡述如下：

一、(n, γ)型核反應

在核反應器內產生出來多量的熱中子(Thermal Neutron)可以利用於誘起核反應。其中(n, γ)型反應是最普遍的核反應之一。利用此反應製備放射性同位素時，在靶核（照射靶中的原子核）捕獲了一個熱中子，同時釋放出加馬射線成為放射性同位素，生成物同位素與穩定核種之靶核相比，質子數不變但中子數增加一個，亦即質量數增加一，如圖 9-1(I)(A) 及(B)所示，即為典型的例子。以此型核反應製備的放射同位素其種類頗多，如表 9-2 所示。另外，此法在設計及製備過程中，亦需作以下幾點相關特性之考量：

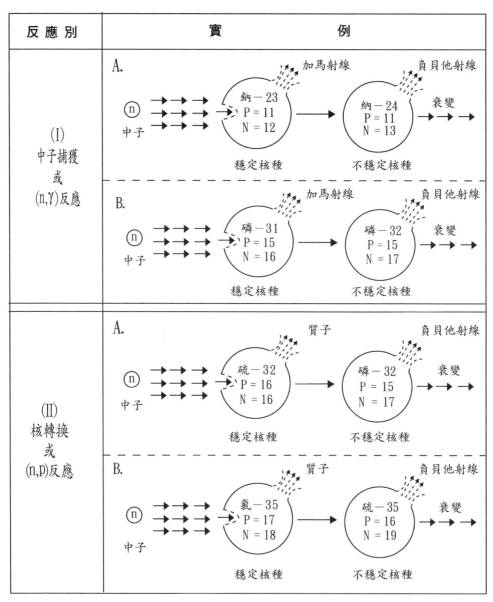

反 應 別	實　　例

・圖 9-1　以核反應器製備放射性同位素之反應示意圖

表 9-2 以核反應器製備(n, γ)型核反應的放射性同位素

元素	同位素	半生期	衰變模式及釋出輻射的最高能量(MeV)	
			貝他射線	加馬射線
鈉	Na-24	15.0 小時	1.39	1.37, 2.75
鉀	K-42	12.5 小時	2.04, 3.58	1.51
鐵	Fe-55	2.73 年	─	K x-ray 0.008
鐵	Fe-59	44.5 天	0.27, 0.46	1.10, 1.30, 0.19
鈷	Co-60	5.27 年	0.31	1.17, 1.33
碘	I-131	8 天	0.33, 0.61	0.080, 0.284, 0.364, 0.637, 0.722
金	Au-198	2.70 天	0.970	0.411, 0.68, 1.09
鎝	Tc-99m	6.03 小時	─	0.140
磷	P-32	14.3 天	1.71 (100%)	─

1. 原則上，所有的元素均可依此反應製備，即可得其相對應的放射性同位素。但事實上，這種說法在實務操作技術上不盡確實及可行。因為每一種核反應的截面皆不相同，核反應產生的或然率亦不一樣，中子截面過小的元素事實上並不適合以此法製備。

2. 核反應產生前後，靶核與生成物的原子核仍然屬於相同的元素，僅是質量起變化而已，亦即中子數增加，但原子序不改變。因此所得放射性同位素是具有載體的，是屬於有載體加入(Radionuclide With Carrier Added)的放射性同位素產物。其放射活性比度(Specific Activity)通常不會很高，因為同位素具相同化學性質不易以一般化學方法將穩定的同位素反應物與其放射性同位素之生成物加以分離。

3. (n, γ)型反應是基本的核反應之一種，除作為製備放射性同位素外亦廣泛的使用於中子活化分析法(Neutron Activation Analysis, NAA)作為未知微量元素試樣之定性和定量之分析。

二、(n, p)型核反應

$^{35}Cl(n, p)^{35}S$ 是一個典型的(n,p)型核反應利用於放射性同位素之製備的例子。其特色在於核反應前的靶核(^{35}Cl)與反應後的生成物(^{35}S)是不相同的元素，核反應前後其原子序減一（氯-35 原子序為 17，硫-35 為 16）。所以核反應完成後，很容易可以利用一般化學方法將生成物與反應物加以完全分離。因此，所得的放射性同位素是不會含有穩定靶元素反應物混在其中。此法是利用核反應器製備不含載體放射性同位素(Carrier-Free Radioisotope)的典型製備法。通常為了要使(n, p)型核反應順利進行，其中子所帶的能量要高一點，能量範圍要介於快中子之領域較能順利進行，亦即(n, p)反應所使用的中子為快中子。此外(n, p)反應比起(n, γ)反應雖然可獲得較高放射比度同位素，但因其核反應截面通常較小，僅約毫邦(mb)程度，故其產量較少。典型(n, p)核反應如圖 9-1(II)(A)及(B)所示，其他(n, p)核反應所製備的放射性同位素，較常見的尚有 $^{56}Fe(n, p)^{56}Mn$ 及 $^{198}Hg(n, p)^{198}Au$ 等。

三、X (n, γ) X′ $\xrightarrow[\text{短}\ t_{1/2}]{\beta^-}$ Y 型反應

為要獲取高放射比度且無載體(Carrier-Free, CF)的放射性同位素，另一種方法是將經過(n, γ)型核反應後所得之生成物放置一段時間，使其核反應生成物有充分的機會以β^-衰變方式變成所需產物。在這一型的反應中所得的子核種 Y 與其母核 X′為完全不相同的放射性核種，所以可以利用一般化學方法加以完全分離獲取高放射比度或無載體的放射性核種。

以這種方式製備無載體放射性核種的例子很多。最典型的例子為 CF ^{131}I 的製備法。

$$^{130}\text{Te}(n,r)\ ^{131}\text{Te}\ \xrightarrow[t_{\frac{1}{2}}=25\,\text{min}]{\beta^-}\ ^{131}\text{I}(\text{CF}, t_{\frac{1}{2}}=8d)$$

國立清華大學曾經利用清大核反應器中子照射後，以此法製備並供應國內所需的 CF ^{131}I（在 NaHCO$_3$ 溶液）及其相關製劑作為醫學上各種診斷及治療之用。其他利用此型反應製備法尚有錼-239 (^{239}Np)，鈽-239 (^{239}Pu)等超鈾元素(Transuranium Elements)，反應式如下所示：

$$^{238}\text{U}(n,r)\ ^{239}\text{U}\ \xrightarrow[t_{\frac{1}{2}}=23.5\,\text{min}]{\beta^-}\ ^{239}\text{Np}\ \xrightarrow[t_{\frac{1}{2}}=2.36d]{\beta^-}\ ^{239}\text{Pu}$$

9-2-4 以核反應生產放射性同位素之產率計算

由核反應器所產生的中子或由加速器加速而來的帶電荷粒子，當照射靶核時其所產生放射性同位素的衰變速率(Disintegration Rate, D)可以式(9.1)表示之。

$$D = IN\sigma\,(1 - e^{-\lambda t_i}) \dots\dots\dots\dots\dots\dots\dots\dots\dots\dots\dots\dots\dots(9.1)$$

$$N = \frac{W \times K}{A_w} \times 6.02 \times 10^{23}\quad (W：試樣重量，A_w：試樣原子量，$$

$$6.02 \times 10^{23} 為亞佛加厥常數）$$

在此，D： 衰變速率，dps（經 t_i 時間的照射後所產生的放射性核種放射活性）。

I： 入射粒子的強度(Intensity)或中子通量(Flux)(n/cm$^2 \cdot$sec)。

N： 靶原子數目(Number of Target Atoms)。

K： 靶原子同位素的天然豐度(Natural Abundance)，%。

σ： 截面(barn, 10^{-24} cm^2)，barn 為邦，為指定核反應之截面單位，1 邦等於 10^{-24} cm^2。

λ： 衰變常數，sec^{-1}，其值等於 $0.693/t_{1/2}$

$t_{1/2}$： 生成物的半衰期，sec。

t_i： 照射時間(Duration of irradiation)，sec。

其中 $(1-e^{-\lambda t_i})$ 項又稱為飽和係數(Saturation Factor, S)，如 $t_i=\infty_i$（無窮大）時生成物的產率將達到最高，即 $S=1-0=1$，但實際上，只要 t_i 等於 $7\sim10$ $t_{1/2}$，即可視為 S 有最大值，即 $S=1$。

此外，在實際上的製備過程中，照射完成以後由於照射靶活性極強所以仍需放置一段時間，讓核種冷卻衰變(Cooling)到較安全方便偵測或作業的活性範圍，然後再進行一般放射化學處理。因此須要將冷卻衰變的時間因素(t_d)加入式(9.1)加以修正。

即(9.1)式子應修正為如下式(9.2)：

$$D=IN\sigma \,(1-e^{-\lambda t_i})\,(e^{-\lambda t_d}) \dots\dots\dots\dots\dots\dots\dots(9.2)$$

其中，D 為實際靶核照射後經 t_d 時間後的放射強度。

9-3　放射性示蹤劑之應用

　　放射性示蹤劑(Radiotracer)有時亦稱為放射性追蹤劑，基本上它是放射性同位素在科技研究發展過程中的主要應用之一，與一般化學反應分析之指示劑(Indicator)如酸鹼反應滴定指示劑，有異曲同工之妙，最大的特色在於它具有放射性，並可利用放射性的特性及放射性同位素與一般穩定同位素具相同化性或生理特性作為追蹤(Trace)穩定同位素之反應程度或作用機制之指標。本章節為簡略方便計，將使用示蹤劑的名稱，並概要介紹有關其特性及規劃相關實驗或選擇示蹤劑所需之考量和準備，以作為未來實務應用之認知基礎。

9-3-1　放射性示蹤劑與載體

　　所謂示蹤劑(Tracer)是一種可以當做記號(Marker)用的物質。在某一化學反應系統或物理作用過程、生命工程系統等的內部變化，皆可以加入適當的物質以便追蹤（或提示）某一特殊成分或其他特徵的變化（例如顏色的變化），藉以了解該系統內發生變化的作用機制，或特殊物質之反應途徑等。以前，最普遍使用的為具顏色變化之染料或螢光劑物質。放射性示蹤劑(Radiotracer)是一種化學物種(Chemical Species)，也是放射性核種。在系統反應過程中，被追蹤的是放射線核種的特殊放射性之活度變化。因為放射性活度之偵測靈敏度和特異性非常高，且有特殊偵測儀器和設計，加上準確度相當高且優於其他方法，所用試樣僅極少量且不會破壞試樣或影響系統或生物體之正常反應和功能，因此放射性示蹤劑的利用價值很高，也常是最佳的選擇和應用。

對照示蹤劑之定義，尚有另一個術語亦需要再加以定義和進一步說明，那就是載體(Carrier)。它是將不帶放射性的物質亦即穩定的同位素，加入於帶有放射性同位素的核種中（亦即完全相同的元素或化學性質非常相似的核種中），讓它一起作用以便達到完全相同化學反應或生理變化之效果。因此，在定性方面放射性示蹤劑可以視為在某一過程中當做「記號」以別於其它偵測元素或物質，如 ^{14}C 和 ^{12}C，^{15}O 和 ^{16}O 等之對照。在定量方面，由於放射性示蹤劑的質量或濃度遠低於其載體，因此可將放射示蹤劑質量忽略不計，而直接將不帶放射性核種(Non-radioactive Species)的載體之量以放射示蹤劑之放射活性比度(S.A.)變化量來加以推斷測定。最典型且實用之例子即下一章將介紹的同位素稀釋法(Isotope Dilution Method)。

9-3-2 使用示蹤劑上所設定的假設

在示蹤劑的使用上，所需設定的重要假設主要有以下二項：

1. 放射性物質必定要與研究系統的物質完全均勻混合而在偵測系統中視為是同一物種，且由示蹤劑發射出來的放射線強度絕對不會影響該偵測系中任何成分化學結構及功能，例如造成分子化合物放射分解(Radiolysis)或生物生理活性或功能改變。

2. 示蹤劑的一切的物理化學和生理反應，除了發射放射線作為偵測信號以外，其他的性質與不帶放射性的物質（載體）完全一致不可區分(Indistinguishable)。

上述第一個假設對於例行性(Routine)的示蹤劑工作上幾乎永遠是正確的。在任何系統上示蹤劑的存在量很少，所以它所發射出來的放射線是不會予以整個系統嚴重的影響。第二個假設對於大部分的示蹤劑的應用應該可以成立。但是，也許有些時候可能會出現例外。因為放射性示蹤劑與被追蹤的元素嚴格來說仍是質量數不相同的核種。所以帶有放射性的元素與不帶放射性核種之間仍有質量之差異(Mass Difference)。在化學反應中不相同質量的同位素可能會有不一樣的反應，特別是考慮反應速率或亂度、溫度等效應時。例如，對於擴散反應(Diffusion Reaction)速率方面，較重質量的分子將比較輕質量的分子反應慢，如 Graham Law 所示氣體擴散速率與分子量成反比。而有關同位素示蹤劑所引起的動力學方面或熱力學方面等的總效應稱之為同位素效應(Isotope Effect)。對較重的元素而言，帶有放射性的核種與不帶放射性的核種之間其相對比較質量(Relative Mass)之百分比差異顯的比較小。因此同位素效應較不明顯也較不重要。^{235}U 與 ^{238}U 的相對比較質量差異為 1.3%，可不考慮同位素效應，因此這兩者之分離不容易，其原因亦是在此。對於較輕的同位素如 ^1H, ^2H, 及 ^3H 之間，其同位素效應即很大且明顯，因此不宜忽略之，例如 ^1H 與 ^3H 質量數不同，其氣體擴散速度亦不同，因此，利用 ^3H 來追蹤 ^1H 的反應速率及化學平衡等問題是不恰當且錯誤的。

9-3-3 放射性示蹤劑之選擇

放射性示蹤劑的選擇，一般而言有以下幾點重要的因素要加以考慮。

一、適切性

該示蹤劑對於系統的操作，在化學上和生理上皆必須同時符合真實實驗的條件和狀況，例如：選擇 ^{125}I 和 ^{131}I 作為甲狀腺的造影診斷檢查是極為合適的，因為碘是甲狀腺合成甲狀腺荷爾蒙的原料且放射性的碘會累積在甲狀腺，但如果以 ^{125}I 或 ^{131}I 作為骨骼造影劑就極為不合適。

二、半衰期

　　放射示蹤劑的半衰期要足夠長，使其可以在整個實驗操作過程前後，有足夠且較穩定的活性供偵測，不會因活性太小或變化，造成不能偵測或嚴重的統計誤差影響準確性，例如氮-13，氧-15，半衰期分別為 10 分鐘及 2 分鐘，雖然許多研究急需用到氮及氧的放射同位素，但明顯的此兩同位素並不適合作為一般實驗示蹤劑使用。另一方面，半衰期也不能太大，因長半衰期核種意味著較小的放射比度(S.A.)，例如氯-36 因半衰期為 3.0×10^5 年，要製作合適的放射比度示蹤劑較困難，因此不常被使用。此外在儲存(Storage)和使用後放射廢料處理亦較容易導致嚴重問題；另外，若使用在人體疾病診斷上，容易造成病人體內不必要的劑量曝露。

三、由示蹤劑發射出的放射線種類之選擇

1. 穿透力要強的，例如使用在人體疾病的診斷上，能釋出加馬射線的核種就較貝它粒子或阿伐粒子合適。其中，加馬射線能量又以 100~300KeV 較合適，因在診斷過程中不會因能量過低被身體自行吸收，也不會因能量過高穿透人體也穿透體外偵檢器，造成無法偵測或偵測效率過低導致誤差過大。

2. 容易偵測的，以一般可商業購得的充氣式或閃爍式或半導體偵檢器等可準確偵測為原則。

3. 對試樣之損傷力低的，且沒有生理功能或活性上之破壞或化學結構之分解、氧化、還原等作用。

4. 較厚的試樣選擇使用發射加馬的示蹤劑為原則，較薄的試樣則選擇使用發射貝他的示蹤劑為原則，且要考量實驗設計及試樣偵測技術是否可行。

四、實驗本身的考量

1. 容易取得，可以獲得穩定的供應。

2. 價格成本低廉，尤其在工業上、農業上或醫學用途時需常態性大量的使用更應加以考量。

3. 偵測容易，實驗設備不需太繁複且操作簡單省時。

4. 能提供放射實驗室充裕的使用，且政府核准此實驗室使用核種之執照能符合所選擇示蹤劑之種類和活性等級。

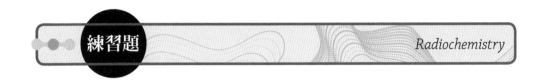

一、選擇題

( )1. 利用 ^{14}C 標記丙二酸評估其脫羧基反應($HOO^{14}C - {}^{12}CH_2 - {}^{12}COOH$ → $^{12}CO_2 + {}^{12}CH_3{}^{14}COOH$)，結果 CO_2 部分以 $^{12}CO_2$ 較多，乙酸部分以 $CH_3{}^{14}COOH$ 較多，最主要的影響原因為何？ (A)放射分解效應(Radiolysis) (B)同位素效應(Isotope Effect) (C)放射比度設計不當 (D)^{14}C 半衰期太長。

( )2. 試比較 ^1H 與 ^3H 的氣體擴散速率大小？ (A) ^1H 較大，約為 ^3H 的 3 倍 (B) ^3H 較大，約為 ^1H 的 3 倍 (C) ^1H 較大，約為 ^3H 的 1.732 倍 (D) ^3H 較大，約為 ^1H 的 1.732 倍。

( )3. 若以 ^{76}As 做生物的示蹤劑實驗時，因放射比度較低(1000Bq/mg As)，為能計測故使用 10000Bq 時，雖然放射性 ^{76}As 質量不到 10^{-9} 克，對生物不會有影響，但 10mg 的砷卻對生物的生理有影響且可能致死，此說明示蹤劑的使用與選擇應考慮以下哪一點？ (A)生物放射示蹤實驗最好使用無載體的放射性同位素 (B)生物放射示蹤實驗最好使用高放射比度 (C)考量示蹤劑穩定核種對生物是否有毒性 (D)以上皆是。

( )4. 利用放射示蹤劑，具有哪些優點？ (A)偵測靈敏度高 (B)可追蹤動態的反應機制(Dynamic Mechanism) (C)特異性及準確度皆高 (D)以上皆對。

( )5. 利用同位素效應可用以作那方面的研究？　(A)化學反應的速率決
定步驟(Rate-Determining Step)　(B)氣體擴散速率　(C)物質分子
結構中化學鍵的安定度　(D)以上皆對。

( )6. 氯-36 不適合作為放射示蹤劑最主要的原因為何？　(A)半衰期太
長無法製得適合於示蹤劑的放射比度　(B)同位素效應極為明顯，
影響準確性極大　(C)無適當的偵檢器偵測　(D)易造成放射分
解。

( )7. 利用放射性同位素標記的藥物作動物實驗時，可檢出該試藥或其
轉移生成物被那些器官攝取的途徑。例如，常見以碳的同位素作
為測定藥劑在人體內的排泄速度，試問主要是以下列哪一種示蹤
劑作設計及選擇較合適？　(A) C-11　(B) C-13　(C) C-14　(D)以
上皆可。

( )8. 一般常以下列哪一種同位素標記的磷酸根離子，追蹤磷在植物攝
取過程的實驗？　(A) ^{31}P　(B) ^{32}P　(C) ^{32}S　(D) ^{35}S。

( )9. 有機體因具有內在的多變性，故利用放射示蹤劑作實驗設計及評
估其可行性時，應考量以下哪些因素？　(A)明確敘述實驗假設，
仔細評估採樣過程　(B)選擇正確數值分析方法　(C)明確建立再
現性實驗　(D)以上皆是。

( )10. 下列哪一種鈷的同位素不適合作為放射示蹤劑？　(A) Co-57　(B)
Co-58　(C) Co-59　(D) Co-60。

( )11. 下列哪一個鈉元素的同位素，其半衰期約為 14.96 小時，並可釋
出貝他及加馬射線且適合作為放射示蹤劑？　(A) Na-21　(B) Na-
22　(C) Na-23　(D) Na-24。

(　)12. O-15 的半衰期約為何？　(A)8 天　(B)10 分　(C)2 分　(D)5.27 年。

(　)13. 下列哪一種元素同位素較適合作為甲狀腺疾病診斷之放射示蹤劑？　(A)碘　(B)磷　(C)鈣　(D)碳。

(　)14. 放射示蹤劑使用於動態的生物系統時，當考量交替途徑存在時，同時仍需考量下列那些因素存在？　(A)內部產生的稀釋效應　(B)降級產物再進入系統中的可能性　(C)標記化合物起化學交換的程度　(D)以上皆對。

(　)15. 無載體的 ^3H 的放射比度為 30Ci/mmole，此數值表示將此氚稀釋 10^{12} 倍，仍可容許有效測量氚標記的有機化合物，此說明放射示蹤劑的那項特點？　(A)高偵測靈敏度　(B)高特異性　(C)高準確度　(D)高的稀釋特性。

(　)16. 在硫酸根離子溶液中，加入鋇離子時產生硫酸鋇沉澱，溶液中有微量磷酸根離子存在時，PO_4^{3-} 將被硫酸鋇沉澱，此實驗可評估 PO_4^{3-} 被吸附的現象及吸收率，試問用下列哪一種示蹤劑最合適？　(A) $^{32}PO_4^{3-}$　(B) $^{35}SO_4^{2+}$　(C) $^{133}Ba^{2+}$　(D)以上皆可。

(　)17. 針對同一目的實驗的示蹤劑使用活性量，下列敘述何者錯誤？　(A)老鼠較狗使用活性量小　(B)小孩較成人使用活性量小　(C)成熟植物較種子植物使用活性量小　(D)以上皆對。

(　)18. 下列有關示蹤劑之實驗及其特性之敘述，何者"錯誤"？　(A)示蹤劑僅能追蹤標記的原子而不能追蹤整個化合物　(B)示蹤劑標記化合物與無標記化合物的化學型態與物理狀態應相同　(C)進行示蹤實驗時應不影響生物體正常生理狀態或功能　(D)低質量數核種的同位素效應不顯著，故可予於忽略。

( )19.迴旋加速器製備的放射性同位素與一般核反應器製造的放射性同位素相比,具有那些優點或特點? (A)成本低廉 (B)無載體(Carrier-free)且放射比度高 (C)放射化學分離純化步驟較繁複 (D)以上皆是。

( )20.下列哪一種碘的同位素主要由核反應器製造的? (A) I-123 (B) I-125 (C) I-127 (D) I-131。

( )21.下列哪一核種主要是由核反應器所製備的? (A) Tl-201 (B) In-111 (C) ^{67}Ga (D) ^{60}Co。

( )22.下列哪一核種是屬於「中子不足或中子缺乏」(Neutron Deficient)的核種? (A) Na-24 (B) P-32 (C) O-15 (D) I-131。

( )23.下列哪一核種是典型的(n, p)型核反應製備產物? (A) Co-60 (B) S-35 (C) F-18 (D) I-123。

( )24.下列何者是一般加速器最主要的輻射安全防護及屏蔽對象? (A)荷電粒子 (B)制動輻射與中子 (C)誘發放射性 (D)空浮放射性。

( )25.台灣的加速器中,哪一種加速器是以線形加速器產生 50MeV 的電子束射入增能器加速至 1.3GeV,再注入儲存環中? (A)位於新竹的同步輻射加速器 (B)位於桃園龍潭的中型加速器 (C)位於清華大學的范得格拉夫加速器 (D)以上皆非。

( )26.下列哪一種加速器可加速電子直接用於治療或由電子撞擊靶而產生 X 射線以治療癌症? (A)醫用迴旋加速器 (B)醫用直線加速器 (C)同步輻射加速器 (D)靜電加速器。

( )27.台北榮總國家多目標醫用迴旋加速器中心所生產的放射核種，如 ^{18}F, ^{15}O 等，其主要目的為何？ (A)供應正子電腦斷層攝影(PET) 所使用 (B)供應單光子電腦斷層攝影(SPECT)所使用 (C)供應核 醫學放射性同位素治療所使用 (D)供應放射免疫分析使用。

( )28.將氘核(deuterium, D)加速到 7.5MeV 然後把硼–10(^{10}B)的中子擊 出，造成中子不足並使其核中的質子轉變成正子及中子，此為下 列那一核種的製備法？ (A) C-11 (B) N-13 (C) B-12 (D) Be- 10。

( )29.下列哪一核種標記化合物注射到人體後，其釋出的正子在游移 1 至 2 毫米後，會與人體內的電子發生互毀(Annihilation)反應，形 成一對方向相反能量均為 0.511KeV 的加馬光子？ (A) I-123 (B) F-18 (C) H-3 (D) C-14。

( )30.下列何者可不能由加速器加速？ (A)質子 (B)阿伐粒子 (C)中 子 (D)電子。

( )31.一帶電粒子，其電荷為 e（庫侖），磁場強度為 B (Tesla)，垂直 的粒子速度為 v（米／秒），則此粒子將受到一個大小為 F（牛 頓）的力的作用，試問這些物理量彼此間的關係式為何？ (A) F=Bev (B) F=ev/B (C) F=B/ev (D) F=Be/v。

( )32.同上題，此力的方向是在粒子運動的平面內且和它的運動方向垂 直，同時亦使此帶電粒子做圓周運動，設粒子的質量為 m（仟 克），圓周的半徑為 r（米），離心力等於上題所述的 F（牛 頓），試問圓周半徑 r 值應等於下列何項？ (A) r=Be/mv (B) r=mv/Be (C) r=B/mev (D) r=mev/B。

( )33. $^{123}Te+P \longrightarrow n+\underline{\hspace{2cm}}$，空白處應填入哪一核種？ (A) ^{123}I
(B) ^{123}Xe (C) ^{123}Sb (D) ^{125}I。

( )34. 原子爐中以中子照射靶核，若照射時間 t 等於五倍生成核種的半衰期，試問飽和係數 S 值為何？ (A) 0.5 (B) 0.75 (C) 0.969 (D) 0.999。

( )35. 某原子爐核心的中子通量為 5×10^{11} n/cm^2.sec，今將 0.6 克碳酸鈉 (Na_2CO_3) 以氣送管送到原子爐核子部受中子照射 7 天，試計算生成放射性 ^{24}Na 的放射強度為何？已知 ^{23}Na (n, γ) ^{24}Na 中子反應截面為 0.6 邦(b)，^{24}Na 半衰期為 15hr。 (A)23.6mCi (B)42.8mCi (C) 55.1mCi (D)74.5 mCi。

( )36. 同上題，試求 ^{24}Na 的放射比度(S.A.)約為多少？ (A)106 mCi/g.Na (B)212mCi/g.Na (C)318mCi/g.Na (D)424mCi/g.Na。

( )37. 1940 年，E.M. McMillan 及 P.H. Abelson 以 ^{238}U(n, γ)核反應製造出的第一個超鈾元素為何？ (A) Pu-239 (B) Cf-239 (C) Au-239 (D) Np-239。

( )38. 中子截面值σ等於 0.5mb（毫邦），約為多少 cm^2（平方公分）？ (A)5×10^{-24} (B)5×10^{-26} (C)5×10^{-28} (D)5×10^{-30}。

( )39. 磷-32 的放射衰變模式與下列哪一核種相同？ (A) F-18 (B) Tc-99m (C) H-3 (D) C-11。

( )40. 鉈-201 的半衰期等於？ (A)13.2 小時 (B)78 小時 (C)73 小時 (D)67 小時。

二、問答題

1. 選擇放射性示蹤劑(Radiotracer)做為學術研究與科技應用，應考慮哪些因素？

2. 迴旋加速器製備之放射線同位素具有哪些特點？

3. 何謂同位素效應(Isotope Effect)？試舉例說明！

4. 請說明迴旋加速器(Cyclotron)的基本構造、作用原理與輻射安全防護！

5. 何謂無載體(Carrier-free)或無載體加入(No-carrier-added, NCA)？

6. 請問中子(Neutron)與物質的主要作用模式？中子輻射源的屏蔽及其基本防護原理？

7. 何謂比活度（性）(Specific Activity, S.A.)？無載體的 ^{99m}Tc 與 ^{131}I 其比活度分別為多少 mCi/mg？

8. 臨床上使用的放射核種許多都是由 ^{235}U 進行核分裂而來，試列出一些代表性的放射性核種？

三、計算題

1. 試計算 ^{111}In 的比活度為多少 mCi/mg？已知 ^{111}In 的半衰期為 67 小時。

2. 若核反應器中 4 公克的 ^{235}U，熱中子通量為 2×10^{14}/(cm^2.sec)，則欲得 600 mCi 的 ^{99}Mo 需多久的照射時間？已知 ^{99}Mo 的半衰期為 66 小時且核反應截面為 20 mbarns（毫邦）。

Radiochemistry

第 10 章

放射性同位素在不同科技領域中的和平用途與應用

前　言

剛過去的二十世紀常被稱為核能的世紀(Nuclear Energy Era)。因為在該世紀的中期附近，原子科學及核能的初步概念才誕生出來。但有關它的知識卻很快速的進展並被發揚光大，尤其在二十世紀的中後期裡，核能科技的應用知識不論在地球上或在太空領域中，不管在和平用途上或在軍事用途上，均呈現出驚人的結果，迄今仍在繼續的發展中，核能世紀的名稱也因其在科技各方面的廣泛應用而被認定。

在這個過程中，世界上的先進國家，均爭先恐後的建立國家原子科學暨核能研究機構及相關附設單位，並藉由特殊儀器設備的設立從事放射性相關的研究與應用工作。而類似國家級之研究所，本來就編制有很多專任研究人員從事例行研究，但為了要推廣放射性和平用途之應用研究，均再特別建立制度和管道，邀請國內外學者專家擔任特別客座研究，以達到推廣、服務及交流的目的。然而，事實上要將放射性的和平用途達到更積極更有效益的地步，必需讓放射性射源的種類、活度及其取得更具多元性且取得容易或能穩定供應。另一方面，對於放射性物質和可發生游離輻射設備之使用和管理更需建立符合法令的標準作業模式或程序，並持續加強具有合法資格所有人及操作人員之宣導和教育訓練。

10-1　輻射能量的種類、名稱和相關應用

近代物理或核化學等課程裡，常提到輻射（線）和放射性（線）(Radiation; Radioactivity)。在本質上此兩項所指的是相同的事情（實體），且按一般慣例是以輻射（線）通稱之。事實上，輻射（線）一詞所涵蓋的範圍非常的廣，其類別名稱（俗稱）亦很多，其所具備的特性，

例如，能量、波長或頻率等常因相互重疊而不易劃出明顯界線。表 10-1 即說明輻射（線）的涵義，並分別依據其名稱、光譜範圍、波長或頻率、分子結構及化學鍵能等作為分類的基礎。

10-2 放射性同位素之生產

　　放射性同位素的生產與應用，也是核能和平用途的範疇，尤其是在不同科技的研究和應用領域上。為使放射性同位素在各種科技領域中廣泛的被加以使用，首先必須考慮到的是產生放射性的射源是否可直接快速的供應或現場供應。最容易達到此目標的方法是直接製備放射性同位素，且種類愈多愈好。如果因為製備及生產用的設備有所限制而不能直接供應時，亦可以由鄰近國家進口。通常行政院原子能委員會可核准或委託民間機構來辦理此項業務或於轄下相關單位負責生產製備，再直接供應需要的使用者或機構。

　　放射性同位素因具備下列各種特徵，因此在各領域的應用上非常廣泛。

具備高度的機動性：
1. 運送方便（包括航空或海運）。
2. 體積小、包裝容易且攜帶方便。

選擇性大：
1. 放射性種類多，幾乎各個領域不同功能用途的元素的放射性同位素均可以製備供應。

表 10-1　輻射的種類、名稱和相關物理單位

輻射的種類	單位	熱量（轉移能／振動能）		化學能（外殼能）	X－射能（內殼能）	核能	宇宙能
輻射的名稱		微波　　紅外線	可見光 Visible	紫外線	X-rays（電子束）	加馬射線	宇宙射線
波長	cm	10^{-2}　10^{-3}　10^{-4}	10^{-4}	10^{-5}　10^{-6}	10^{-7}　10^{-8}　10^{-9}	10^{-10}　10^{-11}	10^{-12}
波長	Å	10^{6}　10^{5}　10^{4}	10^{4}	10^{3}　100	10　1　0.1	0.01　10^{-3}	10^{-6}
波數	1/cm	10^{-6}　10^{-5}　10^{-4}	10^{-4}	10^{-3}　0.01	0.1　1　10	100　10^{3}	10^{4}
頻率	Hz	10^{12}　10^{13}　10^{14}	10^{15}	10^{16}　10^{17}	10^{18}　10^{19}　10^{20}	10^{21}　10^{22}	10^{23}
能量	eV	10^{-6}　10^{-5}　1	10^{5}	100　10^{3}	10^{4}　10^{5}　10^{6}	10^{7}　10^{8}	10^{8}
能量	cal	10^{2}　10^{3}　10^{4}	10^{5}	10^{6}　10^{7}	10^{8}　10^{9}　10^{10}	10^{11}　10^{12}	10^{13}
能量	J	10^{2}　10^{3}　10^{4}	10^{5}	10^{6}　10^{7}	10^{8}　10^{9}　10^{10}	10^{11}　10^{12}	10^{13}

2. 放射性半生期($t_{1/2}$)長短範圍相差很大，具特異性。

3. 放射性活度及核種輻射種類的能量高低相差很多。

4. 放射性的特性及強度不受壓力、溫度及其他環境因素的影響。

5. 目前的技術已可以達到大量生產供應且快速，且其來源亦很多元，包括天然存在的放射性同位素，核反應器生產的同位素及加速器生產的同位素、放射性同位素發生器。

　　在本章各單元裡，將對於一些相關的及曾在國內實地上發展的放射性應用實例加以介紹，並依其屬性及用途不同概分為物理和化學、醫學、農業、工業以及環境科學等領域，加以簡單的描述。

10-3 放射性同位素應用的模式與原理

　　放射性同位素與物質之間的相互作用模式或其應用的基本原理，主要可分為下列四種：

1. 在物質中追蹤放射性 (Radioactivity Traces In Material)，此與放射示蹤劑的應用技術原理相同。

2. 物質對放射性的影響效應(Material Affects Radioactivity)，亦即應用放射性穿透過物質的強度變化。

3. 放射性對物質的影響效應(Radioactivity Affects Material)。

4. 放射性同位素的釋出能量與熱源作為其他轉化能量應用。

　　其詳細的基本原理說明及其主要用途實例如圖 10-1 所示。

應用類型	原理	常用放射性同位素	主要用途
放射示蹤劑技術 (Tracer technology)	基於放射性同位素的物理與化學性質的相同性、標記同種的一部分，而加以應用	^{3}H, ^{14}C, ^{24}Na, ^{41}Ar, ^{60}Co, ^{32}p, ^{59}Fe, ^{51}Cr, ^{85}Kr, ^{99m}Tc, ^{125}I, ^{123}I, ^{131}I, ^{67}Ga, ^{133}Xe, ^{201}Tl 等非密封射源	● 核子醫學診斷。 ● 工業應用：測流量、摩擦及磨損效果、混合效率、測漏、同位素稀釋示蹤、研究物質的分離、過濾、電解等。 ● 基礎研究應用：研究反應過程、化學分析等。 ● 農業應用：地下水流動與河流、向測定、施肥效率等。
物質對輻射效應 (Material effect on radiation)	基於物質對輻射的吸收、穿透與散射強度的不同與變化，來檢測與控制的應用 $I=I_0e^{-\mu x}$	^{147}Pm, ^{90}Sr, ^{137}Cs, ^{60}Co, ^{192}Ir, ^{241}Am, ^{252}Cf, ^{125}I, ^{195}Au, ^{197}Tl 等密封射源	● 放射照相：加馬與中子非破壞檢驗等(NDT)。 ● 計測儀表及控制：量測密度、水份、厚度、液位與界面等。 ● 密封射源：可攜式密封射源。
輻射對物質效應 (Radiation effect on material)	基於輻射對物質激發、游離與分解等反應所產生的物理、化學與生物效應的應用	^{60}Co, ^{137}Cs 等密封射源及粒子加速器	● 放射治療。 ● 輻射照射的醫材滅菌、食物保鮮、品種改良、高分子聚合等。 ● 環保應用：廢氣、廢水、污泥等處理。
能與熱源 (Heat and Energy sources)	基於同位素的輻射能與熱能直接或間接轉換成電能的應用	^{238}Pu, ^{147}Pm, ^{60}Co, ^{90}Sr, ^{137}Cs, ^{210}Po, ^{144}Ce, ^{242}Cm 等密封射源	● 同位素電池應用於氣象台、太空船、人造衛星與人工心臟等。

圖 10-1　放射性同位素應用之基本原理

10-4 放射性同位素技術在物理和化學各方面之應用

　　物理和化學在科學領域學門裡是屬於一般性的基本分類。但有時仍難免會存有一些共通性或類似的分析技術，此時可以利用放射性同位素技術加以釐清並藉以了解應用的基本觀念或現象。

10-4-1 放射性同位素技術在物理方面之應用

一、放射性同位素技術利用於年代測定
　　(Radioisotopic Age Determinative)

　　由於宇宙射線經常性的與大氣和地球表面的各種原子碰撞並誘起核反應與產生中子。因此，整個地球表面可說是時常曝露於中子的照射。雖然那些中子所持有的能量水平並不高，但由這些中子所誘起的碰撞機率卻相當均勻，並且可能產生低水平的放射性。放射性同位素碳－14 (^{14}C)即是由於大氣中的氮與宇宙射線相互碰撞〔$^{1}n + {}^{14}N \rightarrow {}^{14}C + {}^{1}H$，或 $^{14}N\,(n,\ p)\,{}^{14}C$〕，所產生出來一極為普遍的放射性同位素。碳－14 同位素之半衰期(Half Life)為 5,730 年。這個半衰期的長短程度如果與人類的壽命或一般動植物的生命期相比顯然為相當長的時間。

　　宇宙射線與地球外層大氣的氮反應所生成的碳－14，常會與空氣中的二氧化碳起同位素交換反應而成為 $^{14}CO_2$，草綠色的植物（或生物）透過光合作用(photosynthesis)而含有碳－14 的二氧化碳($^{12}CO_2$)。據一般的經驗所獲得的訊息記載，尚存活中的植物和動物（包括微生物），其體內所含的放射性碳－14 的濃度均具有一定的比例和濃度，且 ^{14}C 因自然β^-衰減($^{14}C \xrightarrow{\ \beta^-\ } {}^{14}N$)與大氣所製造的 ^{14}C 遞補速率可趨向等值，並成為循環的平衡狀態。如果生物體一旦死亡，其體內新的碳－14 的彙集立刻停

止，碳－14 濃度不但不增加反而開始衰變。因此在該生物體死亡的時間開始到後來測定同一試樣的放射性碳－14 的時間為止，這一期間該生物體試樣的碳－14 的放射性比度(Specific Activity, S.A.)將會慢慢減低。利用此一變化可以鑑定某一古代物品的年代。尤其適用於測定泥煤(Peat)、木質物件(Wood)等，如古木、木炭、炭化骨骼及其他如髮類、皮革類、紙類、布類、貝殼、蜜蠟、繩類等的年代。此法亦稱為放射性碳－十四定年法(Radiocarbon Dating Method)。目前，此法已被廣泛的應用到考古學 (Archaeology)、地質學 (Geology)、生態學 (Ecology) 及氣候學 (Climatology)。

 例 10-1 ───────────────────────

某一古代木料的燒灰試樣，已知係由冰河時代所遺留下來的。取此試樣一少量按既定步驟加以處理而成為二氧化碳，得 $^{14}CO_2$ 的放射性比度(Specific Radioactivity)為 3.8 dpm/g（衰變／分／克）。另外，以相同的步驟對尚存活的微生物所得的 $^{14}CO_2$ 的放射性比度為 15.3dpm/g。試問該古木灰的年齡為多少？由此法應可以估計地球的冰河時代的年限。

解

設 t 為古木灰從冰河時期至現今的時間（即古木灰的年齡），N 為冰河時代遺傳下來的古木灰中的 $^{14}CO_2$ 的放射性濃度，N_0 為現在尚存活的微生物（植、生物）中的 $^{14}CO_2$ 的放射性濃度（均可以放射性比度 Specific Radioactivity 表示之），則三者之間可以式(10.1)表示之。

$$N = N_o e^{-\lambda t} \quad\text{...(10.1)}$$

在此 λ 為放射性碳－14 的衰變常數，而 λ 與碳－14 之半衰期（$t_{1/2} =$ 5,730 年）之間的關係為（ln 為自然對數的符號）

$$\lambda = \frac{\ln 2}{5730} \quad\text{...(10.2)}$$

由題意式(10.2)可得

$$\lambda = \frac{\ln 2}{5730} = \frac{0.693}{5730} = 1.23 \times 10^{-4} \;（1／年） \quad\text{...............................(10.3)}$$

由式(10.1)可得

$$\ln\left(\frac{N_o}{N}\right) = \lambda t \quad\text{...(10.4)}$$

依題意及式(10.3)代入式(10.4)可得

$$\ln\left(\frac{15.3}{3.8}\right) = \lambda t$$

由式(10.3)

$$t = \frac{\ln 4}{\lambda} = \frac{\ln 4}{1.23 \times 10^{-4}\,(1／年)} = 11,457 \;（年）$$

因此可知該古木灰的年代約為 11,457 年。

二、放射性同位素技術應用於靜電前的消除
(Radioisotopic Technologies Applied in Elimination of Electrostatic Charges)

當絕緣體以很快的速度互相摩擦時靜電荷會被彙積起來。這種由摩擦而引起的電荷在某些工廠裡可能會造成麻煩，甚至會帶來災害。而利用放射性同位素發射出來的放射性則可以有效改善絕緣體的導電度。例如，在製紙工廠裡，由於紙與紙持續性的摩擦而產生靜電荷，可能引起互相反撥的作用，因此對於生產製程將會導入不利的條件。另外，在印刷工廠裡紙張間的相互反撥力量將會變成加壓成冊過程的障礙。

類似上述的現象在橡膠薄片(Thin Rubber Sheets)或塑膠薄片(Thin Plastic Sheets)的加工和生產過程亦可能出現。另外，在天然絹絲(Natural Silk Fiber)或其他人造絲等紡織工業中的紡成絲線(Spining)工程及紡織工程中均可能導進與前述相同的靜電荷的問題。對於如此的製程，靜電荷的干擾均會引進負面的效應。

為要減少靜電荷的影響，已知的方法是將製造過程的機械運轉速度加以減慢即可收效，但如此一來亦將造成產量的降低，並且經濟效益亦會受影響。事實上，另一更嚴重問題是帶靜電荷的絲線將吸附著帶相反電荷的塵埃粒子。此種污染雖然經過洗滌亦不能完全除掉。

放射性同位素技術極適合於消除上述情況所產生的靜電荷。放射性，特別是具有較高的游離比度者(High Specific Ionization)可以將空氣中的氣體分子使其游離後產生移動性很高的離子。此離子可以增加氣體的導電度，並可使一般的電流在不相同的電荷的位置上或目的物之間流通，如此靜電荷即可被中和而解決其所帶來的問題。

　　關於放射線射源的選擇，只要可以放出阿伐射線或貝他射線的放射性同位素均頗為適合。因為，阿伐及貝他射線的穿透力低，且空氣中的游離比度皆高。另外，此類放射射源，從體外輻射防護及屏蔽設施的觀點來看亦較為有利。放射性同位素 ^{210}Po, ^{226}Ra 及 ^{241}Am 等均為放出阿伐射線者。這些放射性同位素可以將 3~4 cm 厚的空氣層離子化。對於更厚的空氣層，需要利用可以放出貝他射線的放射性同位素，如 ^{35}S, ^{90}Sr 等。這些放射性同位素的表面放射性活度不能低於 4 MBq/cm^2 (0.1 mCi/cm^2)。在實際應用上述兩類放射性同位素時，均要很均勻的塗在適當大小的金、銀、白金或鋼板上來加以使用。塗裝工程的品質很重要，特別是在保證期間內必須嚴格的鑑試並時時刻刻要檢查整個系統是否有洩漏現象。而有關靜電荷的消除工作流程，即在兩個一對的目的物(Object)之間放進空氣層。放射性同位素塗在下面的金屬板上，該板事前已作好接地。離子流是在兩個相對的目的物(Object)之間的空間產生，如圖 10-2 所示，此方法對耐放射性的物質皆可以應用。

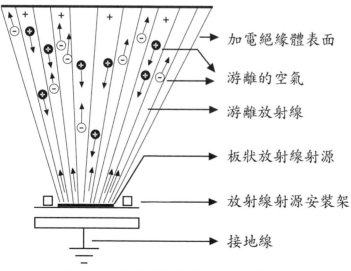

・圖 10-2　以放射性同位素消除靜電原理

　　另外，尚有一種相反的應用方法，例如在光學公司、軟片生產工廠所使用的方式。在這個方式的應用裡，先設定已接地好的小空間，且已經過適當的遮蔽。將經電離過的空氣以類似頭髮吹風機運作的方式，對帶電荷的"目的物"吹上去中和靜電荷。此法的原理與頭髮吹乾頗為相似，此方式產生的電流一般約為 0.1 毫安培。

10-4-2　放射性同位素在化學方面的應用

　　在化學的領域裡，放射性同位素技術的應用非常廣泛，例如同位素稀釋分析法(Isotope Dilution Analysis, IDA)、放射性定量滴定法(Radiometric Titration)、中子活化分析法(Neutron Activation Analysis, NAA)、放射性層析法(Radioactive Chromatography)、放射性同位素交換反應(Radioisotopic Exchange Reactions)等。上述的方法均屬於獨立的放射分析方法。除此之外，如溶劑萃取法(Solvent Extraction Method)、離子交換層析法(Ion Exchange Chromatography)等在分離步驟中，亦常常當做輔助性的放射性同位素技術的一部分而合併應用。在這一節中，將對於較為普遍化的同位素稀釋分析法，放射性定量滴定法以及中子活化分析法等三種方法加以說明。

一、同位素稀釋分析法(Isotope Dilution Analysis)

　　同位素稀釋分析法是於 1930 年代由 Hevesy（哈維錫）和 Hobbie（赫比）發展出來的定量分析技術。同位素稀釋分析法可分為直接同位素稀釋分析法(Direct Isotope Dilution Analysis, DIDA)以及其他兩種不同的且較為複雜的分析技術，即逆向稀釋分析法(Reverse Isotope Dilution Analysis)以及雙重稀釋分析法(Double Isotope Dilution Analysis)。在本節僅就最常使用的直接同位素稀釋法加以詳細說明。

　　一般而言，在作有機化合物或生化物質等混合物的分析時，常須要將其個別成分加以分離後始可進行定量工作。但經常遇到的情況是測試試樣的化學結構頗為相似，甚至化性亦極為接近，以致於在分析前的分離工作很難進行。例如在一鹵素混合物中欲分析碘離子的含量，由於碘離子與鹵素族元素化性極接近，要先加以定量分離或作化學前處理極為困難。同位素稀釋分析法可以提供較為理想的分析技術解決這些困擾，且快速簡易又省時。另外，當整個欲分析的成分試樣(Entire Sample of Analysis)，在實際取樣過程中不易獲得，例如，測定人體血液體積或血球體積，或測定某一湖泊中微量成分物質，利用同位素稀釋法即是一可行且準確度高的好方法。

直接同位素稀釋分析法(Direct Isotopic Dilution Analysis, DIDA)

　　直接同位素稀釋分析法是一種定量分析法。此法的基本原理是非放射性同位素（即所謂穩定同位素）和該元素的放射性同位素經過均勻混合之後，所得的總放射性活度不會因為在化學操作步驟之前和之後而有所改變。即在化學操作步驟前的放射性活度和經過任何化學步驟之後的放射性活度是一樣的。直接同位素稀釋分析法的實際操作較為簡單，謹敘述如下：

　　設某一已知試樣溶液中含有欲分析且未知質量(m_x)的非放射性的物質。今對此試樣溶液額外加入另一溶液，此加入的溶液含有該物質的放射性同位素標記的欲分析之成分物質，且其質量為 m_1，放射性活度為 A_1（已知）。而此加入的放射性同位素標記的欲分析之成分物質我們統稱為 "記號物質" (Spike)。將上述已知試樣與 "記號物質" 均勻混合後，使兩者達到平衡狀態。然後取出混合物的任意一小部分（但必須為可稱其重量的程度，並加以純化到很高純度）。設此一取出部分的質量為 m_2，且測定其放射性活度值為 A_2。

依據上述之說明下列各項可以成立，如表 10-2 所示。

表 10-2

	質量	放射性活度比度
混合前試樣中非放射性物質	m_x	0
記號物質(Spike)	m_1	$a_1 = A_1/m_1$
混合後非放射性物質＋放射性物質	$m_1 + m_x$	$a_2 = A_2/m_1 + m_x$

由上表可得

$$A_1 = a_1 m_1 \cdot A_2 = a_2 (m_1 + m_x)$$

因　$A_1 = A_2$，所以

$$a_1 m_1 = a_2 (m_1 + m_x)$$

整理後

$$m_x = \left(\frac{a_1}{a_2} - 1 \right) m_1 \quad\cdots\cdots\cdots\cdots\cdots\cdots\cdots\cdots\cdots\cdots\cdots\cdots\cdots\cdots (10.5)$$

$a_1 \cdot a_2$ 分別代表記號物質的放射性比度和混合後混合物的放射性比度。

例 10-2

某溶液中含有未知量的鈷。記號物質溶液係由 7.5 毫克的放射性鈷－60 配製。其活度為 340 cpm。將 10.0 毫升的此溶液加入於未知量鈷的溶液中混合均勻，然後再取出一部分的混合液並以電鍍法將鈷單離出來，測得其質量為 10.3 毫克，放射性活度為 178 cpm。試求原始溶液中的鈷的濃度為多少？

 解

由題意得

$a_1 = 340 \, cpm/7.5 \, mg = 45.3 \, cpm/mg$

$a_2 = 178 \, cpm/10.3 \, mg = 17.3 \, cpm/mg$

代入公式(10.5)

$m_x = (a_1/a_2 - 1) \, m_1$

$m_x = (45.3/17.3 - 1) \, 7.50 \, mg = 12.1 \, mg$（鈷）

此量為在 10.0 ml 溶液中鈷的質量，故原始溶液鈷的濃度為 1.21 mg/ml。

二、放射性定量滴定法(Radiometric Titration)

傳統放射定量分析法(Radiometric Analysis)其操作原理乃是使用已知放射活度的放射性試劑(R*)能夠與未知量且不具放射性的欲分析成分物質(X)相結合生成一具放射性的化合物(R*X)，然後從測定此化合物的放

射活性去計算原來物質(X)的含量。常見的放射定量分析法主要包含放射定量法(Radiometric Method)及放射定量滴定法(Radiometric Titration)兩種。放射定量法主要應用於放射性試劑為沉澱劑，例如，^{110}Ag 能與鹵素離子產生沉澱，^{131}I 能與銀離子產生沉澱，^{131}Ba 或 ^{212}Pb 能與硫酸根離子或鉻酸根離子產生沉澱，另外，^{32}PO$_4^{3-}$（磷酸根離子）能與鋁、鈹、鉍、鎵、銦、釷、鈾、鋯及稀土類(Rare Earth Elements, REEs)等陽離子產生沉澱。由測定原來已知活性的放射性試劑的量，並計算反應結束後所過濾沉澱產物的放射活性與濾液中過剩的放射性試劑放射活性，即可求得原來未知反應物(Unknown)的濃物含量。放射定量滴定法即是本節所要詳細說明且應用較多元的一種放射定量分析法。

通常，滴定曲線係以滴定溶液的容積（此亦代表酸鹼中和的百分率，氧化或還原反應的滴定程度等）為函數說明被滴定溶液中的放射性活度的變化，並且可依據滴定曲線的反曲點將該滴定反應的當量點加以設定。由於整個滴定反應中，被滴定液的總放射性活度保持不變，因此為了要獲得滴定反應的終點須要在如沉澱法或溶劑萃取法等具有 "相" 的交換或變化正在進行時始有可能。

在沉澱滴定反應法中，相之交換是跟著化學反應的性質而來的。所有其他型式的滴定反應如錯化反應(Complexing)、氧化－還原(Redox)及酸鹼滴定(Acid-Base Titration)，滴定操作本身絕大部分並不包含相的交換。關於是否有相之交換情形，需要以適當的輔助步驟，例如溶劑萃取、離子交換等來加以證實。對於持有顏色或呈混濁狀溶液或非水溶劑的溶液，放射性定量滴定法是值得利用的方法。因為在這個方法中可以利用放射性顯示出當量點，且不必將滴定液一滴一滴的滴入被滴定液中，可以一次取一定標準滴定溶液加入，將沉澱物過濾，再測濾液及沉澱物放射活性，劃出滴定曲線。這也是此分析法具有 "目的性" 的優點。以下兩個單元將介紹兩種不同型式及操作方法的放射性定量滴定

法 ， 包 括 萃 取 滴 定 法 (Extraction Titration Method) 與 沉 澱 滴 定 法 (Precipitation Titration Method)。

1. 萃取滴定法(Extraction Titration Method)

利用萃取方式的放射性定量滴定法的操作，可以就錯鹽生成反應的情況來加以說明。該反應的生成物可以使用與水不互溶的有機溶劑加以萃取出來。兩個不同的相即水相及有機相中的放射性活度可以分別對應滴定劑的容積的函數變化。其情形如圖 10-3(a)及(b)所示，X 軸代表滴定溶液的體積，Y 軸代表放射性強度，垂直的虛線所對應的點代表滴定終點(Ending Point)。

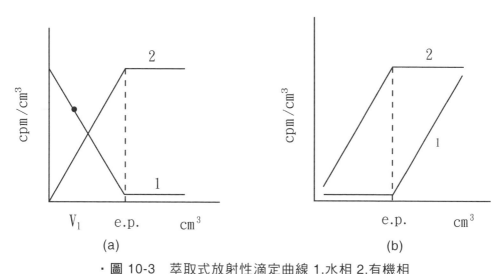

· 圖 10-3　萃取式放射性滴定曲線 1.水相 2.有機相
(a)滴定溶液為非放射性溶液，被滴定的溶液為具有放射性的溶液
(b)滴定溶液為具有放射性溶液，被滴定的溶液為不具有放射性的溶液

其中，第一種例子為某一放射性物質（離子）或經放射性同位素標記的成分物質，以不含放射性且已經標定的滴定溶液（滴定劑溶於有機溶劑中）加以滴定的例子。此例子另一種操作方式是使用以水為溶劑的

滴定溶液，在有機溶劑的存在下進行滴定步驟。反應生成物即可以藉不溶於水的有機溶劑加以萃取。水相中的放射性活度將降低，但有機相中的放射性活度在滴定步驟中卻反而增加。當抵達當量點後水相及有機相中的放射性活度將達到一恒定值，如圖 10-3(a)所示。

另一例子是不含放射性的被滴定溶液以放射性滴定溶液滴定的例子。如果反應生成物是可溶於有機溶劑，水相的放射性活度實際上幾乎等於零（或幾乎等於背量值），且這種情況一直持續到當量點為止，亦即在有機相的生成物已達到飽和的滴定終點。經過此點以後僅剩水相的具放射性的滴定溶液存在，此時水相活性即急升的很快。而有機相的放射性活度隨著滴定生成物的濃度慢慢一直在增加直到到達當量點，爾後就保持一恒定值，如圖 10-3(b)所示。一般而言，滴定步驟是一步一步以分液漏斗實施，此法因為要施行萃取的步驟所以連續性滴定及自動化滴定操作均有困難，而當量點之裁定可以在滴定曲線上以作圖法得之。

2. 沉澱滴定法(Precipitation Titration Method)

沉澱滴定法是以加進去的滴定溶液的容積為函數，測定濾液及沉澱放射性強度劃出滴定曲線。依據放射性的標記的方式共有三種滴定曲線呈顯出來，X 軸代表滴定溶液的體積，Y 軸代表放射性強度，轉折點為滴定終點(Ending Point)。一般而言，滴定曲線上的每一個點須要經過實際實驗步驟而得，即每一完整的滴定曲線必需花掉 40~50 分鐘始可完成。事實上為了要分析一系列的試樣可以利用公認的外插法。

圖 10-4(a)說明 L 型滴定曲線，在該圖中被滴定的溶液為放射性物質，滴定溶液為不含放射性的物質。圖 10-4(b)是 J 型的滴定曲線，在本圖中被滴定溶液是不含放射性物質，滴定溶液是放射性物質。圖 10-4(c)表示 V 型滴定曲線，在此例中被滴定的溶液及滴定溶液均為含有放射性物質的溶液且比較前面兩種，V 型滴定曲線的滴定終點較明顯。

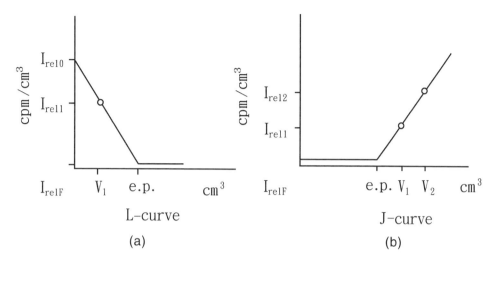

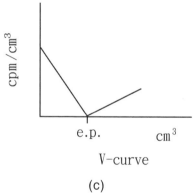

・圖 10-4　放射性沉澱滴定法

(a)被滴定溶液具有放射性，滴定溶液沒有放射性

(b)被滴定溶液沒有放射性，滴定溶液具有放射性

(c)被滴定溶液與滴定溶液均為放射性溶液

10-4-3 中子活化分析法

一、中子活化分析法原理

中子活化分析法是一種很普遍的放射分析方法。特別是需要分析很少量的已知試樣中所存極微量未知物質的種類和含量時,更可發揮其功能。中子活化分析法之基本原理,主要是將無放射性的分析試樣以中子加以撞擊,即可得激發性中間產物(Excited Intermediate)並在 10^{-14} 秒以內放出加馬射線,稱之為瞬發加馬射線(Prompt Gamma Ray)。爾後所得的放射性產物(Radioactive Products)即可以進行阿伐、貝他或加馬射線的衰變模式。此時所觀察到的加馬射線稱為延遲加馬射線(Delayed Gamma Ray)。上述,瞬發加馬射線,延遲加馬射線、阿伐射線及貝他射線等均可以適當的偵測儀器測定之並直接或間接獲得未知物質定性和定量資料。圖 10-5 可說明中子活化分析法之原理。

在實際的中子活化分析測試時,利用比較法是較為方便。在試樣 Y 中的未知質量為 X,經過中子照射後得放射性 X^*。另準備一標準試樣其中含有已知質量的 X,並與試樣 Y 放在同一位置,經中子照射一相同時間,然後與待測之未知物質活度相比較。亦即,

$$\frac{（待測試樣Y中未知X的質量）}{（標準試樣中已知X的質量）}=\frac{（待測試樣Y中未知X^*的放射活度）}{（標準試樣中已知X^*的放射活度）}$$

所以,待測試樣 Y 中未知 X 的質量 =

$$\frac{（標準試樣中已知X的質量）\times（待測試樣Y中未知X^*的放射活度）}{（標準試樣中的已知X^*的放射活度）}$$

分析試樣由主成分○及微量的其他
成分△所組成

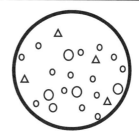

分析試樣經中子撞擊後僅小部分的
原子變成放射性核種▲●

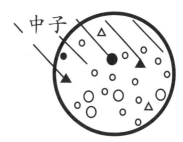

放射性核種射出加馬射線，由其能
量可判別元素的種類，由其放射性
活度可知其含量。

・圖 10-5　中子活化分析圖示意圖

相關的定量計算公式如下：

$$A = [N\sigma\phi E\,(1 - e^{-\lambda\,t_{irr}}) \cdot e^{-\lambda\,t_c} \cdot (1 - e^{-\lambda\,t_m})]$$
$$或\ C = [N\sigma\phi E\,(1 - e^{-\lambda\,t_{irr}}) \cdot e^{-\lambda\,t_c} \cdot (1 - e^{-\lambda\,t_m})] / \lambda$$

其中，$A = C\lambda$，$N = 6.02 \times 10^{23} \times \dfrac{W}{M}$

A： 代表經中子照射後試樣中分析成分 X* 的放射強度，單位為計數／秒 (cps)。

C： 代表經中子照射後試樣中分析成分 X* 的全部計數(Total Counts)。

N： 代表分析成分 X 的起始原子數目(Number of Target Atom)。

σ： 代表核反應截面(Nuclear Reaction Cross Section)，單位為平方公分，常見 1 邦(barn, b)等於 10^{-24} 平方公分。

φ： 代表熱中子束的通量(Thermal Neutron Flux)，單位為粒子數／平方公分·秒(particles/cm^2.sec)。

E： 代表偵測儀器的偵測效率(Detection Efficiency)，%。

λ： 代表生成放射核種的衰變常數(Decay Constant of Radioisotope)，單位為 1/秒(1/s)。

t_{irr}： 代表中子照射的時間(Irradiation Time)。

t_c： 代表中子照射以後，尚未計測的冷卻衰變時間(Cooling Time)。

t_m： 代表儀器量測時間(Measurement Time)。

W： 代表分析成分 X 的質量，單位為克。

M： 代表分析成分 X 的原子量。

二、中子活化分析法的分類
(Categories of Neutron Activation Analysis)

依據待測試樣經過中子照射前後，但尚未偵測其放射性活度之前的化學處理方法，約可將中子活化分析法分為下列三種類別：

1. **破壞法(Destructive Method)**：此法亦稱為放射化學分離中子活化分析法(Radiochemical Neutron Activation Analysis, RNAA)。本法是將經過中子照射過的待測試樣施以放射化學分離處理步驟，藉以除去干擾性高的放射性核種。

2. **非破壞法(Non-destructive Method)**：此法亦稱為非破壞性儀器分析法(Non-destrautive Instrumental Neutron Activation Analysis, INAA)。依本法從事中子活化分析時，經過中子照射過的待測試樣，不需加以任何化學操作處理或分離步驟而直接以放射性偵測儀器，測定各放射性核種之放射線活度，藉其加馬能譜的分析與比較做各試樣成分的鑑定。

3. **化學中子活化分析法(Chemical Neutron Activation Analysis, CNAA)**：以本法進行中子活化分析的特色是在中子照射以前，先將部分較為特殊的分子化合物(Molecular Compound)進行化學分離，然後才繼續中子活化分析的後續步驟，此法基本上亦可視為破壞性的中子活化分析法。另外，此法可將分析試樣中欲測未知物質的其他干擾基質先行去除或純化，且不需像破壞法(RNAA)在進行分離純化步驟時，要特別注意待測物質活性大小及測量人員輻射安全防護。

三、破壞性中子活化分析法
(Destructive Neutron Activation Analysis)

　　一般而言，中子活化分析用的中子源利用核反應器（俗稱原子爐）的機會最多，但亦可以使用加速器或放射性同位素如 Cf–254（鉲－254）等。中子照射待測試樣時，除要將欲分析的核種照射變成為放射性核種之外，同時存在於該試樣中的其他核種亦同時被活化而變成另一種放射性核種。此時這些非測試的核種就成為干擾性的放射性核種，將影響整個實驗定量的準確性，因此需要加以適當的放射化學分離始能獲得滿意的分析結果。特別是在下列條件時放射分離的操作其意義更為重大：

1. 共存的干擾性核種之放射性很強。

2. 必須僅以貝他射線計測時。

3. 在計測加馬射線時共存的核種的加馬能量與待測試樣非常相近時。

　　以本法進行中子活化分析時如果待測試樣的半衰期$(t_{1/2})$在 30 分鐘以上者，大致可以利用一般常用的化學分離法。如果其半衰期在 30 分鐘以下者或更短，則必須以特殊的快速分離操作法進行，如電腦連線自動測試方法等。

　　化學分離法的重要性在於下列各點：

1. 提高分析的靈敏度(Sensitivity)。

2. 改進精密度(Precision)。

3. 可以增加可資利用的偵測核種。

4. 縮短分析所需時間，不必等其他較短壽命核種之衰變完畢。

四、非破壞性儀器分析法

(Non-destructive Instrumental Neutron Activation Analysis)

此型式的分析法主要是待測試樣經過中子照射後，不經任何化學處理而直接以偵測儀器測試試樣中各放射性核種之放射性活度，並藉由加馬能譜加以作定性及定量分析。本法的另一特點是多元素同時定量分析，除此之外本法比破壞性活化分析法具有快速、方便且操作簡易的優點。

非破壞性儀器中子活化分析發展的歷史較短。因它的普遍化是依賴於昂貴的半導體偵檢器，如對加馬能譜具有很高的分解能力的高純度鍺(HPGe)或鍺（鋰）(Ge (Li))晶體的特性。在使用上利用多頻道脈高分析儀(Multi-channel Analyzer, MCA)與上述半導體偵檢器併連即可獲取加馬能譜，再配合電腦的處理，此分析系統即可做為加馬能譜的解析與數據的顯示，非破壞性的儀器中子活化分析尤其特別適合於多元素之同時分析。

五、中子活化分析法之優點與缺點(Advantages and Disadvantages of Neutron Activation Analysis)

中子活化分析法之優點

1. 高靈敏度(High Sensitivity)。
2. 高選擇性(High Selectivity)（對於複雜的 Matrices 亦可以使用）。
3. 多元素同時分析可行性高(Multi-elements, Simultaneous Analysis)。
4. 不受試藥及實驗室污染的影響。
5. 與試樣的環境(Matrix)及化學分子結構形式(Chemical Species)無關。
6. 快速、試樣測試工作量大（可以做很多分析）。

中子活化分析法之缺點

1. 僅測定到元素態(Elemental Chemical Species)的全量，但對詳細的分子化學結合型態(Molecular Chemical Speciation)不詳。

2. 建立半導體偵檢器，多頻道脈衝分析儀，計測器及電腦系統花費較為昂貴。

3. 需要有中子照射的場所，如原子爐，且需考量輻射安全與屏蔽。

4. 並不是所有的元素均可適用。如 Pb, Sn 或其他中子截面較小的元素等，則較不理想。

六、中子活化分析法應用實例

在國內中子活化分析法之應用非常廣泛，下面列出主要的中子活化分析之實例。

利用破壞法中子活化分析法者：

1. 台灣地區工業廢水之分析。

2. 台灣地區上水道水之分析。

3. 台灣地區出產米中微量金屬之定量分析。

4. 台灣工業品中不純物之分析。

5. 台灣地區海水中汞、金、及銅之元素分析。

6. 利用電解法製造氫氧化鈉的工廠工作人員，尿中水銀的含量分析。

利用非破壞法儀器中子活化分析法者：

1. 生物及醫學上的應用：如生物體中微量元素（為生命所不可缺的）的定量。

2. 宇宙及地球科學上的應用：如隕石、月球的物質成分元素研究及其相對存量測試。

3. 高純度物質方面的應用：現代科技對物質的純度要求日益嚴格，如半導體、精密電子工業用物質的規格及品質的分析。

4. 食品化學工業上的應用：罐頭等食品中微量有害元素（如 Hg, Cd, Cr, Sc, As, Sb 等）的分析。

5. 工業上應用：如在產品製造過程中有關品質的自動控制及管理，利用中子活化分析法做線上分析。鋼鐵中氧及硫的含量分析或石油中氧、氮、矽等元素的含量分析（使用小型的 14 MeV 中子發生裝置）。

6. 環境科學上的應用：由車輛製造工廠的排氣所引起的空氣污染，以及土壤、河川或海洋等的管制應用分析。

7. 犯罪學上的應用：非破壞中子活化分析法所需樣品量很少且可保留原證物，所以在犯罪學上特別受到重視，對人體組織如毛髮、血液、指甲等各成分元素分布及其含量之分析，有如 "核子指紋" (Nuclear Finger-printer)一般，具有指標性及特異性。

10-5 放射性同位素在醫學方面的應用

　　自西元 1895 年德國物理學家 Roentgen（侖琴）發現 X－射線以後，人類就開始與放射線結緣。而放射線對人體之影響的最基本認識也是不斷的由 X－射線的實驗和研究建立起來的。這一百多年來 X－射線對人類的健康貢獻非常大，雖然大家知道曝露於 X－射線，可能對人體多少會造成一些影響或傷害，但如果病患均能進一步能了解此一事實，即由於接受到少量的 X－射線的曝露而可得到正確的診斷訊息比前者所述更為重要，且為了保持身體健康可獲得更大價值時，病患接受 X－射線的檢查仍是必要的。其他如在核醫學的領域裡亦到處都可能有機會曝露於各種放射性同位素的放射活度，但其獲得疾病診斷和治療所帶的效益，

仍是值得的。以上述的觀點來處理放射性在醫學上之應用事宜,對於放射性的恐懼感或憂慮情形自然就可以減輕。

10-5-1 臨床核醫學

核醫學(Nuclear Medicine)是放射醫學領域中的一支也是臨床醫學的一門專科。這一個部門與其他學科甚不相同,因為它主要是使用放射線同位素本身的原子核的特性來從事醫療工作。在國內規模較大的區域教學醫院以上,大都均已設置核醫科。

在臨床核醫科其主要工作可概分為四個部分。其中之一為疾病的體內造影診斷(*In Vivo* Diagnostic Imaging Procedures)與體內非造影功能性檢查(*In Vivo* Non-Imaging Test)。第二部分為體外試管檢查(*In Vitro* Functional Test)。第三部分為疾病的同位素治療(Radioisotope Treatment)。第四部分為核醫藥學(Nuclear Pharmacy)或稱為放射藥品(Radiopharmaceuticals)的配劑。

第一部分關於疾病的造影,主要是收集放射活性在身體器官或組織的分布模式,提供臨床診斷之訊息,此部分即為所謂的體內的診斷造影程序(In Vivo Diagnostic Imaging Procedures),另外關於體內非造影功能性檢查,此類檢查主要基於核醫藥物注射後活性在特定器官或身體系統之吸附、稀釋、濃縮或排泄,這類檢查並不要求造影,只分析及評估得自身體器官或從血液、尿液樣品之活性計數,例如利用放射性碘攝取評估甲狀腺功能,利用口服 ^{57}Co 或 ^{58}Co 標記維生素 B_{12},評估維生素 B_{12} 經胃腸道之吸收。第二部分體外試管檢查主要在於它們不用對病人注射放射藥物,只需要取少量人體血液進行體外試管測試即可。體外檢查主要基於放射免疫分析(Radioimmunoassay, RIA)的原理,作體外測定各種抗原抗體之方法,目前這類檢查臨床上常作的有內分泌激素、病毒及細菌性抗體、腫瘤標記、酵素血清蛋白、藥物及維生素濃度等，亦是公認最佳的免疫分析方法，所測到的濃度可達 10^{-12}g/ml，且少有交叉反應，其靈敏度與特異性非一般生物或生化測定法所能比擬。第三部分治療程序就項目而言比較有限，大家較熟知的主要包括放射性碘-131 治療甲狀腺機能亢進及甲狀腺癌，磷-32 治療真性紅血球增多症(Polycythemia)，鍶-89 治療轉移癌，^{186}Re-HEDP, ^{153}Sm-EDTMP 等治療骨痛(Bone-Pain)。此外，以放射免疫療法(Radioimmunotherapy)，利用單株抗體(Monoclonal Antibody)當作運輸工具利用抗體和抗原的結合關係，把含放射性同位素如 ^{131}I, ^{90}Y, ^{105}Rh, ^{67}Cu, ^{188}Re, ^{32}P 等帶到腫瘤位置給予局部治療，亦是臨床治療的另一項重要突破。第四部分核醫藥物的配劑，由於它使用在人體上，故必需進行與傳統藥物相同的品質管制，包括無菌、無熱原、安全無毒性等，以避免造成疾病之有機化，或病人發高燒及其它副作用等，在放射活性的標記上，也要符合合理抑低(ALARA)的原則，同時使用過的同位素廢液、同位素發生器、注射針筒、注射小瓶、手套等皆要作好放射廢料之處置與管理。

10-5-2　核醫技術應用於疾病的診斷

核醫科技所利用的步驟正如放射性示跡劑技術(Radiotracer Technology)一樣是可以提供重大的診斷或分析的訊息，而該訊息通常是以其他方法不能獲得的。雖然大家知道放射線可能對於病患會有所傷害，而質疑為什麼要將病患曝露於放射線的照射或核醫藥物的體內曝露呢？對於此問題在醫學上較正面的一種辯解是對於放射線之使用是沒有特殊的限制，但在醫院內，風險與健康利益(Risk/Benefit)的關鍵問題是由醫師與病患共同決定。

　　對於病患所投與的放射性藥物必須在目的器官內停留足夠的時間，始可使其完成功能性的診斷，但也不能超過太久的時間。這樣就可以讓因放射性的曝露所引起的損害降至最低程度。一般而言，某放射性藥物可能發揮其用處的時間就是所謂的有效時間的長短，亦稱為有效半衰期(Effective Half-life)，它主要是依存於該放射性藥物的放射半衰期($t_{1/2}$)，包含物理半衰期(Physical Half-life)和生物半衰期(Biological Half-Life)兩項因素所決定，也就是說該藥物在由於新陳代謝步驟而喪失其放射性之前，或在全部由該系統被排泄出去之前尚殘留在體內的放射性。通常使用於核醫用藥物的核種的放射性半衰期已知者為多。但其生物學機制和帶放射性追蹤劑的分子形態則並不很清楚。事實上這些問題是核醫藥物學者在該藥物的初試階段中必須建立其模式或解答的。

　　由於放射性核種放出來的放射性的型式(Type)及種類亦是需要加以考慮的。在核醫學診斷方法中放射性藥物之利用主要是為了獲得生物學結構的影像(Biological Structures Image)。為了將其影像成功的照出來放射線必須能穿透人體或目的物，然後再進入偵檢器收集訊號造影成像。在此通路(Passage)中需要將放射線與目的物（例如：器官）之間降至最低程度的干擾或放射性曝露，因此所使用的放射性劑量必須合理抑低。對於很多以診斷為目的的檢查或造影，應多利用僅能放出加馬射線而不放出其他粒子性的放射線者，如阿伐粒子、貝他粒子為宜。

　　表 10-3 列出週期表一些元素，其放射性同位素在核醫領域裡常用於疾病的診斷(Diagnosis)及治療(Treatment)。

表 10-3 臨床診斷和治療上常用的核種

族	IA	IIA	IIIB	VIB	VIIB	VIIIB	IB	IIB	IIIA	IVA	VA	VIA	VIIA	Inert Gas
										C	N	O	F	
											P			
	K			Cr		Fe Co	Cu		Ga	Ge		Se		Kr
	Rb	Sr	Y	Mo	Tc	Rh Pd			In	Sn			I	Xe
		Sm			Re	Ir	Au	Hg	Tl					
		Ra												

10-5-3　放射免疫分析

一、放射免疫分析(Radioimmunoassay, RIA)介紹

　　有別於核醫部門之一般功能性造影(Functional Imaging)，它是利用病人血液、組織萃取物質或體液(Body Fluids)等，直接在試管作體外非造影(*In-Vitro* Non-Imaging Studies) 的一種檢查分析方法。臨床上，放射免疫分析可定量及定性分析人體中多種重要的微量物質，常作的檢驗項目很多，主要包括：內分泌激素(Hormones)、腫瘤抗原(Antigen)、類固醇類(Steroids)、酵素(Enzymes)、藥物(Drug)、維生素、病毒及細菌性抗體、血清蛋白等，可作為臨床疾病的診斷參考或追蹤病情與癒後情形。

　　放射免疫分析源自於 1960 年紐約市布郎士榮民醫學中心(V. A. Medical Center, Bronx, New York) 的 Yalow 與 Berson 博士(Yalow RS & Berson SA)共同在美國臨床研究期刊(J. Clin. Invest, 39:1157)所發表的

「競爭性蛋白質結合理論」(Competitive Protein Binding Theory)。他們利用放射性同位素碘-131 標記的胰島素(Insulin)注入糖尿病人之血液內，以研究病人體內胰島素代謝情形，發現了長期注射胰島素病人之血清中存有胰島素抗體，經兩人潛心研究終於發明了利用試管作體外測定各種各種抗原抗體的方法。放射免疫分析的理論開創了實驗診斷學微量測定的新領域，也將傳統血液學欲測物質濃度單位從每單位體積每克(Gram)、毫克(Milligram)或微克(Microgram)下探到毫微克(Nanogram, 10^{-9} g)，甚至微微克(Picogram, 10^{-12} g)的境界，且少有交叉反應(Cross Reaction)，分析法具有免疫特性反應更是實驗診斷方面較高級的技術方法之一，其高靈敏度(Sensitivity)與特異性(Specificity)絕非傳統化學或生物分析法(Chemical Analysis or Bioassay)所能比擬，Yalow 與 Berson 博士也因放射免疫分析的先驅理論及相關發現，榮獲 1977 年諾貝爾醫學獎。

除 RIA 外，目前已被廣為使用的免疫分析方法如酵素免疫分析法(EIA)、螢光免疫分析法(FIA)等亦源自此理論，只是標記示蹤劑(Tracer)由放射同位素改為酵素或螢光製劑罷了。放射免疫分析法在基礎及臨床醫學的研究與應用推廣即深且廣，目前除在內分泌學、藥物學、病理學有重大影響外，對癌症早期的診斷與治療亦因它的問世，如添一利器，簡易、方便、有效率而貢獻良多。目前 RIA 套組由廠商製作和銷售，一套試劑包含以下物質：(1)一系列濃度由低到高的未標記抗原標準樣品，(2)一瓶標記抗原，(3)一瓶抗體溶液。依 RIA 使用方法的形式不同，提供不同的輔助物質，大多數使用 I-125 標記抗原。

二、放射免疫分析原理

依據 Yalow 與 Berson 博士提出的「競爭性蛋白質結合分析」(Competitive Protein-Binding Assay, CPA)理論，如欲測定體液內某一生物物質（待測物，unknown）如血中胰島素，則可先將已知固定含量的同一物質（亦即胰島素）以放射線同位素標記(Antigen, Ag*)，並與待測物抗原(Antigen, Ag)均勻混合，再與一固定量且相對抗原而言為較少量的抗體(antibody, Ab)進行競爭性結合，即 Ag>>Ab，標記抗原的特性與產生抗體之抗原相同，對於抗體的結合位置需有極高之親和力，可與抗體產生抗原-抗體複合物(Ag-Ab Complex)，這也是放射免疫分析的特性。

抗體 Ab 在此扮演結合體(Binder)的角色，提供其有限的結合區(Limited Binding Sites)，讓未知含量的待測抗原 Ag 與已知比放射活性(Known Specific Activity) 抗原 Ag*進行蛋白質競逐結合，待反應平衡後，結合態(Bounded Fraction, B)與游離態(Free Fraction, F)放射性比值(B/F)與原有待測物質含量呈一函數變化關係；此處所謂結合態(B)即指 Ag*-Ab 和 Ag-Ab 總量，游離態 F 即指 Ag*和 Ag 總量。若 B/F 值愈大，則待測抗原含量愈小，若 B/F 值愈小，則待測抗原含量愈大，為一雙曲線圖形。

結合態與游離態可加以分離，分別測出其放射性並求出其比值，再與已知含量待測物質所作標準曲線比較，推算求得樣本內所含待測物質含量。前述之放射線同位素乃扮演示蹤劑(Radiotracer)的角色，並以活性計數值大小(cpm %) 換算，表示待測物質濃度之大小。

10-5-4 放射性同位素應用於疾病治療

放射性同位素疾病治療主要是利用放射性同位素在衰變過程中所發射放射線（主要是貝他射線，β^-）的生物效應來抑制或破壞疾病組織的一種方法。1940 年代，磷-32 即被應用來治療紅血球過多症(Polythemia)和白血病(Leukemia)，放射性碘-131 亦被成功的使用於治療甲狀腺癌轉移。此後，文獻記載放射性同位素治療更是不勝枚舉，包括利用 Y-90, Au-198

colloid 治療風濕性關節炎，Y-90 resin microsphere, I-131-Lipiodol, Y-90-Lipiodol 等治療肝癌，P-32 chromic phosphate 治療顱咽管瘤(Craniopharyngioma)，Sr-89Cl₂, P-32, Re-186 HEDP, Sm-153-EDTMP 治療各種癌症轉移到骨骼的疼痛，I-131 MIBG 治療惡性嗜鉻細胞瘤(Pheochromocytoma)及其轉移病灶以及同位素標記各種單株抗體來治療各種腫瘤的所謂"放射免疫治療"(Radioimmunotherapy)等。隨著科技與醫療不斷的進步與發展，新的放射製藥與治療方法與技術也不斷的出現和創新，尤其在甲狀腺疾病、惡性腫瘤、血液疾病等也累積許多豐富的經驗，核醫放射核種之治療也成為臨床一項常規的治療方法，未來的發展與定位，頗具潛力與研究空間。表 10-4 為常見臨床放射性同位素之治療。

表 10-4　常見臨床放射性同位素治療一覽表　

放射製藥	臨床適應症	治療項目	治療機轉
I-131 NaI (口服膠囊)	甲狀腺機能亢進 (Hyperthyroi-dism)	甲狀腺功能減低	甲狀腺組織具碘吸收能力，功能過盛的甲狀腺組織會大量吸收 I-131，積存在甲狀腺組織內的 I-131 會釋出 β 射線將組織功能減弱
	分化良好型甲狀腺癌 (Differentiated Thyroid Cancer)	手術後殘餘、轉移或復發控制	分化性甲狀腺癌通常較一般甲狀腺組織缺乏碘吸收能力，但病患經切除主要甲狀腺組織，復經內生性或外源性 TSH 刺激後，甲狀腺腫瘤鈉碘離子共載體(Na⁺/I⁻ symporter:NIS)會提高表達而攝取 I-131 達到治療效果。
	甲狀腺多發性結節 (Multi-nodula Goiter)	甲狀腺縮小	自主性甲狀腺結節攝取，積存在甲狀腺組織內的 I-131 會釋出 β 射線將組織功能減弱

表 10-4 常見臨床放射性同位素治療一覽表（續）

放射製藥	臨床適應症	治療項目	治療機轉
Sr-89Cl$_2$ (Metastron)	各種癌症轉移到骨骼的疼痛治療 (Treatment of Bone Pain)	骨痛緩解，姑息性治療	類似鈣離子，優先吸附在骨細胞上，利用 β 放射破壞癌細胞
Sm-153-ethylene diaminetetramethylenephosphonate (EDTMP) (Quadramet)	各種癌症轉移到骨骼的疼痛治療 (Treatment of Bone Pain, Metastatic Bone Disease)	骨痛緩解，姑息性治療	優先吸附在骨細胞上，利用 β 放射破壞癌細胞
P-32-sodium orthophosphate	各種癌症轉移到骨骼的疼痛治療 (Treatment of Bone Pain)	骨痛緩解，姑息性治療	P-32 聚集於骨髓。備註：P-32-sodium orthophosphate 不會被廣泛接受，因它會造成骨髓抑制引起血液毒性副效應。
Re-186 HEDP(etidronate), Sn-117m DTPA	各種癌症轉移到骨骼的疼痛治療 (Treatment of Bone Pain)	骨痛緩解，姑息性治療	Re-186 dronate, Sn-117m DTPA 皆會吸附於骨骼

表 10-4 常見臨床放射性同位素治療一覽表（續）

放射製藥	臨床適應症	治療項目	治療機轉
I-131-etaiodo-benzyl-guanidine (MIBG)	惡性嗜鉻細胞瘤 (Pheochromo Cytoma)、神經內分泌瘤 (Neuroendo-crine Tumor)	殘餘、轉移癌細胞控制	I-131-MIBG 與腎上腺素受體有高度特異性結合能力，在診斷方面已用於富含腎上腺素受體的組織和器官，如嗜鉻細胞瘤。在治療方面 I-131-MIBG 在這類腫瘤中的生物半衰期約為 6 天 I-131 可使造影陽性的腫瘤病變高度攝取進行輻射治療。治療機轉在於 I-131-MIBG 會被 Pheochromocytoma, Paragon-glioma, Neuroblastoma 等主動攝取，可能經由腫瘤內生性 Na^+/Adrenalin Transporter(NAT)媒介
Y-90-/In-111-Ibritumomab tiuxetan (Zevalin)	非何杰金淋巴瘤治療 (Treatment of non-Hodgkin's Lymphoma, NHL)	治療NHL；殘餘、轉移癌細胞控制	Y-90-或 In-111- Ibritumomab tiuxetant(Zevalin)皆是能夠標靶 lymphoma 的 radio-labeled anti-CD20 antibody
Au-198 Colloid	風濕性關節炎	控制發炎	注入關節腔內，積存在腔室發揮治療效果
P-32 sodium phosphate	真性紅血球過多症 (polycythe-mia vera)	減少紅血球製造	紅血球過多通常與骨髓活性的過度增加有關，P-32 Sodium Phosphate 會堆積在骨骼內並對癌的前驅細胞作輻射破壞

表 10-4 常見臨床放射性同位素治療一覽表（續）

放射製藥	臨床適應症	治療項目	治療機轉
P-32 sodium phosphate	白血病 (Leukemia)	減少白血球數目	白血病特性是病人血液中白血病和前驅物質顯著增加，P-32 Sodium Phosphate 可讓白血球數目明顯下降
P-32 chromic phosphate (磷酸鉻)	惡性腫瘤滲液在肋膜腔和腹膜腔積水 (Malignant Effusion in Pleural and Peritoneal Cavities Effusion)	減少肋膜積水、製造減少腹水製造	P-32 磷酸鉻的膠體(Colloid)注入腹肋膜腔內，巨噬細胞移除這些膠體粒子，這些粒子固定在腔室液的壁上由 β 放射殺死壞腫瘤細胞
P-32 chromic phosphate	卵巢癌 (Ovarian Cancer)	殘餘、轉移癌細胞控制	

10-5-5 核醫藥物藥局

　　一般而言，核醫藥物在物理以及化學等相關特性上，與一般放射性化學藥品無異，然而，由於它使用在人體上，故必須進行與傳統藥物相同的品質管制，包括無菌、無熱源(sterile and pyrogen free)、安全無毒性等，以避免造成疾病之有機化或病人發高燒及其他副作用等。另外，它與傳統的藥物亦有以下幾點不同：(1)它使用示蹤量(tracer quantity, ~10^{-8}M)，且大

部分無載體(non-carrier)，故通常沒有藥理作用(pharmacologic effect)亦不具任何劑量回應關係(dose-response)。(2)它具有固定之有效半衰期(effective half-life)，故在設計上須兼顧藥效與時間之因素。(3)它具有高放射比度(high specific activity)，故在使用上須特別考慮病患及醫護人員之輻射防護，針對每一放射性核種給予病患之最高放射劑量皆有一定上限，且需符合游離輻射防護法有關「合理抑抵」(as low as reasonsbly achievable, ALARA)之原則與規定。(4)給藥方式依不同臟器之需要與檢查目的而有異。藥物之形式以及進入人體之途徑，分別有以下幾種方式：(1)以真溶液(true solutions)、懸浮液(suspension)或膠質劑(colloidal dispersion)形式，經由靜脈注射(intravenous injection)方式進入人體，利用此種方式之核醫藥物占絕多數。(2)以膠囊(capsules)或溶液(solutions)直接口服。(3)藉鈍氣(inert gases)或噴霧劑(aerosols)方式由病人直接吸入。除此之外，尚包括一些特殊例子，如實施前哨淋巴結造影時放射性製劑採用皮下(subcutaneous)注射、腦脊髓腔室造影採腰椎穿刺注入蜘蛛膜下腔(subarachnoid space)內、此外尚有腹腔內(intraperitoneal)注射、椎骨穿刺(intrathecal)、眼結膜囊滴入(instillation)等。

　　醫院核醫部門一般均會設置核醫藥物配劑室或核醫藥局等，掌管核醫用器材及放射性藥物或處理相關放射廢料。因核醫藥物具備放射性，所以除了接受衛生署的監督以外，法律上更規定必需接受原子能委員會的共同督導和規範，也因此更需編制相關醫事放射師或經過嚴格訓練的核醫藥物專任藥師來執行業務，以保持正確的使用及其相關的輻射安全。

10-6 放射性同位素技術在農業方面的應用

　　長久以來，台灣以農為本以農立國，雖然過去經營頗為艱苦，但最近一、二十年來各方面的進步卻有目共睹，在此期間對於農作物種類的積極開發，品種不斷地淘汰換新與改良可說不遺餘力。另外對於生產技術亦力求改進，這些努力皆導致生產量之增加，創造外銷佳績，對整個台灣的經濟成長貢獻良多。

　　回顧前敘台灣早期農業發展的過程，不難發現其進展及品質提昇之績效是由於政府當局一直不斷的鼓勵各項研究工作。事實上，台灣從事於農業發展有關的研究單位很多，例如各大學農學院、各級政府所管轄的農業試驗所或改良場、台灣糖業實驗所、茶葉實驗所、核能研究所等，規模相當大，人材也很多。在這些研究機構中幾乎均設有放射性同位素技術研究單位或小組，藉以全力以赴參與精細且深入之研究改進工作。一般而言，放射性同位素技術應用於有關農業上的改進工作主要可分為三大部分。第一部分為植物的生理機能(Plant Physiologies)研究，第二部分為動物的飼育農務(Animal Husbandry)，第三部分為利用同位素釋出之加馬射線或其他輻射線源，如電子束或 X-射線等作食品或農作物的輻射照射。在應用內容方面，包含以同位素示蹤劑的標記特性，藉以了解、評估動植物新陳代謝和營養攝取過程，改良品種與土壤性質、施肥效率、農業污染及提高產品品質。另外，以輻射照射消除病蟲害、控制昆蟲生殖、抑制植物發芽、滅菌與食品貯藏等藉以增加農作物與食物的產率和品質等。

10-6-1 放射性同位素技術應用於植物生理機能研究方面

一、植物的光合作用(Photosynthesis in Plants)

　　植物的最大功能之一為光合作用(Photosynthesis)。在陽光、水分以及二氧化碳共存之下，植物可以合成出一些對人類非常有用的營養物質，並供人類作為食物。光合作用的功能高低及品質優劣之評估等，可以利用放射性碳(^{14}C)標記的二氧化碳進行測驗並可獲得相關定性和定量的結論。圖 10-6 說明該實驗的配置圖，由瓶罩容器外面導入放射性 $^{14}CO_2$，植物在陽光照射下，二氧化碳和水進行光合作用。在各階段成長過程中，每隔一段時間，對植物一小部分進行放射化學分析，可獲知下列一些訊息，包括(1)植物成長過程的速率；(2)生產食物養分的一些反應機制和中間步驟；(3)葉綠素所扮演的功能和角色等。光合作用在農業上是非常重要的效應，為了更有效的利用它，必須先好好探討光合作用的機制。利用放射性同位素技術可以方便又簡易的讓我們獲得較正確的定性的機制及定量的資訊或數據。

二、磷酸肥料之施肥績效(Phosphate Fertilizer Uptake)

　　植物生長的條件除了新鮮的空氣、水以及日光之外尚需要肥料之施作。因為肥料中含有各種營養成分以供植物攝取。事實上，為了獲取理想的施肥效果，對於施肥的實際操作、瞭解其吸收、移動及路徑或品質的影響等相當重要。利用放射性同位素技術可以達到上述所需的目標和需求而且是其他方法所無法比擬的。

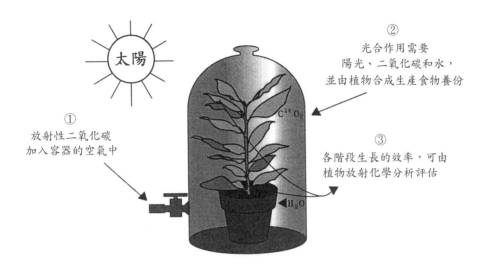

結論　1. 生長很快速（成長速率效益）
　　　2. 糧食之生產需要中間物（反應機制和中間步驟）
　　　3 葉綠素的存在很重要（功能和角色）

·圖 10-6　以碳－14 標記食用植物研究其光合作用的效率和機制

　　目前，磷酸鹽肥料是比較常被使用且普遍的肥料之一。本單元謹以磷酸鹽肥料為例並加以簡易說明磷肥被植物攝取的研究及其實驗過程。首先以 ^{32}P 放射性同位素標記磷酸鹽肥料。然後將適量的此放射性肥料加進所種植植物的土壤中。經過一段時間後分別由(1)土壤中，(2)植物體莖的部分，(3)葉子部分等採取試樣，經過高溫及其他適當步驟處理後，加以測定各部分的放射性。由此可獲知施肥後有關肥料去處的分布情形和效益。實驗的結論大致可以得到以下的訊息：

1. 加入磷酸肥料之總量。

2. 磷酸肥料進入植物莖部分的百分率。

3. 磷酸肥料進入植物葉子部分的百分率。

4. 殘留在土壤中的百分率。

5. 磷酸肥料被吸收及移動的情形。

6. 磷酸肥料的施作或吸收效率(Efficiency)。

上述實驗的詳細說明請參閱圖 10-7。

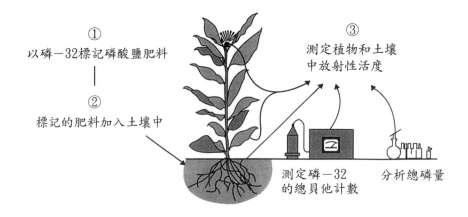

結論　1. 土壤所固定的磷
　　　2. 磷被植物攝取
　　　3. 認定肥料利用及效益

· 圖 10-7　利用放射性磷－32 標記磷酸肥料被植物攝取及吸收效率之研究

　　對於植物的施肥，自古以來一般的實施方法，為求簡單起見，均把肥料放於種植植物的土壤中，俾使該植物經由其根部攝取肥料成分的方式，再由莖以及葉子往上輸送成為植物生長的養分。雖然此方式簡單又方便，但很可能一部分的肥料成分被土壤吸附，而不能被植物體攝取。這個可能性會引起另外一個疑問，肥料中的主要成分是否僅由植物的根部所攝取？可否由植物體的其他部位，如莖部或葉子等攝取？哪一部分攝取較多，較快？這些是很實用而重要的問題，皆可以利用放射性同位素技術很確實的獲得解答。在實驗設計上，利用與上述施肥實驗一樣的材料方法和步驟，先以 ^{32}P 放射性同位素標記帶有放射性的磷酸鹽肥料，將該肥料配成適當濃度的溶液後，分別噴灑在研究中的植物體上。經過一段長時間的作用後分別取出植物體的各部分，並加以調配處理成為放射性測定試樣。經過放射性測定比較其放射性活度的攝取。由植物體各部分的放射性活度可以獲得下列訊息：

1. 直接施肥於植物葉子部分的肥料，被攝取的效率比由根部分攝取的快而且多。

2. 利用葉子施肥方法，其施肥效率可達約 95%。

3. 可以選出施肥適當的最佳時期（不同季節或時間）。

上述有關植物吸收肥料營養部位的研究，亦可以放射性鈣-45(^{45}Ca)針對豆科植物（例如，花生）吸收鈣肥的部位來加以研究，從實驗結果可得知最大鈣肥的吸收部位及根部供應鈣肥給植物不足夠的情形。

10-6-2　放射性同位素技術應用於動物飼育農務方面

在農業領域中，有關畜牧業務工作占了不少的比重。最近十幾年來它的重要性更是年年增加，因為畜牧產品（特別是豬肉）外銷業績昇高很快，對國家經濟之貢獻良多。但這個工作屬於輸出業務，因此對於產品的品質管理需求特別多。國內生產業者也小心翼翼的努力改進並提高品質水平與管理。為要確保外銷的順利，國內的各檢驗單位亦同時實施嚴格的檢驗工作。

在這個技術應用領域上，放射性同位素發揮很大的功用。國內規模較大的大學農學院均設有畜牧研究所，政府管轄或所屬的各地農業試驗所或改良場裡都擁有放射性同位素實驗室的設施。這些研究室主要的研究方向大致集中在下列問題的研究與解決，包括：

1. 微量元素(Trace Elements)對營養的影響。

2. 有機性新陳代謝物(Organic Metabolites)的利用研究。

3. 飼料添加物的有效程度調查。

4. 牛乳生產的生物化學檢視評估。

5. 放射性同位素作為追蹤劑以研究飼料之適合性。

6. 其他。

　　下面是一個應用實例，可以大致說明放射性同位素技術在此方面的實際運用。

　　胺基酸(Amino Acid)是動物體內各器官的結構組織，構成的成分單位中所必需的物質。其中，主要的胺基酸計有：

1. 胺甲硫醇丁酸(Methionine, α–amino–δ–methyl mercapto-butylic acid)。

2. 麩胺茶酸(Glutasione)。

3. 胱胺基酸(Cystine)。

　　這些胺基酸均含有硫元素在其分子內。為闡明上述三種胺基酸在動物體內的功用，將以放射性硫-35(^{35}S)標記該三胺基酸，然後混合在飼料中飼養老鼠。經過一段適當的時間後，將老鼠犧牲並將其內臟各主要器官中的放射性硫作適當的定性追蹤或定量測試。如此可以獲知有關各器官內胺基酸的功能與反應機制。詳細部分請參閱圖 10-8。

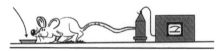

①
以硫－35標記下列胺基酸
1. 胺甲硫醇丁酸
2. 麩胺基酸
3. 胱胺基酸

②
標記的胺基酸飼料

③ 測定生物體內各器官
標記中的硫－35含量

結論 1.各器官所吸收的胺基酸量。2.胺基酸進入生物體的步驟。
　　　3.吸收量之差異和各種疾病（如癌症、肝硬化、糖尿病、維生素不足等）之消耗
　　　量之關係。

‧圖 10-8　以放射性硫－35 標記為胺基酸飼料作為研究生物體內各器官機能

10-6-3 　輻射照射在農業方面的應用

輻射照射是一種物理處理，主要應用原理是基於輻射對物質所產生的激發、游離等反應造成物體產生在物理、化學和生物效應方面之應用。常利用的輻射線源包括放射性同位素釋出之高能加馬射線或利用電子束、X-射線等。目前，國內外的輻射照射仍以放射性同位素鈷-60 的加馬射線源為大宗。

輻射照射可以用來作各種不同領域及不同功能之應用。例如，在環境保護上可用於飲用水、廢水和污泥的處理；在醫療用途上，可用於癌病的治療、抑制病毒及酵素的活性，以及在醫療器材方面的滅菌；在工業上可作為聚乙烯的交結及碳氫化合物的聚合的應用，提昇產品的品質與附加價值；而在農業上的應用及其所具有的特性和優點，一般而言，主要包含以下幾點：

1. 消除植物或農產品的病蟲害，尤其在控制昆蟲的繁殖及農作物或植物的損害方面。應用輻射照射處理除了可降低化學殺蟲劑的使用量，亦不會導致環境污染而危害生態環境與人類。尤其可應用輻射照射使昆蟲雄蟲不孕而後導致滅絕或控制。例如，在果蠅、甜瓜蠅、蚊子方面在國外的經驗顯示，防治效果很好，而我國亦曾以輻射照射防治東方果實蠅，有效的使省產的椪柑與桶柑損害明顯降低。

2. 消滅細菌與微生物，增進食物的保存與保鮮。傳統食物保存方法包含低溫冷凍儲藏及高溫消毒滅菌製罐或直接脫水及化學處理或加入化學防腐藥劑等，這些方法都具有消耗高能源、費用高昂、有藥品殘毒污染之虞。除外，亦會影響食物組織風味及口感，而輻射照射沒有這方面的缺點。利用適當劑量的輻射照射可以使細菌或微生物致死或不活性化而不會影響食物的營養品質和化學結構特性改變。一般政府核准

之輻射照射食物，更不會因劑量過高而引起食物產生放射性，加上輻射本身是一種能量，不會殘存在食物內，所以人類食用無害，只要控制適當的劑量照射，食物不會留下任何痕跡或外形、顏色改變且其營養和風味均可維持不變。

3. 輻照照射可用於植物基因突變育種(Mutation Breeding)，可提高農作物產量，改進品種以及抗病能力，亦可提早或延緩成熟時間。例如，在台灣曾進行的豆類與花生的品種改良、利用鈷-60 照射水稻、水仙花等的品種改良均曾獲得顯著的成效。

4. 抑制農產品發芽與老化，延長農產品的儲存期限。例如，抑制馬鈴薯的發芽藉以延長或保存其食用期限，以適當的劑量照射，如 100~150Gy 在室溫可保存 8~10 個月，如果在較低溫度下，如 5~7°C 冷藏，更可保存至一年半之久。除此之外，其他如觀賞用的水仙花，經輻射照射亦可抑制其開花延長其觀賞期，增進其商業經濟價值。

10-7 放射性同位素技術在工業方面的應用

在國內，放射性同位素技術應用在工業上最早開始於 1953 年左右，且漸漸受到重視而普遍化。台灣電力公司和中國石油公司高雄鍊油廠等大規模工廠的建設工程中，均由國外引進所謂的非破壞性檢驗法來檢驗建廠工程的品質。

一般而言，放射性同位素技術在工業方面的應用優點頗多，例如實施步驟簡單，檢測容易，靈敏度高，速度快以及非破壞性檢驗可行性高等。但事實上要獲得理想的結果必須考慮的事項亦不少，例如，下列的要點即需要仔細的檢討並判斷其妥當性：

1. 所使用的放射性同位素的半衰期的長短。

2. 該核種釋出的放射線種類及其能量的高低。

3. 該核種的供應價格及取得之難易度。

實際上，市面上所供應的工業用放射性同位素射源(Radioactive Sources)有二種外觀包裝不同的型式。其一為密封型射源(Sealed Sources)，另一種為非密封(Non-sealed Sources)型射源（散裝）。一般來說，密封型射源使用於檢查偵測或品質管理用途為多。但是，當做示蹤劑使用時，一般皆利用非密封型的放射性線射源。在這個情況下就必須先考慮到放射性是否會有可能污染環境，且對於除污亦需事先有所準備。

吾人對於將非密封型放射性同位素當為示蹤劑使用時，可以再分為二種不同的條件加以進行。其中之一為當做物理示蹤劑(Physical Tracers)使用。在這個系統中，對於示蹤劑的化學形態(Chemical Species)並不靈敏，亦不拘其化學形態。但如果以另一個方式即化學示蹤劑使用時，特別要注意到加進去的放射性同位素的化學形態必須與欲追蹤的物質具有相同的化學形態。這一方式的應用範圍可以說是最廣的，例如利用於流體的流速測定，流體的混合效應以及機件磨損的程度檢定等。

10-7-1　放射性同位素技術應用於計量儀器

這一方式的應用原理頗為簡單，主要是基於不同物質對放射性同位素如 ^{60}Co, ^{137}Cs, ^{252}Cf 等所放射出輻射的吸收、穿透與散射程度的不同與活度的變化，以輻射度量儀器計測物質的厚度、密度、均勻度、液位、界面、觸媒床高度與濕度等。最代表性的應用實例之一為液面高度之測定，如圖 10-9 所示。其配置及操作原理，即把屏蔽妥適之鈷-60 射源固定在特定位置，在另一端相同高度放置蓋革計數器，檢測穿透被測物之加馬射線的放射活度變化。

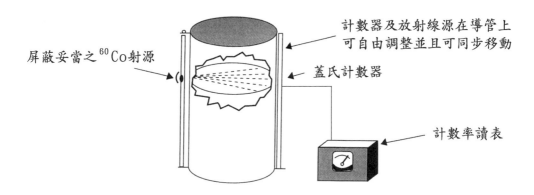

· 圖 10-9　以鈷－60 射源檢查液面高度之裝置

　　不透明材質的工業用容器中裝置有液體，其液面之高度變化對管理人員而言是很貴重的資料。正如圖 10-9 所示，放射性同位素技術之應用可提供簡便可靠的方法來加以解決。容器之中裝入液體，在容器之外面兩邊，架上對稱的一對的導軌(Raid)。在其中的導軌上（左邊）放置放射線射源（其外面已經屏蔽妥當之鈷－60），而在對面的導軌上裝上檢測器（加蓋格計數器）。放射線射源與檢測器兩者可以在導軌上的上下方向隨時同步移動。如此當容器內所裝的液體表面升高或下降的變動幅度即可以由蓋格計數器的儀表上顯現出，或以自動記錄器系統加以收錄，然後再由圖上資料判讀該容器內的液體液面高度。

　　本法之優點如下：
1. 因放射線射源及檢測儀器系統可以安置在裝液體的容器之外，因此不受液體的腐蝕性或極高溫度所損害。
2. 被檢測液體物質如具有毒性可使用密閉容器。
3. 被檢測液體物質的溫度很高時，如鍊鋼廠的熔礦爐或平板玻璃工廠的熔融爐內的高溫液體等的液面高度之偵測，利用本法可獲得正確滿意的結果，且步驟簡單、實際操作及維修簡易。

4. 可以利用自動記錄方式獲取實驗數據，所以可應用搖控方式實施檢測。

5. 液面高度檢測的技術亦可以配合在生產線上加以使用。例如，對於罐裝飲料（如可樂、啤酒或汽水等）要檢查填充量是否完全相同時，可將放射線射源與偵檢器固定在一定的高度位置，每一被檢測罐裝飲料通過此處時即可加以鑑定其容量品質是否一致，如果罐內液面高度不合規格，即可迅速的將之淘汰。

　　放射性同位素技術在計量儀器(Gauges)上之應用，除了上述液面高度測定以外尚有其他更普遍化的應用方式，如厚度儀(Thickness Gauge)及密度儀(Density Gauges)。前者是在鋼板、平板玻璃、鋁紙張（厚、薄不計）、塑膠布等類的工業產品製造工程上。為了品管上不可或缺的檢控，厚度儀可以自動檢控的方式維持產品的規定厚度，藉以達到品質的保證。後者在公賣局菸草工廠捲菸工程中可以看到，它被使用於檢控每一枝香菸包裝後的密度是否與某一定標準值有偏差，以確實發揮品質之一致和保證。

10-7-2　放射線攝影的應用

　　放射線攝影為非破壞性檢驗(Non-destructive Assay, NDA)的一種方法。此法之原理與 X 光攝影一樣是利用放射線可以穿透被檢物體的特性，藉以檢視其內部的情況，例如有無不均勻、裂縫或缺陷等。如果被檢物體內各部分的密度不同，被吸收的放射線亦不一樣。將穿透過來的放射線投射在照像用軟片上，即可以觀察到感光程度不相同的結果。密度較高的區域，放射性吸收較多，軟片即呈現較白的區域。如果被檢測物體內有缺陷，因其密度較低，照像軟片上的感光亦較多，則此區域將使軟片感光比較黑。

從前在工業上所使用的非破壞性檢查是利用 X－射線攝影法以達到前述所說的目的。在實際的操作上不方便的地方不少。因為 X－射線攝影法的缺點如下：

1. 產生 X－射線的體積設備龐大，價格昂貴且運送較不方便。

2. 需要高壓電源及冷卻裝置配件，因發射 X－射線的同時會產生大量熱量。

3. X－射線管的消耗率不低，維修及經濟成本較高。

4. 在野外的作業較不可行亦不方便。

第二次世界大戰以後，核反應器可生產大量可以放射加馬射線的放射性同位素。加馬射線射源的供給就變的極為方便和普遍化，而加馬放射線攝影法亦可方便的取代 X－射線攝影法。

一、加馬射線攝影法(Gamma Radiography)

早在 1896 年加馬射線攝影法就已開始發展。在那個時候僅可利用天然的鐳(Ra)作為放射線射源。因鐳的放射性能量較低（例如，鐳-226 加馬射線能量僅 0.18MeV），如使用照像用底片須較長時間的曝光。因此使用範圍有限，進展步調亦有限，所得效果亦不甚顯著。

第二次世界大戰結束（1946 年）後，放射性同位素供應種類及產量均增加，由於成本降低以致使用加馬攝影法的範圍愈來愈廣。一般而言，放射性同位素發射出來的加馬射線之性質及其放射性強度與能量取決於該放射性同位素的核物理特性。加馬射線的能量愈高，其穿透力愈強，所以對於較厚的被檢物體即須要選能量較高的加馬射線才可以攝影成功。但另一方面該被檢物體中較微小的缺陷相對的亦不易檢查出來。因為微小的缺陷使加馬射線的變化量太少，不易在軟片上產生清晰而可見的影像。

如果加馬射線的能量較低，對於比較厚的被檢物體的檢驗，其效果就受到限制。因此，對於加馬射源之選擇須視被檢物體的厚度，密度及種類而定。一般而言，鋼鐵及重金屬材料的加馬射線攝影選用射源為鈷 -60 $(E=1.17\sim1.33\,\text{MeV})$，銥 -192 $(E=0.136\sim1.157\text{MeV})$ 和銫 -137 $(E=0.662\ \text{MeV})$。鋁及其他輕金屬的製品即使用銩 -170 (Tm-170) $(E=0.084\text{MeV})$。

二、中子攝影法(Neutron Radiography)

中子與加馬射線及 X－射線一樣亦具備可以穿透被檢物體的特性，且其穿透力比較前述二種射線源更為強些。因為中子不帶任何電荷，所以在物體內進行穿透時所受抵抗力較弱。中子的性質一般而言取決於它所持的能量。可簡略的分為快中子（高能量）及熱中子（低能量）二種。其中，快中子攝影技術仍處於研究發展的階段，尚未進展到實用的地步。

熱中子攝影法及其應用的發展則比較普遍化，因核反應器（俗稱原子爐）可以產生很豐富的熱中子，中子束通量約為 $10^{12}\,\text{n/sec/cm}^2$。對中子而言，它具備不利的缺點是對照像用底片沒有感光作用，所以不能像加馬射線或 X－射線攝影法使用一般照像用底片並以傳統方法進行中子攝影，而必須依靠一些比較複雜的剪接法才能達成攝影的目的。其中，最普遍的方法之一為利用鎘薄片與照像用底片直接接觸，然後利用下列 (n, γ)核反應使其底片感光

$$^{113}_{48}\text{Cd} + ^{1}_{0}\text{n} \rightarrow ^{114}_{48}\text{Cd} + \gamma$$

　　另外，亦可利用銦、銀、及金等為轉換劑。這些物質經中子撞擊後不但本身會變為放射性核種，同時放出貝他及加馬射線。攝影時底片暫時取下先使轉換劑和中子作用，如此可避免底片受到不必要的放射線之照射。當那些轉換劑和中子作用後再使其與底片相接觸，並使底片感光達到攝影的目的。

$$^{115}_{49}\text{In} + ^{1}_{0}\text{n} \rightarrow ^{116}_{49}\text{In} + \beta\ \&\ \gamma$$

$$^{109}_{47}\text{Ag} + ^{1}_{0}\text{n} \rightarrow ^{110}_{47}\text{Ag} + \beta\ \&\ \gamma$$

$$^{197}_{79}\text{Au} + ^{1}_{0}\text{n} \rightarrow ^{198}_{79}\text{Au} + \beta\ \&\ \gamma$$

　　中子攝影不一定需要核反應器所產生的中子，亦可以利用放射性同位素所發射出來的中子充當之。如此，在設備上可簡化很多。中子產生方式如下例所示，可以 α 粒子反應產生中子源。

$$^{9}_{4}\text{Be} + ^{4}_{2}\text{He} \rightarrow ^{12}_{6}\text{C} + ^{1}_{0}\text{n}$$

　　事實上，以鐳與鈹 1:5 的量相混合($^{226}\text{Ra}+^{9}\text{Be}$)亦可以產生中子。以此反應所產生的中子的能量較高，必須加以減速為熱中子。另外，使用鋂－鈹($^{241}\text{Am}+^{9}\text{Be}$)亦可產生大量的中子。

　　一般而言，中子及加馬攝影均適合於厚的被檢物體的內部結構及缺陷的檢查。一般使用的放射線源之活度範圍是 $10^{7}\sim10^{12}$ n/sec。中子攝影法的最大貢獻是對於近代航空工業所使用材料的金屬疲勞檢驗工作(Fatigue Test)。飛機本體部分有些隱密地區的極小裂痕或金屬疲勞，在早期以加馬攝影或 X－射線攝影通常是檢查不出來的。但以中子攝影法卻可以有效的檢測和發現。除此之外，中子攝影亦適合於有機物體檢查。

10-7-3　混合檢查

在化工製程步驟中，原料混合是否均勻，在整個品管作業與產品品質上是很重要的一環。特別是當混合的原料都是粉狀，且混合種類繁多，或其中某一原料之含量與其他原料之比例相對非常大且顯著。在上述這些條件下，通常極不容易獲得很均勻的混合原料。這種情形最具代表性的例子即為平板玻璃的製造工程。當各種原料之混合且在高溫爐中熔融，以及玻璃平板拉出來加以放冷等各階段連續性一貫作業。平板玻璃的品質，尤其整張平板玻璃顏色的均一性更是品管中最重要的項目。據悉，平板玻璃的小部分顏色之不調和可能是由於原料（特別是成分較少的原料）的混合均勻度未達理想所致。這個現象可以增加混合時間來加以改進，但仍需考慮整個生產作業的時程和效率以及可能因混合時間過長而產生其他不良反應和產物。在這個過程中，事實上可以利用放射性同位素來標記含量最少的成分中的某一個元素（例如，在平板鈉玻璃的製造，以鈉－24（半衰期 15 小時）標記碳酸鈉），然後以放射性示蹤的技術即可以很容易並且較可靠的求出理想的混合物間。其實際上的作業流程簡要說明如下：在攪拌槽中裝設一螺旋槳(Propeller)。槽的外殼表面分成高、中、下三個高度位置（亦可以再增加幾個位置點），並裝置放射線檢測器（例如蓋革計數器）以及計數用附屬設備（如記錄器等），如圖 10-10 及圖 10-11 是由連續偵測系統混合所得之計數率與時間的關係。由此訊息不難判斷混合所需的理想混合時間。

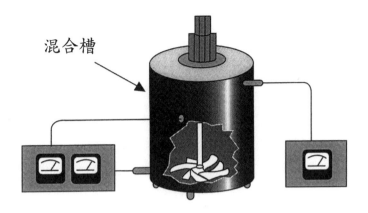

混合槽

優點　1. 混合的均一性及品質容易達成
　　　2. 避免不必要的過長混合時間

· 圖 10-10　利用放射性同位素技術檢查混合的完全性

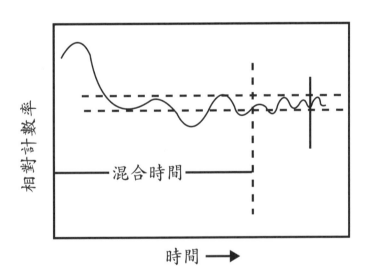

相對計數率

混合時間

時間 ⟶

· 圖 10-11　由連續偵測所得之計數率與時間關係測定混合時間

10-7-4　放射線照射處理

　　有關國內放射性同位素在工業方面的應用，其使用量最大宗的仍是被用來做為放射性照射處理用的鈷－60 射源。鈷－60 放射線的用途繁多，諸如化學反應催化作用，醫藥用品、化粧用品等之消毒，以及食物保鮮等工作皆是，以下僅以輻射照射應用在材料工業方面，尤其是效果較顯著之高分子材料為範例作一簡單介紹。

一、放射線催化聚合反應(Radiation Induced Polymerization)

　　以放射線照射化學物質時將誘起催化作用而產生自由基(Free Radicals)。自由基是富於反應性的化學物種(Chemical Species)，而且很容易在適當的環境下進一步繼續進行化學反應，直到穩定的生成物(Products)出現為止。若以單體化合物(Monomer Compounds)在放射線照射之下使其進行化學反應，可得合成的高分子物質(Polymer Compounds)產物。這種方式的化學反應稱為放射線催化聚合反應(Radiation Induced Polymerization)，所得的生成物叫做聚合物(Polymer)。在上述的反應中，如果放置二種不相同的單體於同一反應容器內，進行放射線催化聚合，所得的生成物稱為共聚合物(Co-Polymers)。共聚合物之物理及化學性質與其個別單體自行聚合所得的二種單體聚合物並不相同，因此其用途亦不一樣。與上述類似的聚合反應，當然也可以利用常規的純化學的方法，即使用所謂的起始劑(Initiator)來引起聚合反應。但一般來說，利用放射線催化聚合的方法似乎比較簡單且容易使聚合進行。常見例子如斥水性強的塑膠經適當加馬劑量照射後，能與親水性的化學成分產生"接枝反應"改變為親水性的塑膠，可作為隱型眼鏡的材料。熱帶地區的木材由於生長快速質地不夠堅硬，只要將此種材料泡在液態高分子中，再加以加馬照射使木材裡的高分子產生聚合反應，木材強度變得更大不僅

可防蟲而且亦可提高抗壓力。此外，聚乙烯是很普遍也是很實用的合成聚合物。它也是很好的包裝材料，常用於食物包裝及其他貨品的包裝。但它的物理性質比較差，例如材質較軟弱、堅硬度不足且不耐熱等。所以在稍為高一點的溫度環境之下即變質且容易萎縮。這些不理想的物理性質可用下列方法來加以改進。例如，以調節好的適當放射線劑量照射聚乙烯，該聚乙烯內的一些分子即分裂並產生具有高化學活性的特殊自由基，且與其附近的其他聚乙烯分子相結合成為像網狀結構的所謂聚乙烯交鏈聚合物(Polyethylene Cross Linking Polymer)。這個具有新構造的交鏈聚合物在耐力方面增加很多，對於溫度的抵抗性也改進不少，因此其用途相對的亦擴大很多。此種交鏈聚合物之產生若以普通的化學技術是不容易達成的。

二、鈷－60 輻射照射設備(Co-60 Irradiation Facility)

1973 年，工業研究院聯合工業研究所建立一座十萬居里的加馬照射場，後來再增加四萬五千居里的鈷－60 射源。歷年來其主要的研究工作是從事於塑膠木材(Plastic Wood)的研製。台灣產的很多種木材因其材質較軟不能作為建材或工程用之材料。為了要提高其經濟價值，因此必須加強其硬度。將合成塑膠用的單體化合物以高壓方法使其浸透壓入木質中，然後以放射線照射使在木質中產成交鏈聚合作用，如此即可得到所謂的塑膠木材。塑膠木材因材質硬度增強，在工業上開拓了更廣泛的用途，對台灣的經濟貢獻良多。除此之外，對於國產的農產品，特別是水果類的保鮮工作亦從事研究多年而成果沛然。

原子能委員會核能研究所於 1980 年代完成一座一百萬居里鈷－60 照射廠，除了從事基礎研究之外亦對外展開照射服務，對台灣工業界及農業界各方面的技術援助貢獻很大。特別是在醫藥品，以及醫療器材等之消毒與滅菌等功不可沒。在外銷方面亦扮演很重要的角色，因很多種化粧品依規定及品質要求在外銷之前必需消毒滅菌始能出口，而此一作業亦是仰賴鈷－60 的放射線照射。1990 年代核能研究所將放射照射廠及照射技術轉移予民營公司，並在台中另建一座更大規模的鈷－60 照射廠專門替外銷廠商服務，而其營業額相當可觀，由此亦可看出鈷－60 照射處理在工業、農業等各個層面上應用有其獨特的技術性和重要性。

10-7-5 核能在電力工業方面之應用

一、核能的早期研究與應用

核能，廣義地說是指凡原子核之結構或能階改變時所放出之能量，狹義地說通常是指原子核發生核分裂(Nuclear Fission)或核融合(Nuclear Fusion)反應所放出之能量。1939 年，德國哈恩(Otto Hahn)與史特奧斯曼(Fritz Strassmann)兩位科學家成功的以中子撞擊鈾原子核產生核分裂，發現鈾原子核核分裂時伴隨產生巨大能量之釋出，可說是人類發現核能之起源。早期核能之研究與應用皆在軍事方面上。其中以 1942 年為研究原子彈而成立的美國「曼哈頓計畫」(Manhattan District Project)最有名。美國隨後在 1945 年 7 月 6 日進行之代號「三位一體」(Trinity)的原子彈試爆成功，也導致同年 8 月 6 日及 8 月 9 日，在日本廣島及長崎投下代號「小男孩」及「肥佬」原子彈轟炸，導致日本無條件投降及數十萬無辜人民的死亡浩劫。鑑於原子彈所造成的慘烈破壞及對人類生命財產無法彌補之遺憾，二次世界大戰結束後，原子能和平用途逐漸受到重視及支持，1953 年 12 月 8 日當時美國艾森豪總統在聯合國大會發表演說，大力倡導「原子能和平用途」。除了醫療用途外，作為發電以促進經濟發展及增進民生福祉之應用亦廣為世界各國所接受。世界第一座商業發電之核反應器建於美國賓州之西賓堡(Shippingport)核能電廠，並於 1957 年開

始商業運轉，所採用為壓水式反應器(Pressurized Water Reactor, PWR)。裝置發電容量 6 萬仟瓦。而首座採用沸水式反應器(Boiling Water Reactor, BWR)之核能電廠建於美國伊利諾州，1960 年開始商業運轉，最初裝置發電容量為 17 萬仟瓦。人類使用核能發電，事實上已超過 50 年的歷史了。目前我國中央系統型之大型發電廠主要有火力、水力及核能發電三種，其中核能發電是運用原子能在電力工業上最具代表性的應用。

二、核能發電的基本原理

核能發電的原理主要是利用鈾燃料進行核分裂連鎖反應時所產生的熱，將水加熱成高溫高壓的水蒸汽（又稱核能蒸氣），用以推動汽輪機(Turbine)，再帶動發電機發電。核能發電的核分裂主要是一種連鎖反應(Chain Reaction)，一般而言，若以中子撞擊鈾-235 的原子核，會使原子核產生核分裂（中子引發之核分裂），同時釋出 2~3 個中子（每次平均約可放出 2.5 個自由中子）及大量的熱能（每次核分裂平均可放出 200MeV 左右之核分裂能）。當釋放出之中子繼續撞擊其他鈾-235 原子核，就會再造成新的核分裂，並釋放出更多的中子及熱能，如此周而復始的過程，便稱為核分裂連鎖反應。反應方程式如下：

$$^{235}U+ n \rightarrow 核分裂碎片 + 2\text{~}3\ n + 能量。$$

核能與火力、水力發電廠其發電原理有一共同點，即均設法讓汽輪機（或稱渦輪機）急速轉動，同時帶動發電機之轉子(Rotor)快速轉動，以將機械能轉換為電能輸送出來。而三者主要不同點，則在於推動汽輪機所需動力來源不同。核能發電產生蒸汽之原始熱能來源，為核燃料產生核分裂所釋出之核能。火力發電則藉鍋爐燃燒石油、煤或天然氣等石化燃料來產生所需蒸汽。水力發電廠則以水壩或瀑布等流下大量急速流動水流直接用來推動汽輪機，是一種由位能轉換為電能的發電方式。

三、我國核能電廠反應器型式及安全管理

我國的核能電廠採用輕水式反應器，亦即以水做為緩和劑及冷卻劑。全世界約有 65 %以上核能機組屬於此型反應器。輕水式反應器又分為沸水式與壓水式兩型，如圖 10-12 與圖 10-13。其中位於新北市石門區核一廠與位於新北市萬里區核二廠使用沸水式反應器(BWR)，位於屏東縣恆春鎮之核三廠則屬於壓水式反應器，而施工中的核四廠則採用最新改良式的進步型沸水式反應器，其安全度據台灣電力公司之規劃將提高10 倍。前述所謂沸水式(BWR)反應器的冷卻劑（純淨的水）， 直接在反應爐心受熱產生蒸汽，推動渦輪機發電；壓水式(PWR)則是冷卻劑在密閉系統內受熱，間接產生高壓高溫的水，此密閉系統的高壓高溫的水再用來加熱汽化另一系統的水去推動渦輪機。

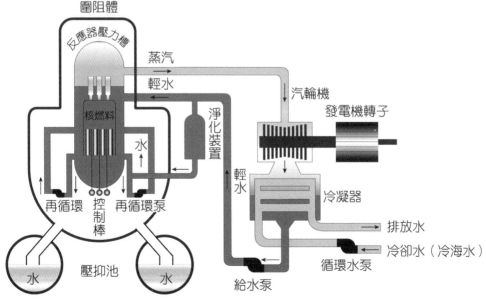

特色：水循環系統設計比較簡單

兩個水循環系統互不相通，故放射性不會排入水中

· 圖 10-12　沸水式反應器簡要流程圖

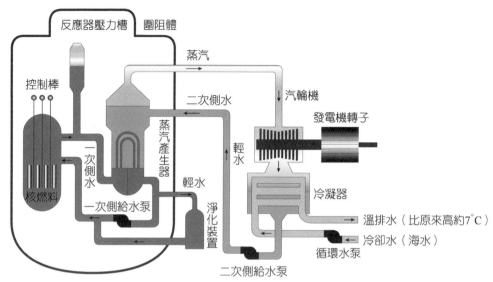

第一水循環系統

鈾核分製之反應器中水變成高壓熱水→再經密閉管道→將高壓熱水送蒸汽產生器再回到反應器。

特點：與外圍冷水作熱交換

第二個水循環系統

利用第一個水循環系統產生之蒸汽去推動汽輪機。

第三個水循環系統

吸進海水以冷卻第二個循環系統，使用後之熱蒸汽最後排回海中。

・圖 10-13　壓水式反應器簡要流程圖

　　在安全防範及管理方面，我國核電廠設計是採用所謂的「深度防禦」的安全理念，以防止爐心過熱而熔毀並確保反應器在任何情況下都不致於發生大量輻射外洩。深度防禦的安全理念主要有以下幾個實施策略與層次：一、廠址勘選。核電廠建廠前首重廠址勘選，規劃之初即需作詳盡綿密的調查及檢測資訊，包括在地的地質探勘、地震頻度調查、氣象、海象及人口密度、疏散範圍等評估，並嚴格要求遠離可能的活動斷層，且廠址安置需於完整岩盤上，以防可能大地震造成的天災。二、多重多樣的安全設計。「多重」規劃即指不只一套的安全系統設施。「多樣」則指採用不同設計及操作原理的系統來執行同樣的功能。如備用電力設備、多重核分裂反應控制系統、緊急爐心冷卻系統、安全系統自動連鎖設計等。三、建構多重防護的圍阻體系統設施。如內層陶瓷燃料的燃料丸密封外殼及燃料護套，反應爐壓力槽圍阻體、外圍一次圍阻體及最外層二次圍阻體等，整體厚達 4~8 呎的鋼筋混凝土的圍阻體，目的即在防止輻射外洩，並確保萬一各項機械設備均失效時，輻射物質仍能閉封於圍阻體內不致逸出廠外造成民眾傷亡。四、人員訓練計畫。運轉人員均定期接受訓練，並藉模擬器演練以熟稔操作，且每 2 年需受行政院原子能委員會檢定，以取得合格運轉執照。五、緊急事故應變計畫。雖然發生核能事故機率極低，但未雨綢繆及訂定相關緊急事故應變計畫是必要的。我國現行法規規定每年至少舉辦一次廠內演習，每二年核電廠間輪流舉辦一次廠外演習，以期萬一安全設計及圍阻設施無法防止輻射物質大量外洩，能有效整合政府、電廠及民眾的力量，使損害降至最低。

10-8　放射性同位素技術在環境科學方面的應用

　　工業及科技之發展對於國家的經貿有很大的貢獻，對於人民的日常生活亦同時提高相當的水平。但在另一方面，車輛的生產與使用快速的增加，其排氣所引起的空氣污染卻是日益嚴重。加上近年來化學工廠和電子工廠相關產品數量急速增加，造成排水及廢棄物所引起的土壤、地上水（河川）、地下水、海岸等的污染更是愈來愈嚴重。如果長期不予管制，任其惡化即變成環境的污染。環境科學是以科學的手段和方法致力

於改善空氣、水質、土壤及整個環境生態污染為主要宗旨，為達成此目標必須先探求各類污染的來源，了解其現況，並建立一套合法的且準確可行的偵測方法及作業模式。

　　鑑於此，先進國家早已不遺餘力致力於環境保護的研究工作。在各類型的研究工作中使用放射性同位素技術為其主要的工具和方法。最具代表性的例子是在物理學及生物學上各種動力學(Dynamics)理論模式和應用的探討。研究結果顯示，使用放射性追蹤劑(Radiotracers)將液體的流動模式(Flow Patterns)和分散(Dispersion)等現象加以測定，然後嘗試與理論模式相比，發現其特徵相似且密切符合。而這個因素的呈現是很重要的。因為，一般而論，環境的研究工作中，對實驗條件之控制是很困難的，且在一次的實驗中僅抽出極少數的試樣並且試樣可能同時包含著很多不同的背景條件，故少數個別或獨立試樣所測得的結果是有待商榷的。因此，需要依靠或建立一特別的方式（即建立模型(Model)）以便在特別複雜條件下，所測得的結果是彼此具有關聯性的且準確度亦是較高的。

10-8-1　環境科學研究上常用的放射性同位素

　　在環境科學研究上常用的放射性同位素技術大部分是以放射性示蹤劑(Radiotracers)的方式加以利用，大致上有下列三種：

1. **人造放射性示蹤劑(Artifical Radiotracers)**：人造放射性同位素核種的示蹤劑，是最普遍且最常用的種類和方式。其使用方法主要是將放射性直接釋放於環境作為追蹤指示劑。

2. **天然的放射性示蹤劑(Natural Radiotracers)**：此類示蹤劑包括存在於環境的天然放射性核種，宇宙射線所產生的核種，以及由人為活動導入環境的放射性物質。這些放射性並不能由實驗室加以控制的，例如核彈的放射性落塵堆積或核能電廠所排放而來的核種。

3. **穩定同位素示蹤劑(Stable-activable Tracers)**：此類示蹤劑是以穩定的同位素核種作為追蹤劑。在實驗進行或結束後收集起來加以中子照射活化以產生放射性核種，然後再以常規方法偵測其放射性活度加以推斷及研究。

10-8-2　放射性示蹤劑在大氣和水圈的研究上之應用

放射性示蹤劑曾經被利用於大氣和水圈中的物理學和生物學現象的研究。在大氣的研究中所測定到的總量包括下列三項：

1. 分別以大規模和小規模的調查研究所得，有關於天然的空氣流動模式(Glow Pattern)。

2. 對於各種不同來源的大氣中污染物的分散。

3. 對於各種不同問題的污染源之確認。

對於水圈(Hydrosphere)的研究上，放射示蹤劑主要是利用於測定一般性水的循環和水利循環的各種特性，包括降水量（雨量），在地上流動的雨量、小溪流量、總水量的記錄及其滲透與地上水的問題等。另外如水源分布，水的年代及水的流速及方向；依靠蒸發的移動和產生煙霧性質等皆是。此外，在其他的研究上，包含如污染物的分散、攝取以及生態系濃度等的表示亦是。放射性示蹤劑在這方面的使用與研究皆很方便且實用。

10-8-3　環境科學研究上使用放射性示蹤劑的優點和缺點

放射性示蹤劑在環境科學研究上的使用目前已極為普遍化。為要和其他方法相比較，謹將放射性示蹤劑技術在這方面應用的優點與缺點或限制列舉如下：

一、優　點(Advantages)

1. 放射性活度的偵測不受環境系統的物理、化學性質的變化（如水的溫度、溶質顏色及酸鹼性等）等因素而影響。

2. 因為利用放射線（尤其是加馬射線）來偵測，它的穿透力很強，對於在地下深處活的微生物或其他目的分析物亦可以偵檢出來。

3. 比較其他方法而言，靈敏度極高。（因僅有少數原子衰變即能夠測到其衰變速率）

4. 一般所使用的放射性示蹤劑的半衰期(Half-life)均較短，含量及活性亦低，實驗完成後其放射性很快就消失也較沒有放射廢料處置問題。

5. 對污染物(Pollutant)之流動追蹤很有效能，並且也是最經濟的一種分析方法。

二、缺　點(Disadvantages)

1. 在環境科學研究上使用放射性示蹤劑的缺點，其本質上就是有關人員及環境輻射安全防範及二次污染的問題。

2. 在過去對於環境科學的研究實驗上，關於放射性示蹤劑的使用較少有政府部門強力的監督和置訂辦法規範，相對的，近年來游離輻射的總量使用亦增加不少。針對這個情形應由法律層面來管制執行並訂定嚴格使用規範和教育宣導。

3. 環境科學研究的實驗者不容易證明在其環境研究中的放射性示蹤劑的濃度，不管在任何時間及地點都不會超過所規定的最高容許核種濃度限制。

4. 放射性示蹤劑濃度效應有少部分可能存在於環境的食物鏈中。

10-8-4　放射性同位素技術應用在我國環境科學研究方面

　　環境之保護（環保）人人有責。為要保護環境須要先了解環境被污染的情形，而要了解污染的嚴重性程度必須建立一可靠且準確的微量分析技術，更重要的是要培養一批具備這方面技能的人才。微量分析方法很多，範圍更廣。其中，比較特別的一項是在前面 10-4 章節中所提過的中子活化分析法。國立清華大學原子科學系及原子科學技術研究中心的一批研究人員及技術人員自從清大核反應器開始供應中子照射服務以來即致力於開發中子活化分析法並積極推展微量元素的分析工作。以下謹介紹應用中子活化分析技術於環境科學研究方面的一些實際作業。

一、空氣中微量污染物的分析
(Analysis of Trace Contaminants in Air)

　　國立清華大學曾與高雄市環保局共同合作有關空氣品質探討的研究計劃。高雄市是台灣南部最大的工業都市，在市郊有很多種工廠林立（包括二個大型的水泥廠）深深影響該市的空氣品質。為了徹底了解實際污染的程度，高市環保局決定與清大合作實地調查。環保局負責提供測試試樣，清大從事分析工作。因為測試試樣數量龐大，清大部分採取以儀器中子活化分析法(INAA)處理試樣。高市環保局人員根據氣象資料，採取定時，定點（在高樓的三、四樓屋頂）以抽氣器經過特製濾紙抽完定量空氣後再將試樣送清華大學，清華大學經分析整理所得數據後，再將測試報告及內容送回高市環保局作為了解高市空氣污染程度及改進策略的參考。

二、地上水的污染程度查驗
(Survey on the Extent of Contamination of Surface Water)

台灣西部的幾條大河川下游各流經新竹、台中、彰化、嘉義及台南等大都市並由附近出海。事實上，沿著這些河川的流經區域很多居民的生活可說與這些河流息息相關，尤其河流的水質影響居民的生活品質至巨。清大原子科學院及原科技術研究中心的研究人員，曾以中子活化分析技術對這些河流的水質加以測定。因河川水中的各元素之溶存量極為微量，以普通的方法（包括中子活化分析法）亦無法直接加以偵測，必須先經過一段所謂 "前濃縮" 的程序處理。"前濃縮" 法通常包括共沉澱，有機溶劑萃取法，離子交換法等。一般而言，實驗室需先購入 "標準物質" (Standard Materials)測試 "前濃縮" 法之可靠性(Reliability)。經過此一處理後，再將試樣進行中子活化分析。以此方法和分析步驟，清大研究人員提供了不少有關台灣較大河流流域的水質資料供政府當局作環保政策的參考。

除此之外，工廠廢排水中所含重金屬（例如，微量的汞、鎘及銅等）確實也污染了環境的水質及土壤等，以此方法亦可有效檢視污染的範圍、程度以及污染源的種類，對於環境科學的研究的確是一項好的且又可行的應用技術。

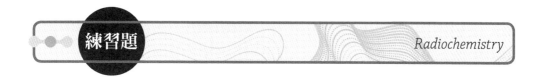

一、選擇題

(　　)1. 下列有關放射性物質的特性描述，何者正確？　(A)放射性衰變為核種自發的衰變現象且受所處的物理狀態如固體、液體或氣體影響　(B)半衰期或衰變常數在古代和現代會因時間因素而有所改變　(C)半衰期或衰變常數會受放射性物質的環境條件，如溫度、壓力而改變　(D)放射性核種處於元素狀態或化合物狀態，其半衰期或衰變常數皆相同。

(　　)2. 下列何人因發展碳－14 及氚定年法(Radiocarbon & Tritium Dating Methods)並因此榮獲 1960 年諾貝爾化學獎？　(A) Willard F. Libby　(B) Otto Hahn　(C) George Hevesy　(D) Glenn T. Seaborg。

(　　)3. 從一古代木材藝術品試樣中，得到一克碳有 7.0 dpm 的碳–14，最近砍伐的木材經碳化後，以同一條件測得一克碳含有碳–14 約 15.3dpm，試計算此木材藝術品的大約年代？　(A)5320 年　(B)6520 年　(C)7860 年　(D)8950 年。

(　　)4. 自然界碳的同位素以下列哪一個含量最多？　(A) C-11　(B) C-12　(C) C-13　(D) C-14。

(　　)5. 放射性碳定年法中，碳－14 氣體的計測以下列何種偵檢器較合適？　(A)蓋革計數器　(B)比例計數器　(C)液體閃爍偵檢器　(D)碘化鈉（鉈）偵檢器。

( )6. 試樣中碳－14 的計測方法，通常是取已知重量的碳，將其變成氣體，再計測氣體中 ^{14}C 的衰變率，其中要特別注意那些事項，以減少誤差值？ (A)不使宇宙射線進入 (B)含 ^{14}C 氣體純化後需先貯藏於瓶中放置一個月後，鈾衰變生成物 ^{222}Rn 衰變完 (C) ^{14}C 的放射比度(S.A.)愈高愈好 (D)以上皆錯。

( )7. 測定年代較久遠的如宇宙或地球化學試樣，可以採用一些較長半衰期（如 10^9 年以上）的放射性同位素，目前被公認且較常被採用於地質年代測定的是下列哪一核種？ (A)銣－87 (B)釷－232 (C)鐳－226 (D)鈽－239。

( )8. 有關氚定年法(Tritium Dating Metrods)的敘述，何者正確？ (A)與碳－14 定年法原理類似是一種平衡衰變的方法 (B)主要是由宇宙射線產生的核種，半衰期均為 12.3 年，大部分以 HTO 形式存在環境中，並隨水文系循環 (C)可用以鑑別葡萄酒的年代 (D)以上皆對。

( )9. ^{1}n + ^{14}N→＿＿＿+ ^{12}C，空白處應填入 (A) ^{2}H (B) ^{3}He (C) ^{3}H (D) ^{4}Li。

( )10.利用放射性同位素技術來消除因磨擦而產生的靜電荷其選擇的核種，大都為阿伐或貝他粒子釋出的核種，主要理由為何？ (A)穿透力低 (B)在空氣中有高的游離比度 (C)體外輻射防護及屏蔽設施較簡易 (D)以上皆是。

( )11.依靠測量放射性物質進入未知量分析成分(Analyte)時，放射性比度的改變來定量分析成分的放射微量分析方法，是下列哪一種？ (A)同位素稀釋法 (B)中子活化分析法 (C)放射層析法 (D)放射性定量滴定法。

( )12.有一試樣重 10 公克，含有欲分析成分 m 物質，溶解後加 0.05 公克，放射性強度為 1950cps 的 ^{32}P 標記磷酸鈉，混合均勻後分離得 0.1 公克的純粹磷酸鈉，其放射強度為 60cps，試計算試樣含 m 的百分率？　(A)8%　(B)16%　(C)24%　(D)32%。

( )13.下列何項是同位素稀釋法所具備的優點及特性？　(A)可定量的測定分析物質的元素(Element)及分子物種(Molecular Species)　(B)用其他方法很耗時或很難事先進行欲分析試樣元素或成分的定量分離及純化　(C)所存在欲分析成分含量極少，可能在玻璃器皿容器的交換或分析操作過程中漏失掉　(D)以上皆是。

( )14.有一蛋白質水解產物(Protein Hydrolysate)被用來測定其中所含的天門冬酸(Aspartic Acid)；利用同位素稀釋分析法取比放射活度(S.A)等於 0.46 µCi/mg 的天門冬酸 5.0mg 加入此蛋白質水解產物，從此蛋白質水解產物可分離出 0.21mg 比放射活度為 0.01 µCi/mg 的高純度天門冬酸，試問原來的蛋白質水解產物含有多少質量的天門冬酸？(A)75mg　(B)160mg　(C)225mg　(D)370mg。

( )15.在鹵素混合物中欲分析碘離子(I^-)的含量，由於碘離子與鹵素族元素化性相近，不易從混合物加以定量分離，故通常會採用下列哪一種放射分析方法來分析，利用此方法即快速又省時，準確度亦高？　(A)中子活化分析法　(B)同位素稀釋法　(C)放射定量滴定法　(D)放射層析法。

( )16.利用同位素稀釋法測定人體血球體積(Blood Cell Volume)，通常採用哪一種元素當放射示蹤劑較佳？　(A)鈷　(B)鈉　(C)鐵　(D)錳。

( )17. 某一適當的生物溶液含有活性為 10^5 cpm 的無載體(Carrier-free) ^{24}Na 記號物質(Spike)，將其注入一生物體的血液中，並靜待一段時間使其達到平衡狀態，然後從此生物體中抽取 1 毫升(1ml)的血液量，測得其活性為 50cpm，試計算此生物體的總血液體積(Total Blood Volume)？ (A)2×10^3ml (B)10^4ml (C)2×10^4ml (D)10^5ml。

( )18. 以放射性 ^{110}AgNO$_3$ 溶液為標準溶液，滴定非放射性氯化鈉水溶液，藉以定量溶液中 NaCl 的含量，下列有關操作之敘述何者正確？ (A)可由放射性沉澱物 ^{110}AgCl 的活性，間接求得溶液中 NaCl 的濃度 (B)它是一種典型的放射定量滴定法，不需再加入任何酸鹼指示劑 (C)滴定過程中 ^{110}AgNO$_3$ 標準液不必一滴一滴的滴入被滴溶液中，可以一次一小單位體積，如 2ml 加入，然後過濾沉澱物，再測定濾液及沉澱物的放射強度劃出滴定曲線 (D)以上皆對。

( )19. 放射定量滴定法中，若以沉澱滴定型式為操作方法，則下列那一種方法滴定終點較為明顯可判？ (A)滴定液具放射性，被滴定液不具放射性 (B)滴定液不具放射性，被滴定液具放射性 (C)滴定液與被滴定液均具放射性 (D)以上皆非。

( )20. 放射定量滴定法所使用的放射性同位素，通常選擇具備較長半衰期，且能釋出高能量的β$^-$或加馬射線，其主要目的為何？ (A)減少溶液自吸收(Self-absorption)，以免影響實驗準確性 (B)可使用較少量，以節省實驗時間 (C)較易產生沉澱，且沉澱量易與懸浮液過濾分離 (D)滴定終點較明顯且容易測得。

(　)21.下列何者是放射性同位素在農業方面的應用？　(A)作為示蹤劑，追蹤研究某一成分在動物或植物營養代謝反應途徑　(B)應用所釋出的放射線作為植物或農作物滅菌、貯藏及品種改良　(C)研究植物光合作用定性及定量機制　(D)以上皆是。

(　)22.研究植物光合作用現象，較常使用也較合適的放射性同位素為下列何者？　(A)^{3}H　(B)^{14}C　(C)^{13}N　(D)^{15}O

(　)23.研究磷酸肥料被植物攝取的效益，可使用下列哪一個放射性同位素？　(A)^{31}P　(B)^{32}P　(C)^{35}P　(D)^{15}N。

(　)24.磷肥的施肥績效研究中，定期測定土壤及植物所含的放射性磷，可獲得那些資訊？　(A)植物所攝取的磷及殘留在土壤中的百分率　(B)肥料被吸收及移動的情形　(C)磷肥的施肥效率　(D)以上皆對。

(　)25.常用鈣的哪一個同位素，來研究及比較豆科植物在根部和豆部吸收肥料營養的百分比率效益？　(A)^{40}Ca　(B)^{41}Ca　(C)^{45}Ca　(D)^{48}Ca。

(　)26.下列何者不屬於應用同位素示蹤劑技術在農業方面之應用？　(A)利用 ^{32}P 和 ^{15}N 標記肥料，以測定肥料被植物吸收的量及在環境中損失的量，以增加肥料的有效利用　(B)利用 ^{32}P 和 ^{59}Fe 於動物科學研究，標記昆蟲以研究其生態學及對人類與自然界的影響　(C)利用 ^{60}Co 照射水稻、水仙花等進行品種改良研究　(D)利用 ^{35}S 標記的硫塵埃噴撒於柑橘，研究溫泉地帶所生產的柑橘常受空氣中的含硫成分損傷情形。

(　)27. 利用輻射照射在農業方面之應用，下列哪一個敘述和觀念是正確的？　(A)是一種物理處理，如同加熱處理一般，會將物體化學分子結構分解　(B)可以消滅昆蟲、細菌和微生物，減緩及中止其與水果或蔬菜等的生理過程，亦可抑制發芽和老化而延長產品的儲存期限　(C)食物經輻射照射處理以後，放射性有可能會存留在食物內，亦有可能讓食物變成具放射性食物　(D)輻射照射常使用的放射同位素釋出的輻射種類，主要以阿伐或貝他粒子為主，因為它們的游離比度較大，穿透力較小。

(　)28. 下列何者是應用輻射照射在於農業上病蟲害的防治的優點？　(A)對環境生態不會造成污染　(B)便宜、有效，可降低農產品損害率，並增進其品質　(C)不會危害人體　(D)以上皆對。

(　)29. 下列哪一種食物保存方法，相對上所需費用低廉且不會產生毒害污染或影響組織風味？　(A)低溫或高溫殺菌及罐製　(B)脫水及化學處理　(C)輻射照射　(D)加入化學防腐藥劑。

(　)30. 應用輻射照射以延長馬鈴薯的儲存期限，主要在於運用其哪一種效用：　(A)殺蟲(Disinfestation)　(B)消毒(Disinfection)　(C)去沙門氏菌，去除腐菌(Pasteurization)　(D)抑制發芽。

(　)31. 1980 年聯合國衛生組織(WHO)、聯合國糧食農業組織(FAO)及國際原子能總署(IAEA)共同宣布食物輻射照射在多少劑量以下，對人類食用無害，不會引起特殊營養或微生物問題，可用於食物的保鮮、滅菌、消除病蟲害與抑制農產品發芽？　(A)十戈雷(10Gy)　(B)一百戈雷(100Gy)　(C)一千戈雷(1000Gy)　(D)一萬戈雷(10kGy)。

(　)32.輻射照射應用於農產品與食品的殺蟲與滅菌，具有哪些優點？
(A)無藥品的殘毒污染而且不會產生任何放射性　(B)與低溫冷凍
儲藏及高溫消毒滅菌相較，能源消耗量極少，費用亦較低　(C)與
化學處理不同，輻射照射食品不會留下任何痕跡，且其同味與營
養可以維持不變　(D)以上皆是。

(　)33.下列何者是我國行政院衛生署目前已核准的輻射照射食物項目？
(A)馬鈴薯、甘藷、分蔥、洋蔥、大蒜　(B)木瓜、芒果、紅豆、
綠豆、大豆　(C)小麥、麵粉、米、菸草　(D)以上皆是。

(　)34.輻射照射處理廢水與污泥可達到再利用的目的，主要原因為何？
(A)輻射照射可滅除病原體　(B)輻射照射可分解有機毒物　(C)輻
射照射可加速堆肥發酵　(D)以上皆對。

(　)35.下列何者是輻射照射在環境保護方面的應用？　(A)處理天然飲水
系統，進行殺菌分解與氧化作用以純化水源　(B)處理工業廢水、
廢料的去污和去毒　(C)處理污泥和廢氣使其再利用　(D)以上皆
是。

(　)36.目前高樓大廈或一般公共場所，皆裝設有煙霧偵檢器，以減少火
災維護公共安全，其主要裝置及應用原理為何？　(A)裝置有同位
素 Am-241（鋂－241）　(B)利用輻射遇煙粒，放射強度降低原理
(C)煙霧偵檢器裝置的為阿伐粒子釋出核種，故不需作特別的鉛屏
蔽及人員輻射安全防護　(D)以上皆對。

(　)37.中子活化分析所使用的熱中子能量不能太大，通常小於或等於
0.1eV 為宜，主要原因為何？　(A)高能量的快中子束不易獲得，
且經濟成本較高昂　(B)熱中子能量太大易引起(n, e)，(n, p)及(n,
α)等反應，影響準測量準確性　(C)能量高的中子易與重元素產生

非彈性碰撞，故重元素的中子活化分析無法進行　(D)高能量的中子，穿透力太大屏蔽不易且對工作人員輻射傷害影響太大。

(　)38.下列何者是放射性同位素在工業上常見的應用？　(A)利用 ^{60}Co 及加馬偵測器，測定輸送低密度汽油和高密度柴油的輸送管兩液體介面，以最低損失方式加以分離，可不必取樣分析且能迅速決定其介面　(B)測定兩種沸點不同的混合液體，追蹤了解其分離的效率　(C)利用 ^{137}Cs 測定極大長度的紙、玻璃、塑膠或纖維布的厚度及其均勻性　(D)以上皆是。

(　)39.下面哪一項是放射性同位素利用加馬攝影在工業上的一種檢驗技術？　(A)檢驗鑄鐵製各種大型容器內部的裂縫　(B)檢驗數百公尺長的塑膠布厚度及均勻性是否一致　(C)決定兩種不同密度的液體（如汽油與柴油）的介面　(D)測定兩種沸點不同的混合液體的分離效率。

(　)40.欲獲得有用的中子通量（中子源），其方法可經由那些途徑？　(A)經由加速器(Accelerator)誘導反應產生，如 ^{9}Be(d, n)^{10}B 可獲得高中子產率(Higher Neutron Yield)；利用 ^{7}Li(p, e)^{7}Be 反應可獲得單能中子(Monoenergetic Neutrons)　(B)經由核反應器(Nuclear Reactor)反應產生，一般可獲得 $10^{12} \sim 10^{15}$n.cm^{-2}.s^{-1} 的熱中子束通量率(Thermal Flux)　(C)經由放射性同位素誘起的核反應，如 ^{4}He（來自 ^{210}Po, ^{226}Ra, ^{239}Pu, ^{241}Am 等）＋^{9}Be→^{12}C+n, ^{252}Cf 等　(D)以上皆是。

(　)41.工業上常利用放射線活化做螢光標識，利用 ^{90}Sr 的貝他射線打擊下列何者物體能夠發出螢光做暗處的標示？　(A)硫化鋅或硫化鎘　(B)硫酸鈣　(C)碘化鈉　(D)氧化鎂。

( )42.下列何者是放射性同位素在工業上的應用？ (A)利用同位素 ^{90}Sr
所放出的貝他射線遇到莫乃耳合金(Monel Metal)可產生高達 7000
伏特電壓，製成小型而在極限狀況下可長期使用的電壓供應器
(B)利用同位素 ^{3}H 與螢光劑硫化鋅混合後放出能見度達 10 公里
的黃綠光，以應用在小飛機場或遙遠區城所需的路燈指示 (C)利
用同位素 ^{210}Po 可使空氣游離，應用於清除靜電而達成減少災害
(D)以上皆是。

( )43.利用 ^{238}Pu, ^{210}Po, ^{90}Sr, ^{147}Pm, ^{144}Ce, ^{137}Cs 或 ^{60}Co 等密封射源所製成
的同位素電池，可應用在以下何種功能或用途？ (A)人工心臟
(B)無人氣象站 (C)人造衛星或太空船 (D)以上皆是

( )44.利用放射性同位素如 ^{46}Sc, ^{51}Cr, ^{131}I；環境放射性同位素如 ^{36}Cl, ^{3}H,
^{14}C 與穩定同位素 ^{18}O 等示蹤與標記的特性，可以運用在水文學的
那些方面的應用？ (A)迅速方便的測定及了解地下水的水源分
布、年代、流速、補充水源與流程等 (B)水壩與地下道的滲漏；
湖與貯水區的動力學；水庫與河水的流出量；河流的廢水污染與
擴散、泥沙的追蹤、海港的漂沙流向 (C)測定一個地下水源幾年
與幾萬年的貯水補充率 (D)以上皆是。

( )45.一般選擇同位素應用在水文學，需考慮哪些因素？ (A)輻射能量
低，半衰期短 (B)水溶性，不易與土壤及岩石發生作用 (C)容
易獲得、運輸方便，可當場測定且靈敏度高 (D)以上皆是。

( )46.利用放射性同位素如 ^{60}Co 或中子射源來測定公路或建築用地上土
壤密度或所含水分，而不必各處採土壤試樣作地質分析，其主要
的應用及偵測原理，下列敘述何者正確？ (A)將 ^{60}Co 放在一定
高度，照射地面並偵測反彈回來的加馬射線，由其強度測定土壤

的密度　(B)^{60}Co 的加馬射線反彈回來較多表示土壤密度較大，反之則密度較小　(C)以快中子源將快中子照射土壤，土壤中水分較多的將快中子減速為熱中子的機會較多，因此從熱中子偵測器可知土壤含水分的多寡，此法可不必各處採土壤試樣作地質分析 (D)以上皆正確。

(　)47. 利用放射性 ^{59}Fe 來研究鐵的生理學，下列有關其操作流程及基礎醫學應用，何者正確？　(A)在人體血漿中以 ^{59}FeCl$_3$ 加以標記，然後再注射入人體並在每隔一段時間後抽出一定量血液，以測量每一血漿所含總鐵含量及 ^{59}Fe 之放射強度，此為血漿中鐵的轉移實驗流程，由血漿中鐵之轉移實驗獲知，需用約 1.5 倍量之更新血漿內之鐵　(B)患紅血球增多症、白血球過多症及貧血症時，鐵的轉移將增加　(C)放射性同位素治療紅血球增多症時，鐵的轉移將減少　(D)以上皆正確。

(　)48. 臨床上使用何種放射性同位素作為診斷甲狀線疾病及治療甲狀腺機能亢進或甲狀腺癌？　(A)鐵－59　(B)磷－32　(C)碘－131 (D)鍶－90。

(　)49. 利用放射性鐵作脾臟攝取的基礎醫學研究，其操作流程和應用目的為何？　(A)使患者攝取放射性鐵後，隨時間的經過自體外用閃爍偵檢器計測脾臟的放射性強度，以求得放射性鐵的脾臟攝取 (B)脾臟和造血有關，可診斷正常或紅血球增多症者，因此種患者在脾臟生產紅血球的速率會增加　(C)惡性貧血症患者在脾臟以不正常速率破壞紅血球，但正常人則生產與破壞速率平衡，因此可診斷出貧血症患者　(D)以上皆是。

( )50.早期以放射性 ^{24}Na 檢查血液循環受阻部位或從身體外部診斷心臟跳動功能品質，主要是利用輻射偵檢器測量其哪一種輻射？　(A)阿伐射線　(B)貝他射線　(C)加馬射線　(D)以上皆非。

( )51.1939 年，首次以中子撞擊鈾原子核，而發現鈾原子核分裂(Discovery of Nuclear fission)的同時尚有巨大能量釋出，是為人類發現核分裂核能(nuclear fission energy)之始是那位科學家？(A)James Chadwick（查德維克）　(B)Otto Hahn（哈恩）與 Fritz Strasmann（史托斯曼）　(C)Wilhelm C. Rontgen（侖琴）(D)Ernest Rutherford（拉塞福）。

( )52.1942 年建造世界上第一個可控制的核反應器(conrolled nuclear fission reactor)的是　(A)Enrico Fermi（費米）　(B)Glenn T. Seaborg（西伯革）　(C)Ernest O. Lawrence（羅倫斯）　(D)Henri Becquerel（貝克）。

( )53.1942 年美國成立「曼哈頓工程區計劃」(Manhattan District Project)主要目的在於　(A)研製原子彈　(B)設計核能發電廠　(C)研製迴旋加速器　(D)生產醫用放射性同位素。

( )54.凡原子核的結構或能階改變時所放出的能量，廣義的說均通稱為(A)電能　(B)化學能　(C)核能　(D)位能。

( )55.核反應器中所稱的核分裂，通常係指哪一種粒子誘發的分裂？(A)電子　(B)質子　(C)阿伐粒子　(D)中子。

( )56.所謂熱中子，其中「熱」代表何種意義？　(A)溫度高，能量大(B)速度快的快中子　(C)能量低，速度較慢的慢中子　(D)不帶電，核分裂反應性較低的中子。

( )57.設 K 代表核反應器系統(system)或裝置(device)的中子增殖因數 (multiplication factor)，即某一代的核分裂總數除以前一代的核分裂總數。當 K 值等於多少時？吾人稱系統處於臨界狀態(critical) 狀態？ (A)K=1 (B)K＜1 (C)K＞1 (D)K 為任何值。

( )58.核分裂(nuclear fission)主要有那兩種類型 (A)中子誘發和電子誘發 (B)阿伐粒子誘發和自發核分裂 (C)中子誘發和自發核分裂 (D)任何速粒子的誘發和電磁波誘發。

( )59.能自發核分裂的核種不多，主要為 (A)U-235 (B)U-238 (C)Pu-239 (D)Cf-252。

( )60.^{252}Cf 自發核分裂會放出何種粒子 (A)貝他粒子 (B)質子 (C)微中子 (D)中子。

( )61.在輕水式或重水式核能電廠內均需有中子緩和劑 (neutron moderator)，試問其主要功能為何 (A)將大部分的快中子減速成為慢中子，以提高其引發易裂材料核分裂的或然率 (B)可將核反應器冷卻，不致於溫度持續昇高 (C)可將核分裂反應減緩下來，將核反應器停機 (D)可將核分裂材料所需的臨界質量大大的減低下來。

( )62.核反應器的控制棒(control rods)主要目的為何 (A)可捕獲核分裂產生的中子，控制核分裂反應或讓核反應器停機 (B)可將快中子變成熱中子，增加核分裂材料的核分裂反應度 (C)可急速降低核反應器的爐心溫度 (D)可用來增加核電廠電力的輸出效率。

( )63.核能發電廠的核反應器控制棒主要裝置成分為何 (A)鉛(Pb) (B)鐵(Fe) (C)鎘(Cd) (D)鋁(Al)。

(　)64.核電廠在安全設計上，除控制棒以外，還有下列何者也可以吸收熱中子使連鎖反應停止　(A)硼液控制系統　(B)液態氮控制系統　(C)真空隔離系統　(D)鉛屏蔽隔璃系統。

(　)65.核能電廠的圍阻體安全設計有下列何者　(A)陶瓷狀燃料丸及鋯金屬燃料護套與反應爐　(B)鋼板內襯　(C)混凝土圍阻體及聯合廠房　(D)以上皆是。

(　)66.核電廠中最嚴重的安全事故為　(A)硼液外漏　(B)控制棒發生故障　(C)冷卻水功能失效　(D)爐心融毀。

(　)67.輕水反應器的冷凝器內用過的冷凝水成為廢水排出，此廢水因比取水時之冷卻海水溫度約高出多少度，因此亦稱為溫排水　(A)2~3℃　(B)7~8℃　(C)10~12℃　(D)12~15℃。

(　)68.目前我國放射性廢料儲存在哪裡　(A)高階放射性廢料儲放在各核能電廠，低階放射性廢料儲放在蘭嶼核廢料儲存廠　(B) 高低階放射性廢料皆儲存在馬祖、南竿等離島　(C)不論放射性強度大小，皆儲存在蘭嶼核廢料儲存廠　(D)由政府付費分別運往北韓、俄羅斯及中國大陸代為處理。

(　)69.所謂核能電廠「跳機」是指下列何者？　(A)鈾燃料不足　(B)中子源不足　(C)因安全需求而自動將核反應停止運轉　(D) 供電時數過久或漏電，造成機器自動跳電。

(　)70.所謂「跳機」，包括下列哪些情形？　(A)反應爐溫度、壓力異常現象(B)運轉人員操作不當或運轉時安全測試造成系統干擾(C)天然的突發事件如地震、雷擊等　(D)以上皆是。

（　）71. 下列何者是核能發電主要造成的環保問題？ 　(A)酸雨 　(B)臭氧層破洞 　(C)溫室效應 　(D)核廢料及溫排水。

（　）72. 下列何者不排放空氣污染物及二氧化碳 　(A)燃煤 　(B)燃油 　(C)燃氣 　(D)核能發電。

（　）73. 火力發電對環保及生態最大的影響是 　(A)酸雨 　(B)溫室效應 (C)空氣污染 　(D)以上皆是。

（　）74. 核能發電有哪些優越性 　(A)運輸與儲存（本土化的準自產能源） (B)是一種基載電力（極小體積極大能量是能源中的小巨人） (C)屬無碳的乾淨能源（無酸雨及溫室效應）且亦可讓能源多元化 （不要把雞蛋放在同一個籃子裡） 　(D)以上皆是。

（　）75. 台灣水力發電不發達主要為天然的地理因素及水資源。一般而言，台灣水資源利用不理想的原因為何？ 　(A)山勢陡峭，落差大，河流短，雨量很快流入海洋，蓄存不易 　(B)降雨時間不均勻，近 80 % 雨量集中在五月到六月的梅雨季和七月到九月的颱風季 　(C)水庫上游集水區常遭濫墾、濫伐、茶園、檳榔園、高冷蔬菜園取代茂密森林 　(D)以上皆是。

二、問答題

1. 同位素電池常裝置及運用 ^{238}Pu, ^{210}Po, ^{90}Sr, ^{147}Pm, ^{144}Ce, ^{137}Cs 或 ^{60}Co 等密封射源，試問其應用原理及功能用途為何？

2. 利用放射性同位素如 ^{60}Co 或中子射源來測定公路或建築用地上土壤密度或所含水份，而不必各處採土壤試樣作地質分析，試簡述其主要的應用及偵測原理？

3. 請說明正子(Positron)電腦斷層造影的基本原理？目前臨床正子放射電腦斷層攝影(Positron Emission Computerized Tomography, PET)在癌症方面的診斷功能與應用為何？

4. 利用放射性 ^{59}Fe，可以用來研究人體血液中鐵的生理學及相關疾病，試說明其操作流程及基礎醫學之應用？

5. 放射性碘-131 可作為臨床哪些疾病之診斷與治療？試說明之！

6. 輻射照射應用於農產品與食品的殺蟲與滅菌、延長儲存期限等，具有哪些優點或特色？

7. 利用放射性同位素如 ^{46}Sc, ^{51}Cr,^{131}I；環境放射性同位素如 ^{36}Cl, ^{3}H, ^{14}C 與穩定同位素 ^{18}O 等示蹤(Radiotracer)與標記的特性，可以運用在水文學的哪些應用方面？試舉例說明之！

8. 請說明一般臨床診斷用 x 光機的基本構造、x 光產生原理及其應用？

9. 試舉二例說明放射性同位素在工業上的應用？

10. 放射性碘-131 同位素的活性為 100 mCi（毫居里），已知其物理半衰期為 8 天，試問經過 16 天，其活性剩下多少 MBq（百萬貝克）？

11. 目前一般公共場所或商業高樓大廈，皆裝設有煙霧警報偵檢器，以防止火災維護公共安全，試問其主要裝置及應用原理為何？

12. 請各舉例說明中子活化分析法(Neutron Activation Analysis, NAA)在生物醫學及犯罪學上的應用及其基本原理？

13. 請說明非醫學影像檢查之放射免疫分析法(Radioimmunoassay, RIA)具有那些優點並說明其在臨床上有那些檢查應用？

14. 某一適當的生物溶液含有活性為 2×10^5 cpm 的無載體(Carrier-free)鈉-24 記號物質(Spike)，將其注入一生物體的血液中，並靜待一段時間使其達到平衡狀態，然後從此生物體中抽取 1ml（毫升）的血液量，測得其活性為 100 cpm，試計算此生物體的總血液體積(Total Blood Volume)？

15. 請說明一般臨床醫用直線加速器(Linear Accelerator)的基本構造、x 光產生原理及其應用？

16. 請問核能發電的基本原理？請問何謂「核分裂連鎖反應」？

17. 請問一座核能發電廠組成之主要系統有那些？

18. 何謂核反應器（簡稱原子爐）？其主要組成有那些？

19. 請簡述台灣核能發電廠之核反應器型式？

20. 請問核能發電與原子彈有何不同？

21. 請簡述輻射在半導體工業方面之應用？

22. 請說明鐳-223 (Radium-223)臨床適應症的應用？

附錄

附　錄

附 錄

各章練習題解答

第一章　練習題解答

一、選擇題

01(B)　02(C)　03(A)　04(C)　05(B)　06(B)　07(C)　08(D)　09(D)　10(D)

11(D)　12(D)　13(B)　14(A)　15(D)　16(C)　17(B)　18(C)　19(B)　20(D)

21(D)　22(C)　23(D)　24(C)　25(D)　26(A)　27(A)　28(A)　29(D)　30(D)

31(D)　32(C)　33(A)　34(B)　35(C)　36(D)　37(A)　38(B)　39(A)　40(C)

41(C)　42(A)　43(B)　44(C)　45(C)　46(D)　47(B)　48(C)　49(B)　50(B)

二、簡答題

省略，敬請參閱本章單元內容。

第二章　練習題解答

一、選擇題

01(D)　02(D)　03(B)　04(B)　05(B)　06(B)　07(A)　08(B)　09(C)　10(B)

11(C)　12(D)　13(C)　14(D)　15(C)　16(B)　17(C)　18(D)　19(D)　20(D)

21(D)　22(A)　23(D)　24(B)　25(D)　26(B)　27(C)　28(D)　29(D)　30(B)

31(A)　32(C)　33(D)　34(B)　35(C)　36(D)　37(D)　38(A)　39(C)　40(A)

二、解釋名詞

省略，敬請參閱本章單元內容。

三、計算題

1. 0.511 MeV

2. 3.02 MeV

3. 1Kcal＞1cal＞1J(＝1Nm)　＞1erg＞1MeV＞1eV

第三章　練習題解答

一、選擇題

01(A)　02(D)　03(A)　04(D)　05(B)　06(C)　07(C)　08(B)　09(B)　10(B)

11(D)　12(D)　13(C)　14(B)　15(D)　16(A)　17(C)　18(D)　19(B)　20(A)

21(C)　22(A)　23(A)　24(C)　25(C)　26(D)　27(C)　28(C)　29(C)　30(B)

31(A)　32(C)　33(B)　34(B)　35(C)　36(C)　37(A)　38(B)　39(D)　40(A)

41(C)　42(C)　43(D)　44(C)　45(C)　46(D)　47(C)　48(D)　49(C)　50(C)

51(C)　52(A)　53(D)　54(D)　55(B)　56(B)　57(B)　58(D)　59(C)　60(B)

二、問答題

1. 鈾(U)的同位素有 ^{226}U～^{240}U 等 15 種，其中半衰期較長者有 ^{233}U($t_{1/2}$＝ 1.59×10^6 年), ^{234}U($t_{1/2}$＝2.45×10^5 年), ^{235}U($t_{1/2}$＝7.038×10^8 年)和 ^{238}U($t_{1/2}$＝4.4628×10^6 年)。天然存在的鈾(U)含 ^{235}U(0.7%)和 ^{238}U(99.3%)，分別為鈾和錒衰變系列的母核種。若以帶任意能量之中子撞擊（含熱中子），則僅 ^{235}U 同位素可分裂。^{235}U, ^{239}Pu 和 ^{241}Pu 是同屬於易裂核種或易裂材料(fissile materials)是核能發電與製作原子彈重要核燃料。^{238}U 和 ^{232}Th 同屬可孕材料(fertile materials)，若受高能量快中子撞擊並吸收有可能發生核分裂。鈾的第三種同位素 ^{233}U 自然界不存在，可利用熱中子照射天然釷產生。鈾的氧化價數有＋3, ＋4, ＋5, ＋6 等 4 種，其中以＋6 溶解度最高，而＋4 溶解度最小。而一般均使用鈾礦的碳酸鹽、硫酸鹽和氯化物，其中鈾均以 UO_2^{2+} 存在其

氧化價數為＋6，但因其溶解度較高可將其還原成＋4 再沉澱出。因此
鈾礦中提煉鈾的步驟為：鈾礦先用硫酸作用形成硫酸鹽$[(UO_2(SO_4)_2^{-2}]$
而溶解，再利用陰離子交換樹脂或以有機溶劑萃取之。一般均使用三
級 amine 當作陰離子交換劑。

2. (1) 當能量不夠進行正子衰變(β^+)時，可利用電子捕獲(EC)將質子轉變
   為中子，使 N/P ratio 變大，即 EC 比 β^+ 容易發生。一般由原子核
   外電子軌域上補獲一個電子，進行 EC 其母核與子核的能量差不必
   大於 1.022MeV。

   (2) EC 隨原子序增加，因電子雲密度增加而產生機率亦增加。

   (3) 一般而言，原子序小於 30 以 β^+ 居多，如 ^{11}C, ^{18}F；原子序大於
   80，完全為 EC 例如：^{201}Tl(Z＝81)；原子序介於 30~80 之間，二
   者以不同比例共存，例如：^{67}Ga(Z＝31), ^{82}Rb(Z＝37)，EC 和 β^+ 以
   不同比例共存。

3. $Q_{\beta+} = 931.5(M_z - 2M_e - M_{z-1})MeV = 931.5(13.005738 - 13.003354) - 2 \times$
   0.511(Energy Equivalent of the m_e) MeV ＝ 1.199 MeV

4. $Q_{EC} = 931.5(M_z - M_{z-1})MeV = 931.5(7.016925 - 7.016005)MeV = 0.857$ MeV

5. 省略，請參閱本章 3-6 單元內容。

第四章 練習題解答

一、申論題

1. 放射性核種具有三個主要特性：

   (1) 放射性核種能自發放出輻射，並衰變成另一種核種：
   例如 $^{218}_{84}$Po $\xrightarrow{\alpha}$ $^{214}_{82}$Pb $\xrightarrow{\beta^-}$ $^{214}_{83}$Bi。放出的輻射常見的有 α, β, γ
   等。

(2) 放射性核種具有一定的半衰期$(t_{\frac{1}{2}})$；所謂半衰期是指某放射性核種的原子數目衰減到它初始值一半所需的時間，它不隨外界條件以及元素的物理、化學狀態而變。如 ^{238}U 半衰期 45 億年，^{60}Co 半衰期為 5.27 年，^{198}Au 半衰期為 2.69 天等。

(3) 放射性核種的原子數目隨時間呈指數衰減，可用 $N = N_0 e^{-\lambda t}$ 表示。N_0 為放射性核種初始的原子數目，N 為放射性核種經過時間 t 衰變後所剩下的原子數目，λ 為衰變常數，$t_{\frac{1}{2}} = \dfrac{0.693}{\lambda}$。

2. 放射衰變為一種隨機過程，亦即在一特定時間內不能夠確實地說出一群原子衰變成那一原子，因此，只能說放射核種在經過一段時間衰變後的平均數量。

放射衰變為一級反應(First Order Reaction)，即放射反應速率與試樣中所含放射性核種的數目成正比。

放射原子（粒子）速率 $\approx$ （放射性核種衰變速率）α 存在的放射性核種數，α 表示成正比例關係，如以 λ 表示比例常數即衰變常數(decay constant)時：

放射性核種衰變速率＝（衰變常數）×（存在的放射性核種數）。

> **補　充**

在化學動力學的一級反應(first-order)反應速率與反應物濃度成正比

Ex.　　$2N_2O_{5(g)} \longrightarrow 4NO_{2(g)} + O_{2(g)}$

　　　　$Rate = K[N_2O_5]$

若以微分演算可得通式推演如下：

$$R = -\frac{d[A]}{dt} = K[A]$$

$$\Rightarrow \int_{[A]_0}^{[A]} \frac{d[A]}{dt} = -k \int_0^t dt$$

$$\Rightarrow \ln[A] - \ln[A]_0 = -kt$$

$$\Rightarrow \ln \frac{[A]}{[A]_0} = -kt$$

$$\Rightarrow \frac{[A]}{[A]_0} = e^{-kt}$$

$$\Rightarrow [A] = [A]_0 \, e^{-kt}$$

當 $[A] = \frac{1}{2}[A]_0 \quad \Rightarrow t_{\frac{1}{2}} = \frac{\ln 2}{k} = \frac{0.693}{k}$

*對於一級反應，放射性元素的衰變中 $A = -\dfrac{dN}{dt} = \lambda N$

同理可推得 $N = N_0 \, e^{-\lambda t}, \quad t_{\frac{1}{2}} = \dfrac{0.693}{\lambda}, \quad A = A_0 \, e^{-\lambda t}$

3. 根據 2 描述，若關係式用數學式表示，設在 t 時所存在放射性核種數 為 N，$-\dfrac{dN}{dt} \alpha N$，$-\dfrac{dN}{dt} = \lambda N$，移項得 $-\dfrac{dN}{N} = \lambda dt$，積分得 $-\ln N = \lambda t + c$，設開始時（即 $t = 0$ 時）的放射性核種數為 N_0，即 $c = -\ln N_0$，代入上式 $-\ln N = \lambda t - \ln N_0$，整理得 $\ln N - \ln N_0 = -\lambda t$，故得 $N = N_0 e^{-\lambda t}$，此關係表示放射性核種以指數原則衰變，稱為放射衰變律 (Radioactive Decay Law)。

4. 1 居里的定義為 1 克 Ra-226 每秒的衰變速率。

$$\frac{-dN}{dt} = \lambda N = A$$

$$A = \frac{0.693}{1600 \times 365 \times 24 \times 60 \times 60} \times \frac{1}{226} \times 6.02 \times 10^{23}$$

$$\fallingdotseq 3.73 \times 10^{10} \text{ dps} \fallingdotseq 3.73 \times 10^{10} \text{ Bq}$$

5. 母核種的半衰期較子核種的半衰期長 $(t_{1/2})_A > (t_{1/2})_B$ 或 $\lambda_A < \lambda_B$，到達某時間後，母核與子核種的原子核數及衰變速率的比，都達到一定的所謂過渡平衡狀態。

Ex. $^{140}Ba \xrightarrow[\substack{12.8天 \\ (370小時)}]{\beta^-} {}^{140}La \xrightarrow[40.2hr]{\beta^-} {}^{140}Ce$ (stable)

$A \xrightarrow[(t_{1/2})_A]{\lambda_A} B \xrightarrow[(t_{1/2})_B]{\lambda_B} C$

在過渡平衡時，母核與子核的放射性都以母核的半衰期衰變

$$\frac{N_B}{N_A} = \frac{\lambda_A}{\lambda_B - \lambda_A}{}_\# \quad 或\ N_B = (\frac{\lambda_A}{\lambda_B - \lambda_A})N_{A\#} \quad A_B = \frac{\lambda_B}{\lambda_B - \lambda_A}A_A$$

6. 當 $\lambda_B \gg \lambda_A$ 或 $(t_{1/2})_B \ll (t_{1/2})_A$，將建立永久平衡，如

$${}^{232}_{90}Th \xrightarrow[1.39\times10^{10}Y]{\alpha} {}^{228}_{88}Ra \xrightarrow[5.75Y]{\beta^-} N_B = \frac{\lambda_A}{\lambda_B}\ N_{A\#}$$

$(\because \lambda_A \ll \lambda_B，\ \frac{N_A}{N_B} = \frac{\lambda_B - \lambda_A}{\lambda_A} = \frac{\lambda_B}{\lambda_A})$ 或 $A_B = A_A$

如 $^{113}Sn \xrightarrow[117天]{} {}^{113m}In \xrightarrow[100分]{} {}^{113}In$

母核 ^{113}Sn 和子核 ^{113m}In 的活性最後會變成一樣，且都以 ^{113}Sn 的半衰期在衰變。

7. $^{140}Ba \xrightarrow[t_{1/2}=12.8天]{\beta^-} {}^{140}La \xrightarrow[40.2hr]{\beta^-} {}^{140}Ce$ (stable)

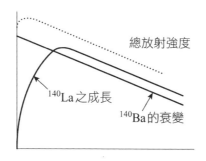

總放射強度

^{140}La 之成長

^{140}Ba 的衰變

$$\frac{N_B}{N_A} = \frac{\lambda_A}{\lambda_B - \lambda_A} = \text{constant}$$

在過渡平衡狀態之下，經過一段時間的衰變過程中，子核種的數目與母核種的數目之比達到一定，亦即兩者的放射活度之比亦達到定值 $\frac{N_B}{N_A} = \text{constant}$，當達平衡，子核種的放射性活度大於母核種的活度，但兩者之比值是常數，母核與子核的放射性都以母核的半衰期衰變。

8. 永久平衡（$\because (t_{1/2})_A \gg (t_{1/2})_B$ 或 $\lambda_B \gg \lambda_A$）達永久平衡時，$A_A = A_B$ 即母核與子核活性相等且兩者均以與母核相同的半衰期衰變。

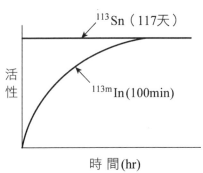

9. (1) 針對連續性放射衰變 $X_1 \xrightarrow{\lambda_1} X_2 \xrightarrow{\lambda_2} X_3$ 所得子核種數目，$N_2 = \lambda_1/(\lambda_2 - \lambda_1)N_1^0(e^{-\lambda_1 t} - e^{-\lambda_2 t})$，將此式以 t 微分，當 $dN_2/dt = 0$ 的條件成立時，斜率等於 0，亦即 $N_2 = (N_2)_{max}$。

(2) 可求得，$t_{max} = (\frac{1}{\lambda_2 - \lambda_1})\ln\left(\frac{\lambda_2}{\lambda_1}\right)$ 為最佳 milking 的適當時間

(3) $(N_2)_{max} = (N_1)_0(\lambda_2/\lambda_1)^{\lambda_2/(\lambda_1 - \lambda_2)}$

補充一

無論達成何種平衡時，子核活性達最大值其時間為：

$$t_{max} = \frac{1}{\lambda_2 - \lambda_1}\ln\left(\frac{\lambda_2}{\lambda_1}\right)$$

此係將式 $N_2 = \dfrac{\lambda_1}{\lambda_2 - \lambda_1} N_1^0 (e^{-\lambda_1 t} - e^{-\lambda_2 t})$ 以 t 微分，求 $dN_2/dt = 0$（斜率等於

0）而得，可用於求得 milking 的最適當時間。

例 1

$$^{99}\text{Mo} \xrightarrow[\lambda = \frac{0.693}{67}\text{hr}^{-1}]{t_{\frac{1}{2}} = 67\,\text{hr}} {}^{99m}\text{Tc} \xrightarrow[\lambda_2 = \frac{0.693}{6}\text{hr}^{-1}]{t_{\frac{1}{2}} = 6\,\text{hr}} {}^{99}\text{Tc}$$

求 ^{99m}Tc generator 最佳 milking 時間，亦即每次間隔多少時間去 milking 可擠取最大活性值？

解

$$t_{max} = \frac{1}{\lambda_2 - \lambda_1} \ln \frac{\lambda_2}{\lambda_1}$$

$\lambda_1 = \dfrac{0.693}{67} = 0.01034\,\text{hr}^{-1}$，$\lambda_2 = \dfrac{0.693}{6} = 0.1155\,\text{hr}^{-1}$，分別代入上式

$$t_{max} = \frac{1}{0.1155 - 0.01034} \ln \frac{\dfrac{0.693}{6}}{\dfrac{0.693}{67}}$$

$$= \frac{1}{0.10516} \ln \frac{67}{6} = 22.945 \approx 23\,\text{hr}$$

補充二

例 2

同上題，在 $^{99}\text{Mo} - ^{99m}\text{Tc}$ 發生器中，若原有 ^{99}Mo 放射活性為 100 mCi，試問第三次 milking 可得多少 ^{99m}Tc？

解

$100\,\text{mCi} \times e^{-\lambda_1 t} \fallingdotseq 49\,\text{mCi}\#$

$$\lambda_1 = \frac{\ln 2}{67\,hr} = 0.01034\,\text{hr}^{-1}$$

$t = 3 \times 23\,\text{hr} = 69\,\text{hr}$　代入

說明：本題題意之觀念需與例 1 分辨

例 1

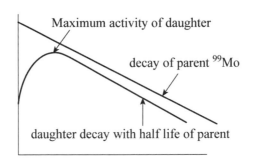

在例 1 所獲得有關 ^{99}Mo–^{99m}Tc 發生器之過渡平衡(transient equilibrium)
時間與活性關係圖中，**有別於一般常見過渡平衡核種發生器達平衡後
子核種活性總是大於母核種的活性**，^{99}Mo–^{99m}Tc 剛好相反，其子核種
^{99m}Tc 的活性總是小於母核種 ^{99}Mo 的活性，主要原因是 ^{99}Mo 只有約
86%衰減為 ^{99m}Tc，其餘直接衰減為 ^{99}Tc，經計算：

$$A_{\text{Tc-99m}} = 0.86 \times \left[\lambda_{\text{Tc-99m}} / (\lambda_{\text{Tc-99m}} - \lambda_{\text{Mo-99}}) \right] \times A_{\text{Mo-99}}$$
$$= 0.94\,A_{\text{Mo-99}}$$

例 2

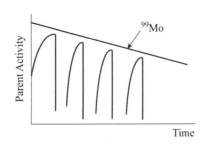

證明一

$$X_1 \xrightarrow{\lambda_1} X_2 \xrightarrow{\lambda_2} X_3$$

試證: (1) $N_2 = \dfrac{\lambda_1}{\lambda_2 - \lambda_1}(N_1)_0 \left[e^{-\lambda_1 t} - e^{-\lambda_2 t} \right]$

(2) $t_{max} = \dfrac{1}{\lambda_2 - \lambda_1} \ln \dfrac{\lambda_2}{\lambda_1}$, $\left[\text{when } N_2 = (N_2)_{max} \right]$

(3) $(N_2)_{max} = (N_1)_0 (\lambda_2 / \lambda_1)^{\lambda_2/(\lambda_1 - \lambda_2)}$

$(N_1)_0$ is the initial radioactive atom

導證

(1) The differential equations implied by these kinetics are

$$\dfrac{dN_1}{dt} = -\lambda_1 N_1, \quad \dfrac{dN_2}{dt} = \lambda_1 N_1 - \lambda_2 N_2, \quad \dfrac{dN_3}{dt} = \lambda_2 N_2$$

at initial condition $N_1 = (N_1)_0$, $N_2 = N_3 = 0$

The rate equation for N_1 is integrated to obtain

$$\dfrac{dN_1}{dt} = -\lambda_1 N_1$$

$$\Rightarrow \dfrac{dN_1}{N_1} = -\lambda_1 \, dt$$

$$\Rightarrow \int_{(N_1)_0}^{N_1} \dfrac{dN_1}{N_1} = -\lambda_1 \int_0^t dt$$

$$\Rightarrow \ln N_1 - \ln(N_1)_0 = -\lambda_1 t$$

$$\Rightarrow N_1 = (N_1)_0 \, e^{-\lambda_1 t}$$

Substituting into the second eq and rearranging to standard form gives

$$\frac{dN_2}{dt} + \lambda_2 N_2 = \lambda_1 (N_1)_0 \, e^{-\lambda_1 t}$$

證明二

This equation has the integrating factor exp $[\int \lambda_2 dt] = e^{\lambda_2 t}$

Multiplication by the integrating factor gives

$$e^{\lambda_2 t} \frac{dN_2}{dt} + \lambda_2 \, e^{\lambda_2 t} \, N_2 = \lambda_1 (A_1)_0 \, e^{(\lambda_2 - \lambda_1) t}$$

$$\Rightarrow d(N_2 e^{\lambda_2 t}) = \lambda_1 (N_1)_0 \, e^{(\lambda_2 - \lambda_1) t} \, dt$$

$$\Rightarrow \int_{(N_2)_0}^{N_2} d(N_2 \, e^{\lambda_2 t}) = \lambda_1 (N_1)_0 \int_0^t e^{(\lambda_2 - \lambda_1) t} \, dt$$

$$\Rightarrow N_2 \, e^{\lambda_2 t} - 0 = \lambda_1 (N_1)_0 \int_0^t e^{(\lambda_2 - \lambda_1) t} \, dt$$

$$= \frac{\lambda_1 (N_1)_0}{\lambda_2 - \lambda_1} \Big[e^{(\lambda_2 - \lambda_1) t} \Big]_0^t$$

$$= \frac{\lambda_1 (N_1)_0}{\lambda_2 - \lambda_1} \Big[e^{(\lambda_2 - \lambda_1) t} - 1 \Big]$$

$$\Rightarrow N_2 = \frac{\lambda_1}{\lambda_2 - \lambda_1} (N_1)_0 \Big[e^{-\lambda_1 t} - e^{-\lambda_2 t} \Big]$$

(2) when $N_2 = (N_2)_{max} \Rightarrow \dfrac{dN_2}{dt} = 0$

$$\frac{dN_2}{dt} = \frac{\lambda_1 (N_1)_0}{\lambda_2 - \lambda_1} (-\lambda_1 e^{-\lambda_1 t} + \lambda_2 e^{-\lambda_2 t}) = 0$$

$$\because \frac{\lambda_1 (N_1)_0}{\lambda_2 - \lambda_1} \neq 0 \, , \, \therefore \, -\lambda_1 e^{-\lambda_1 t} + \lambda_2 e^{-\lambda_2 t} = 0$$

證明三

$$\Rightarrow \lambda_1 e^{-\lambda_1 t} = \lambda_2 e^{-\lambda_2 t}$$

$$\Rightarrow e^{-\lambda_2 t} = \frac{\lambda_1}{\lambda_2} e^{-\lambda_1 t} \text{-------①}$$

$$\Rightarrow \ln \lambda_1 - \lambda_1 t = \ln \lambda_2 - \lambda_2 t$$

$$\Rightarrow \ln \lambda_1 - \ln \lambda_2 = (\lambda_1 - \lambda_2)t$$

$$\Rightarrow t_{max} = \frac{1}{\lambda_2 - \lambda_1} \ln \frac{\lambda_2}{\lambda_1} \text{-------②}$$

substituting ①② into $N_2 = \frac{\lambda_1}{\lambda_2 - \lambda_1}(N_1)_0 [e^{-\lambda_1 t} - e^{-\lambda_2 t}]$

(3) $(N_2)_{max} = \frac{\lambda_1 (N_1)_0}{\lambda_2 - \lambda_1}(e^{-\lambda_1 t} - \frac{\lambda_1}{\lambda_2} e^{-\lambda_1 t})$

$$= \frac{\lambda_1 (N_1)_0}{\lambda_2 - \lambda_1}(1 - \frac{\lambda_1}{\lambda_2}) e^{-\lambda_1 t}$$

$$= \frac{\lambda_1 (N_1)_0}{\lambda_2 - \lambda_1} \cdot \frac{\lambda_2 - \lambda_1}{\lambda_2} \cdot e^{-\lambda_1} \ln(\frac{\lambda_1}{\lambda_2})^{\frac{1}{\lambda_1 - \lambda_2}}$$

$$= (N_1)_0 (\frac{\lambda_1}{\lambda_2})(\frac{\lambda_1}{\lambda_2})^{-\frac{\lambda_1}{\lambda_1 - \lambda_2}}$$

$$= (N_1)_0 (\frac{\lambda_1}{\lambda_2})^{-\frac{\lambda_2}{\lambda_1 - \lambda_2}}$$

$$= (N_1)_0 (\frac{\lambda_2}{\lambda_1})^{-\frac{\lambda_2}{\lambda_1 - \lambda_2}} \#$$

10. 達過渡平衡時，$\frac{N_B}{N_A} = \frac{\lambda_A}{\lambda_B - \lambda_A}$ 可以 $\lambda_A = \frac{0.693}{10.6 \times 60} \text{min}^{-1}$，

$\lambda_B = \frac{0.693}{60.5} \text{min}^{-1}$ 代入，得 $\frac{N_B}{N_A} = \frac{\dfrac{0.693}{10.6 \times 60}}{(\dfrac{0.693}{60.5} - \dfrac{0.693}{10.6 \times 60})} \fallingdotseq 0.105 \#$

11. $^{218}_{84}\text{Po} \xrightarrow[t_{1/2}=3\text{分}]{\alpha} {}^{214}_{82}\text{Pb} \xrightarrow[t_{1/2}=27\text{ min}]{\beta^-} {}^{214}_{83}\text{Bi}$ 是無平衡狀態(No equilibrium)，母核的半衰期較子核為短（即 $\lambda_A > \lambda_B$，或 $(t_{1/2})_A < (t_{1/2})_B$）則子核活性快速成長至最大值後，再以子核半衰期衰變。此與過渡平衡不同，

因為母核有明顯衰變。

另外，無平衡狀態的例子如 $^{135}_{53}I \xrightarrow[6.7hr]{\beta^-} {}^{135}_{54}Xe \xrightarrow[9.2hr]{\beta^-} {}^{135}_{55}Cs$

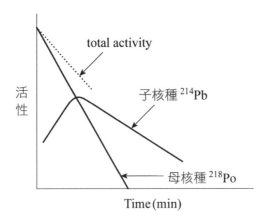

12. S.A.：$^{192}Ir > {}^{60}Co > {}^{137}Cs > {}^{226}Ra$。比活度與 $1/A \times t_{1/2}$ 成正比，A 代表質量數，$t_{1/2}$ 代表半衰期。

補　充

假設 1 mg 無載體(carrier-free)的放射核種質量數為 A，半衰期為 $t^{\frac{1}{2}}$（以小時計算）存在試樣中，則在試樣中的放射核種原子數等於 $\dfrac{1 \times 10^{-3}}{A} \times 6.02 \times 10^{23} = \dfrac{6.02 \times 10^{20}}{A}$，（在此 A 表質量數）其衰變常數

$$\lambda = \dfrac{0.693}{t_{\frac{1}{2}} \times 60 分/時 \times 60 秒/分} \cdot (sec^{-1})$$

因此衰變速率 $\dfrac{-dN}{dt} = \lambda N = \dfrac{0.693 \times 6.02 \times 10^{20}}{t_{\frac{1}{2}} A \times 60 \times 60} = \dfrac{1.1589 \times 10^{17}}{A \times t_{\frac{1}{2}}}$ dps

因此，此核種的比活度(specific activity, S.A.)

$$= \frac{1.1589 \times 10^{17}}{A \times t_{\frac{1}{2}} \times 3.73 \times 10^7} = \frac{3.13 \times 10^9}{A \times t_{\frac{1}{2}}} \; (\text{mCi}/\text{mg})$$

（因為 $1\,\text{mCi} = 10^{-3} \times 3.73 \times 10^{10}\,\text{dps} = 3.73 \times 10^7\,\text{dps}$）

因此放射核種的比活度與其質量數和半衰期的相乘積成反比

^{60}Co：^{137}Cs：^{192}Ir：^{226}Ra 的比活度大小為

$$= \frac{1}{60 \times 5.3 \times 365} : \frac{1}{137 \times 30 \times 365} : \frac{1}{192 \times 73.8} : \frac{1}{226 \times 1600 \times 365}$$

S.A 大小順序分別為 ^{192}Ir $>$ ^{60}Co $>$ ^{137}Cs $>$ ^{226}Ra #

同理：亦可求得 $^{99\text{m}}$Tc 比活度大於 ^{131}I（$t_{\frac{1}{2}} = 8$ 天）；

S.A of $^{99\text{m}}$Tc is 5.27×10^6 mCi / mg；

S.A. of ^{131}I is 1.25×10^5 mCi / mg

13. $\lambda_T = \lambda_A + \lambda_B$，$t_{1/2} = 0.693/(\lambda_A + \lambda_B)$，

decay rate $= -dN/dt = (\lambda_A + \lambda_B)N_o$

補　充

$A \xrightarrow{\ \lambda_1\ } B$，$A \xrightarrow{\ \lambda_2\ } C$，$\lambda_1$ 和 λ_2 分別表示分枝衰變的部分衰變常數 (partial decay canstant)，$-\dfrac{dN_A}{dt} = (\lambda_1 + \lambda_2)N_A$

二、計算題

1. $A = N\lambda$，$\lambda = \dfrac{0.693}{t_{\frac{1}{2}}}$，

$$N = \frac{A}{\lambda} = \frac{2 \times 10^{-3} \times 3.73 \times 10^{10} \text{個/秒}}{\dfrac{0.693}{12.26Y \times 365d/Y \times 24h/d \times 60m/h \times 60s/m}} = 4.12 \times 10^{16} \text{個}$$

$$M = \frac{4.12 \times 10^{16} \text{個}}{6.02 \times 10^{23} \text{個/莫耳}} \times 3 \text{克/1莫耳}^3H = 2.06 \times 10^{-7} \text{克} \#$$

2. 平均壽命 $\tau = 1/\lambda = \dfrac{t_{\frac{1}{2}}}{0.693} = 1.44 t_{\frac{1}{2}}$，已知 $I-131\ t_{\frac{1}{2}} = 8.038$ 天

   故其平均壽命為 $8.038d \times 1.44 = 11.6$ 天#

3. (1) $1Ci = 3.73 \times 10^{10} dps$，

   $1\mu Ci = 1 \times 10^{-6} \times 3.73 \times 10^{10}\ dps = 3.73 \times 10^4\ dps$

   $$\frac{7.4 \times 10^4\ dps}{3.73 \times 10^4\ dps/\mu Ci} = 2\mu Ci \#$$

   (2) $45\ mCi = 45 \times 10^{-3} \times 3.73 \times 10^{10}\ Bq = 1.68 \times 10^9\ Bq = 1.68\ GBq$ #

   $(1\ GBq = 10^9\ Bq)$

4. $A = N\lambda = 2.4 \times 10^{10} \times \dfrac{0.693}{12.26 \times 365 \times 24 \times 60 \times 60(秒)}$

   $= 43.02\ Bq = 43.02\ dps$ #

5. $A = 1\ mCi = 1 \times 10^{-3} \times 3.73 \times 10^{10} = 3.73 \times 10^7\ Bq$

   $$N = \frac{A}{\lambda} = \frac{3.73 \times 10^7}{\dfrac{0.693}{5730 \times 365 \times 24 \times 60 \times 60}} = 9.64 \times 10^{18}$$

   $$\text{Mass} = \frac{9.64 \times 10^{18} \text{個} \times 14g/\text{莫耳}}{6.02 \times 10^{23}} = 2.24 \times 10^{-4}\ g$$

6. $N = \dfrac{A}{\lambda}$，$A = 1\ Ci = 3.73 \times 10^{10}\ dps$

$$\lambda = \frac{0.693}{t_{\frac{1}{2}}} = \frac{0.693}{14.3d \times 86400 s/d} = 5.608 \times 10^{-7} \text{ sec}^{-1}$$

$$N = \frac{3.73 \times 10^{10}}{5.608 \times 10^{-7}} = 6.59 \times 10^{16} \text{ nuclei} / Ci$$

$$Mass = \frac{6.59 \times 10^{16}}{6.02 \times 10^{23}} = 32 = 3.5 \times 10^{-6} \text{ g#}$$

7. $A = A_0 e^{-\lambda t} = 1000 \text{ dps} \times e^{-\frac{0.693}{14.3} \times 10} = 1000 \text{ dps } e^{-0.4846} = 606 \text{ dps #}$

8. $A = \lambda N$，$\lambda = \dfrac{0.693}{t_{\frac{1}{2}}} = \dfrac{0.693}{5730年}$

$$\frac{經過t年之活性}{剛開始之活性} = \frac{3.1dpm/g}{13.6dpm/g} = \frac{\lambda N}{\lambda N_0} = \frac{N}{N_0} = 0.23$$

$$N = N_0 e^{-\lambda t}，\quad \frac{N}{N_0} = e^{-\lambda t}，\quad \ln\frac{N}{N_0} = -\lambda t$$

$$\ln 0.23 = -\frac{0.693}{5730} \times t，\quad t = 12,000 年$$

9. $^{226}\text{Ra} \rightarrow {}^{222}\text{Rn} \rightarrow {}^{218}\text{Po}$

$$\lambda_1 N_1 = \lambda_2 N_2 \quad 或 \quad N_{Ra} N_{Ra} = \lambda_{Rn} N_{Rn}$$

$$\Rightarrow N_{Ra} = \frac{1 \times 6.02 \times 10^{23}}{226}，\quad \lambda_{Ra} = \frac{0.693}{1600 \times 365} d^{-1}$$

$$\Rightarrow N_{Ra} = \frac{\lambda_{Ra} N_{Ra}}{\lambda_{Rn}} = \frac{0.693}{1600 \times 365} \times \frac{6.02 \times 10^{23}}{226} \times \frac{3.825}{0.693}$$

$$= 1.76 \times 10^{16} \text{ (atoms)} = 0.66 \text{ mm}^3 \text{ (STP)}$$

$$\frac{-dN_{Rn}}{dt} = \lambda_{Rn} N_{Rn} = \frac{0.693}{3.825 \times 24 \times 60 \times 60} \times 1.76 \times 10^{16}$$

$$= 3.73 \times 10^{10} \text{ dps} = 1 \text{ Ci}$$

10. $A = A_0 e^{-\lambda t} = A_0 e^{\frac{0.693}{t_{\frac{1}{2}}} \times 1.44 t_{\frac{1}{2}}}$

$\dfrac{A}{A_0} = e^{\frac{0.693}{t_{\frac{1}{2}}} \times 1.44 t_{\frac{1}{2}}} = 37\%$

11. ^{232}Th 的原子數 $N = \dfrac{1.27 \times 10^{-3}\,g}{232} \times 6.02 \times 10^{23}$，

測得偵測活性 $A = 159\,cpm = 2.65\,cps$

絕對活性 $= \dfrac{2.65}{0.515} = 5.145631\,dps$

$A = N\lambda = \dfrac{1.27 \times 10^{-3}}{232} \times 6.02 \times 1023 \times \dfrac{0.693}{t_{\frac{1}{2}} \times 365 \times 86400} = 5.145631$（設 ^{232}Th 半

衰期為 $t_{\frac{1}{2}}$ 年）求得 $t_{\frac{1}{2}} = 1.4 \times 10^{10}$ Y

12. ^{131}I $\lambda = \dfrac{0.693}{8 \times 24 \times 60 \times 60} = 1.0 \times 10^{-6}\,sec^{-1}$

$A = 5 \times 3.73 \times 10^7 = 1.85 \times 10^8$ dps

$N = \dfrac{A}{\lambda} = \dfrac{1.85 \times 10^8}{1 \times 10^{-6}} = 1.85 \times 10^{14}$ 原子#

在 5 mCi 之 ^{131}I 中 ^{131}I 的質量 $= \dfrac{1.85 \times 10^{14} \times 131}{6.02 \times 10^{23}} = 40.3 \times 10^{-9}\,g = 40.3$

ng $= 4.03 \times 10^{-8}$ g #

13. (1) 當天早上 8：00 至 11：00 是 3 個小時

$A_t = 9\,mCi$，$A_0 = ?$

$9 = A_0 e^{-\lambda t} = A_0 e^{-\frac{0.693}{6} \times 3}$

$A_0 = 12.7\,mCi$

(2) 至當天下午 4:00 共歷經 5 小時

$A_0 = 9\,\text{mCi}$, $A_t = ?$

$A_t = 9 \times e^{-\frac{0.693}{6} \times 5} = 5.05\,\text{mCi}$ #

14. For ^{201}Tl

$\lambda = \dfrac{0.693}{3.04 \times 24 \times 60 \times 60} = 2.638 \times 10^{-6}\,\text{sec}^{-1}$

disintegration rate $= 10\,\text{mCi} = 10 \times 10^{-3} \times 3.73 \times 10^{10}\,\text{dps}$

$$= 3.73 \times 10^{8}\,\text{dps}$$

so , $N = \dfrac{3.73 \times 10^{8}\,\text{dps}}{2.638 \times 10^{-6}\,\text{sec}^{-1}} = 1.40 \times 10^{14}\,\text{atoms}$ #

Because 1g atom or 1 mole of ^{201}Tl is equal to 201g

$^{201}\text{Tl} = 6.02 \times 10^{23}$ atoms of ^{201}Tl (Avogadro's number)

Mass of ^{201}Tl in 10 mCi (370 MBq)

$= \dfrac{1.40 \times 10^{14}}{6.02 \times 10^{23}} \times 201 = 46.7 \times 10^{-9} = 46.7\,\text{ng}$

Therefore , 10 mCi of ^{201}Tl contains

1.4×10^{14} atoms and 46.7 ng #

15. ^{67}Ga （ $t_{\frac{1}{2}}$: 3.2 天 ），依題意

$A = A_0 e^{-\lambda t}$, $\dfrac{A}{A_0} = 37\% = e^{-\lambda t} = e^{\frac{0.693}{3.2d} \cdot t}$, $t = 4.608$ 天 #

16. 設原來供給為 A_0 之活性，2 天後剩餘之活性 $A = 100\,\text{mCi}$

$$A = A_0 e^{-\lambda t}，100 = A_0 e^{-\frac{0.693}{8} \times 2}，A_0 = 119 \text{ mCi}$$

17. $^{14}C：A = 1 \text{ Ci} = 3.7 \times 10^{10} \text{ dps}$

$$A = N\lambda = N \cdot \frac{0.693}{5730 \times 365 \times 86400} = 3.73 \times 10^{10}$$

$$N = 9.648 \times 10^{21}$$

$$\text{Mass} = \frac{9.648 \times 10^{21}}{6.02 \times 10^{23}} \times 14 = 0.224 \text{g} \#$$

$^{32}P：相同方法計算得 \quad 3.5 \times 10^{-6} 克$

$^{226}Ra：相同方法計算得 \quad 約 1 克$

18. 公式(1) $S.A = \dfrac{3.13 \times 10^9}{A \times t_{\frac{1}{2}}(hr)} = \dfrac{3.13 \times 10^9}{111 \times 67} = 4.22 \times 10^5 \text{ mCi/mg} \#$

(2) $A = \lambda N，\lambda = \dfrac{0.693}{67 \times 60 \times 60} = 2.87 \times 10^{-6} \text{ sec}^{-1}，$

$$N = \frac{1}{111} \times 6.02 \times 10^{23} = 5.42 \times 10^{21}$$

$$A = \lambda N = 2.87 \times 10^{-6} \times 5.42 \times 10^{21}$$

$$= 1.56 \times 10^{16} \text{ dps/g} = 4.22 \times 10^5 \text{ Ci/g}$$

$$= 4.22 \times 10^5 \text{ mCi/mg} \#$$

19. $N = N_0 e^{-\lambda t}，\dfrac{N}{N_0} = 0.798 = e^{-\frac{0.693}{t_{\frac{1}{2}}} \times 4.2d}，t_{\frac{1}{2}} = 12.89 天 \#$

20. (1) $A = A_0 e^{-\lambda t} = 14 \text{ (mCi/ml)} \cdot e^{-\frac{0.693}{8} \times 12} = 14 \times 0.354 = 5 \text{ mCi/ml}$，因 10 月

13 日病人等待接受劑量為 5 mCi，故僅需注射約 1 ml 即可 #

(2) 9 月 20 日的活性為 A_0，10 月 1 日的活性為 A，期間經過 11 天，

$$14 \text{ mCi/ml} = A_0 e^{-\frac{0.693}{8} \times 11} = A_0 \cdot 0.386$$

$$A_0 = 36.3 \, \text{mCi/ml}，設需注射 X ml$$

$$36.3 \, \text{mCi/ml} \times X \, \text{ml} = 5 \, \text{mCi}$$

$$X = 0.14 \, \text{ml} \quad \#$$

21. $t_{max} = \dfrac{1}{\lambda_2 - \lambda_1} \ln \dfrac{\lambda_2}{\lambda_1}$，

$\lambda_1 = \dfrac{0.693}{9.33} = 0.0103432 \, \text{hr}^{-1}$，$\lambda_2 = \dfrac{0.693}{73.2} = 0.000947 \, \text{hr}^{-1}$，

代入 $t_{max} = \dfrac{1}{0.000947 - 0.0103432} \ln \dfrac{\frac{0.693}{73.2}}{\frac{0.693}{9.33}} = 32 \, \text{hr} \quad \#$

22. 詳見申論題第 9 題補充

$t_{max} = \dfrac{1}{\lambda_2 - \lambda_1} \ln \dfrac{\lambda_2}{\lambda_1}$，

$\lambda_1 = \dfrac{0.693}{67} = 0.01034 \, \text{hr}^{-1}$，$\lambda_2 = \dfrac{0.693}{6} = 0.1155 \, \text{hr}^{-1}$，

分別代入 $t_{max} = \dfrac{1}{0.1155 - 0.01034} \ln \dfrac{\frac{0.693}{6}}{\frac{0.693}{67}} = 22.945 \approx 23 \, \text{hr} \, \#$

23. 續 22 題，（亦請參看申論題第 9 題之補充）

$\lambda_1 = \dfrac{\ln 2}{67\text{hr}} = \dfrac{0.693}{67\text{hr}} = 0.01034 \, \text{hr}^{-1}$，$t = 3 \times 23 \, \text{hr} = 69 \, \text{hr}$

分別代入公式 $100 \, \text{mCi} \times e^{-\lambda_1 t} = 49 \, \text{mCi} \#$

24. ^{68}Ge 和 ^{68}Ga 的連續衰變屬永久平衡（$\lambda_2 \gg \lambda_1$，母核種半衰期遠大於子核種半衰期），故達平衡狀態時，$A_1 = A_2$。從星期三 12：00 到當天午夜 24：00 以及星期四下午 5 時(17:00)，分別經過 12 小時和 29

小時，兩核種將產生永久平衡。^{68}Ge 經過 29 小時的衰變，其活性變化可視為不變而予以忽略，因此 ^{68}Ge 在星期三午夜和星期四下午 5 時的活性大致仍為 450 mCi；而 ^{68}Ga 的活性根據永久平衡狀態的理論，母核與子核放射活性都是一樣，且以母核種的半衰期在衰變，故 ^{68}Ga 的活性在上述兩個時間亦大約為 450 mCi。

25. 本題屬過渡平衡

$$A_B = \frac{\lambda_B}{\lambda_B - \lambda_A} A_A \text{，}$$

$$\lambda_A = \frac{0.693}{80 \text{hr}} = 0.0087 \text{ hr}^{-1} \text{，} \quad \lambda_B = \frac{0.693}{2.83 \text{hr}} = 0.2449 \text{ hr}^{-1}$$

$$\frac{\lambda_B}{\lambda_B - \lambda_A} = \frac{0.2449}{0.2449 - 0.0087} = 1.0368$$

$(A_A)_0 = 300$ mCi，t = 6 hr（星期三正午到下午 6 點）

$$e^{-\lambda_A t} = e^{-0.0087 \times 6} = 0.9491$$

$$e^{-\lambda_B t} = e^{-0.2449 \times 6} = 0.2301$$

使用上面的數值代入方程式 $(A_B)_t = \lambda_B N_B = \frac{\lambda_B (A_A)_0}{\lambda_B - \lambda_A} (e^{-\lambda_A t} - e^{-\lambda_B t})$

^{87m}Sr 在星期三下午 6 時(18：00)的活性可算出為

$(A_B)_t = 1.0368 \times 300 \times (0.9491 - 0.2301) = 223.6$ mCi #

為了求 ^{87m}Sr 在星期四下午 6 點的活性，我們假設 ^{87}Y 和 ^{87m}Sr 呈過渡平衡，因為母核與子核的半衰期比約為 28，而且星期三正午到星期六下午 6 點已經經過 30hr 超過子核種 10 個半衰期，所以使用

$(A_B)_t = \frac{\lambda_B (A_A)_0}{\lambda_B - \lambda_A} (e^{-\lambda_A t} - e^{-\lambda_B t})$，t = 30 hr

$(A_A)_t = 300 \times e^{-0.0087 \times 30} = 231.1 \text{ mCi}$

$(A_B)_t = 1.0368 \times 231.1 = 239.6 \text{ mCi}$

因此，^{87m}Sr 在星期四下午 6 點(18：00)的活性為 239.6 mCi #

26. 在 1 大氣壓及 0°C 下，稱為標準狀況，任何氣體的體積是 22.4 升，該氣體便有 6.02×10^{23} 個分子，故本題 1 公升 ^{85}Kr 含有 $\dfrac{1}{22.4} \times 6.02 \times 10^{23}$ 個 ^{85}Kr 原子，又 $t_{\frac{1}{2}} = 10.7$ 年，

$$A = N\lambda = \frac{1}{22.4} \times 6.02 \times 10^{23} \times \frac{0.693}{(0.7 \times 365 \times 86400)}$$

$$= 5.5 \times 10^{13} \text{ dps} = 5.5 \times 10^{13} \text{ Bq } \#$$

27. $\lambda_{\text{total}} = \dfrac{0.693}{1.28 \times 10^9 \text{Y}}$ (Y：year)

$\lambda_{\text{EC}} = \lambda_{\text{total}} \times \dfrac{0.11}{0.89 + 0.11} = \dfrac{0.693}{1.28 \times 10^9 \text{Y}} \times 0.11 = 0.6 \times 10^{-10} \text{ Y}^{-1}$

28. $A = A_0 e^{-\lambda t}$ ，$A = 10 e^{\frac{0.693}{2.5} \times 15} = 0.156 \text{ Ci } \#$

29. $A = \lambda N = \dfrac{0.693}{5.3 \times 365 \times 24 \times 60 \times 60} \times N = 3.7 \times 10^{10} \text{ dps}$

$N = 0.893 \times 10^{19} \text{ nuclei / Ci}$

$\text{Mass} = \dfrac{0.893 \times 10^{19}}{6.02 \times 10^{23}} \times 60 = 8.9 \times 10^{-4} \text{ g } \#$

30. $A = \lambda N$

1 克的 ^{147}Sm　　$N = \dfrac{1}{147} \times 6.02 \times 10^{23} = 4.1 \times 10^{21} \, atoms$

$$\lambda = \frac{0.693}{1.06 \times 10^{11} Y} = 6.54 \times 10^{-12} \ Y^{-1}$$

$$A = -\frac{dN}{dt} = \lambda N = 6.54 \times 10^{-12} \ Y^{-1} \times 4.1 \times 10^{21} = 2.677 \times 10^{10} \ 個 / 年 \quad \#$$

第五章　練習題解答

一、填充題

1. 阿伐，轉化

2. (A)彈性散射反應(Elastic Scattering)

   (B)非彈性散射反應(Inelastic Scattering Reaction)

   (C)放射捕獲反應(Radiative Capture)

   (D)剝除反應(Stripping Reaction)

   (E)摘取反應(Pick-up Reaction)

3. 或然率(Probability)，σ

4. 10^{-24}，邦(barn，b)，1b，1×10^{-24}

5. 能量

6. 核分裂(Nuclear Fission)，質量產率曲線

7. 谷底，小尖點

8. 核能發電，核武器（原子彈）

9. 重，能量

10. 核融合，太陽

二、問答題

略（請參閱課文內容）。

第六章　練習題解答

一、選擇題

01(A)　02(C)　03(C)　04(A)　05(B)　06(A)　07(C)　08(A)　09(A)　10(D)

11(A)　12(B)　13(D)　14(B)　15(B)　16(C)　17(B)　18(A)　19(C)　20(B)

21(B)　22(B)　23(D)　24(A)　25(A)　26(A)　27(A)　28(D)　29(D)　30(D)

31(B)　32(D)　33(B)　34(C)　35(A)　36(A)　37(A)　38(D)　39(C)　40(D)

二、填充題

1. (1)能量　(2)原子核，核外電子　(3)種類、能量　(4)游離、激發、熱。

2. (1)直接，間接　(2)電荷，強，弱　(3)中子，加馬射線，x-光，強。

3. 射程。

4. (1)4，2，氦　(2)10^3，10^4，公分　(3)直線　(4)2, 2，減，減　(5)82，140，減　(6)非彈性碰撞，非彈性碰撞，彈性碰撞，彈性碰撞，轉化，一。

5. ^{222}Rn（氡-222）。

6. (1)威爾遜雲霧室　(2)α粒子　(3)10^1，10^2，彎曲　(4)樹狀。

7. 單一能量。

8. 是。

9. α粒子。補充說明：α粒子撞擊螢光幕時(fluorescent screen)的光線即是。而事實上拉塞福(Rutherford)很多原始的實驗，亦是利用眼睛來作α粒子的偵檢器。

10. $^4\alpha$ (^{4}He)。

11. $^4\alpha$ (^{4}He)。

12. α。

13. 距離（長度），ion-pairs/cm。

14. δ(delta)。

15. W，34，26.3，29.1。補充說明：一般 W 值依氣體種類不同有所差異，約介於 25~50eV 之間。

16. Bragg（布拉格）。

17. 正、正。

18. 直線（線性）能量轉移，線性阻擋本領，電量，速度。補充說明：$\frac{dE}{dx}$(stopping power)乃描述沿著粒子的徑跡上，每單位長度所損失的能量。

19. 物質密度。

20. (1) MeV/cm　　(2) $MeVcm^2/g$。

21. (1)中子，反微中子　　(2)加馬　　(3)反微中子　　(4)連續能譜　　(5) $\frac{1}{3}$

(6)游離，制動輻射。

22. (1) $\gamma > \beta^- > \alpha^{++}$　　(2) $\alpha^{++} > \beta^- > \gamma$　　(3) $\gamma > \beta^- > \alpha^{++}$　　(4) $\alpha^{++} > \beta^- > \gamma$。

23. α^{++}：(3)，β^-：(2)，γ：(1)。

24. ^{3}H，^{14}C，^{32}P，^{90}Sr，^{90}Y。

25. ^{14}C，5730 年。備註：其他半衰期分別為 ^{3}H（$t_{1/2}$=12.3 年），^{32}p（$t_{1/2}$=14.3 天），^{90}Sr（$t_{1/2}$=28 年），^{90}Y（$t_{1/2}$=64.2 小時）。

26. (1)光子，蒲郎克常數，頻率，波長。　(2)放射性核種，X 光機或直線加速器。　(3)0.1~1Å。　(4)內轉換，電子捕獲。

27. 內轉換，內轉換，大　(1)K　(2)IC 電子具一定能量，但β⁻粒子具連續能量　(3)內　(4)特性　(5)鄂惹。

28. 光電，康普吞，成對發生。

29. Photoelectric，電子。

30. (1)束縛能，入射光子的能量減去束縛能(hν-B_K)　(2)內　(3)小，大

31. Compton。

32. 康普吞，0.1，3。

33. 能量，動量。

34. 變小，變長。

35. 康普吞。

36. 180°，康普吞陡邊。

37. 1.022。

38. 互毀，0.511。

39. (1)0.511　(2)0.511　(3)931.5　(4)931.5　(5)$1.602×10^{-19}$。

40. 陰極射線，$1.602×10^{-19}$，$9.11×10^{-28}$，$9.11×10^{-31}$。

41. (1)$\dfrac{1}{12}$　(2)6，6，$1.6605×10^{-24}$，$1.6605×10^{-27}$

　　(3)1 伏特，$1.602×10^{-19}$，$1.602×10^{-12}$。

42. 愛因斯坦，mc^2，kg，$3×10^8$。

43. 931.5，0.511，931.5，931.5。備註：更準確的值，一靜止質子質量相當於 938.78 MeV；一靜止中子質量相當於 939.07MeV，皆稍大於一原子質量單位所轉換的能量。詳見附錄 C 資料。

44. 合調散射，角度，無，光分裂。

45. (1)60，90，康普吞，合調散射　(2)成對發生，光分裂（光蛻變），光電效應，康普吞，康普吞，病患。

46. (1)A　(2)A　(3)B　(4)C, E　(5)A　(6)A　(7)A　(8)C　(9)A　(10)B (11)C　(12)B　(13)A　(14)A　(15)A

47. D。

48. A。

49. B。

50. D。

51. 射質，HVL。

52. 原子核。

53. 彈性，非彈性，中子捕獲。

54. 反比。

55. 水，石臘，塑膠。

56. 加馬，重，鐵。

57. (1)^{10}B　(2)γ　(3)^{1}P，核能發電。

58. (1)^{60}Co　(2)n, ^{7}Li　(3)^{24}Na。

59. 截面積，小。

60. 自然指數。

61. ^{14}C，^1P。

62. B。

第七章　練習題解答

一、選擇題

01(A)　02(D)　03(B)　04(A)　05(D)　06(D)　07(D)　08(A)　09(B)　10(A)

11(C)　12(D)　13(A)　14(C)　15(C)　16(B)　17(D)　18(A)　19(A)　20(B)

21(B)　22(B)　23(B)　24(A)　25(B)　26(D)　27(B)　28(C)　29(B)　30(A)

31(B)　32(C)　33(A)　34(A)　35(B)　36(C)　37(B)　38(C)　39(D)　40(C)

41(A)　42(A)　43(B)　44(B)　45(A)　46(A)　47(D)　48(B)　49(B)　50(B)

51(C)　52(B)　53(C)　54(C)　55(A)　56(D)　57(D)　58(C)　59(B)　60(C)

二、填充題

1. NaI(Tl)

2. 無機，有機

3. 無機，有機

4. 因有機物組成通常為碳、氫、氧等元素，其原子序(Z)很小，光電效應
   截面很低，因此測量加馬射線只能見到康普吞能譜。

5. β^-（$^3H\&^{14}C$）

6. 鎘-113(^{113}Cd)

7. 可見光（螢光）

8. 價電，導電，禁戒

9. 電洞，活化體，鉈

10. 激發

11. 活化體，螢光，光電倍增管，電流脈衝

12. 固態，游離，小，多，解析度

13. 3.61，2.98

14. 熱激發，游離輻射

15. 複合，脈衝，能譜

16. 不適合，因為加上電壓後漏失電流太大

17. 整流，雜訊(noise)，逆，空乏區，射程

18. 逆向偏壓(reverse bias)，雜質，高純度鍺偵檢器

19. 空乏區

20. 液態氮

21. 能量解析度，雜訊(noise)，細，高

22. 1/10，NaI(Tl)

23. 高純度鍺[HP(Ge)]

24. 全寬半高值

25. 能量

26. $\Delta E_{1/2}/E \times 100\%$

27. Si

28. 銦(In)，砷(As)

29. 接受(acceptor)授與(donor)

30. n, p, p, n

三 、問答題

1-3. 略，請參考本章單元內容。

4.(1) 液態閃爍計數器。液態閃爍偵檢系統(Liquid Scintillation Detection
　　 Systems)，目前已廣泛被使用在生醫、生化以及有機化學等的研
　　 究，其理由是此法特別適合於偵測弱的貝他發射體核種，如 ^3H 及
　　 ^{14}C，且這些核種是有機分子最常用的示蹤劑。液體閃爍混合物簡
　　 稱閃爍雞尾酒(Scintillation Cocktail)，其中含有具閃爍特性的溶質
　　 和相關溶劑，以及被溶解的試樣。普遍的閃爍性溶質為 2,5－二酚
　　 化合物(P.P.O.)，聯三苯及四苯丁二烯；而甲苯，對甲苯等，則是
　　 通用的溶劑。含有放射性元素（如 ^3H 或 ^{14}C）的試樣需要溶在溶
　　 劑中，由試樣發射出來的放射線似乎先與溶劑作用，因為它的數
　　 目比溶質多出很多，溶劑即將能量轉移至閃爍劑，它將以制激作
　　 用發射出光子，而此光的波長範圍最好是光電倍增管能有效回應
　　 的，如果不是，其他的另一種成分叫做波長轉移劑(Wavelength
　　 Shifter)，可以加入液體雞尾酒中。該波長轉移劑將有效的吸收由
　　 閃爍體發射高能量的光，然後以更適合於該光電倍增管的較低能
　　 量的光再發射出。POPOP (1,4-bis-[2-(5-phenyl oxazolyl)] benzene)
　　 是目前較普遍被使用的波長轉移劑。本題 ^3H 為 pureβ$^-$emitter，僅
　　 釋出低能量貝他粒子，無加馬射線釋出，且低能量貝他粒子較不
　　 具穿透性，在前述儀器設備中相對的僅液態閃爍計數器較合適。

(2) 熱發光劑量計。將一些無機晶體暴露於輻射線，其結果是把原來
　　 在價電子帶上的電子加以激發至傳導帶上。用在熱發光劑量計

(Thermoluminescence Detectors, TLD)上面的晶體擁有將電子捕獲後加以保留的特性。因此不會馬上產生光線之發射，如果晶體暴露於放射線之後經過一段時間，予以加熱給予足夠的能量，它可將以前捕獲保留的電子釋放出來，並加以制激(De-Excite)，而使其發生光子，發射出來的光的強度與晶體所接收的放射線劑量成正比，這是所謂 TLD 的原理。為要做成 TLD 之材料，所選擇的物質常依據要測定何種類的放射線而定。TLD 晶體對於 X-ray、加馬粒子、貝他粒子及質子，在很廣範圍的暴露強度內都會有對應。氟化鋰(LiF)是最理想的選擇材料，它具備了合理的靈敏度，且系統足夠穩定，不會很容易的再發射能量，且 LiF 的有效原子序數為 8.31 也很接近人體生物組織，如水為 7.51，肌肉為 7.64，脂肪為 6.46，骨骼為 12.31。本題其他偵檢器均無法或僅能間接計算劑量，要監測工作人員的近一個月來皮膚所受累積劑量，宜應使用熱發光劑量計。此外，本題非判斷核種種類或量測加馬能譜故相關半導體偵檢器亦不適宜。

第八章　練習題解答

一、選擇題

01(A)　02(B)　03(A)　04(B)　05(D)　06(C)　07(A)　08(B)　09(B)　10(A)

11(C)　12(D)　13(D)　14(B)　15(B)　16(B)　17(B)　18(B)　19(A)　20(D)

21(C)　22(C)　23(B)　24(C)　25(A)　26(A)　27(A)　28(A)　29(D)　30(D)

31(A)　32(A)　33(A)　34(B)　35(A)　36(D)　37(A)　38(B)　39(C)　40(B)

41(B)　42(D)　43(A)　44(B)　45(A)　46(D)　47(D)　48(B)　49(B)　50(A)

51(A)　52(C)　53(B)　54(A)　55(D)　56(C)　57(C)　58(A)　59(B)　60(B)

第九章　練習題解答

一、選擇題：

01(B)　02(C)　03(D)　04(D)　05(D)　06(A)　07(C)　08(B)　09(D)　10(C)

11(D)　12(C)　13(A)　14(D)　15(A)　16(A)　17(C)　18(D)　19(B)　20(D)

21(D)　22(C)　23(B)　24(B)　25(A)　26(B)　27(A)　28(A)　29(B)　30(C)

31(A)　32(B)　33(A)　34(C)　35(C)　36(B)　37(D)　38(C)　39(C)　40(C)

二、問答題

1. 略，請參考本章單元內容。

2. (1)此製備法可稱為無載體(Carrier-free)或無載體加入(No-carrier-added, NCA)。

(2) 可獲得高放射核種純度(Radionuclide purity)及高比活度(Specific Activity)之放射性同位素產物。

(3) 用迴旋加速器產生的放射性核種，通常是中子較少的核種 (相對於穩定核種)，此放射性核種會以射出 β^+ 粒子或電子捕獲的方式衰變。

3. 有關同位素示蹤劑所引起的動力學方面或熱力學方面等的總效應稱之為同位素效應(Isotope Effect)。對較重的元素而言，帶有放射性的核種與不帶放射性的核種之間其相對比較質量(Relative Mass)之百分比差異顯的比較小。因此同位素效應較不明顯也較不重要。^{235}U 與 ^{238}U 的相對比較質量差異為 1.3%，可不考慮同位素效應，因此這兩者之分離不容易，其原因亦是在此。對於較輕的同位素如 ^1H, ^2H 及 ^3H 之間，其同位素效應即很大且明顯，因此不宜忽略之，例如 ^1H 與 ^3H 質量數不同，其氣體擴散速度亦不同，因此，利用 ^3H 來追蹤 ^1H 的反應速率及化學平衡等問題是不恰當且錯誤的。

4. 迴旋加速器的基本構造包含氣體源(Gas Supply)與離子源(Ion Sources)、真空腔(Vacuum Chamber)及導引電極(Deflector Electrode)、射頻系統(Radiofrequency)、D 型加速電極(Dees)與磁極(Magnet Pole)等主要是利用磁場使運動中之帶電粒子迴轉,並利用電極間交錯變換之正負電場,使粒子於迴轉中不斷的獲得能量,迴旋加速器會同時產生中子與加馬射線,因此需選擇能屏蔽材料亦需要能阻擋此兩種輻射。迴旋加速器中心或運轉管制區更應配置中子偵測器和手足偵檢器、區域監測器與蓋革偵檢器,工作人員應配戴人員劑量計。

5. 略,請參考本章單元內容。

6. (一) 中子與物質的主要作用模式:

　　1. 中子與輕物質的彈性碰撞,如(n, n)反應。

　　2. 高能中子與較重物質的非彈性碰撞,如(n, n'γ)反應。

　　3. 與物質進行核反應釋出荷電粒子如(n, α),(n, p)反應。

　　4. 釋出加馬射線如(n, γ)反應。

　　5. 進行核分裂(n, f)。

(二) 中子輻射源的屏蔽及基本防護原理:

　　1. 快中子緩速或減能。質量數小的元素是優良的中子緩速劑,如水、塑膠、石臘、鈹及石墨。

　　2. 捕獲緩速或減能後的中子。快中子緩速或減能為慢中子,再被與中子作用截面大的屏蔽物質原子核捕獲,產生(n, γ)作用。

　　3. 使用密度較高的物質衰減所可能引發的加馬輻射。

7. (一) 比活性(specific activity)的定義為放射性核種或標計化合物每單位質量的放射活性。例如:100mg 的 ^{131}I 標記白蛋白含有放射活性 150 mCi (5.55 GBq)。其比活性為 1.5 mCi/mg 。

(二) 無載體(carrier-free)^{99m}Tc 和 ^{131}I 其比活度分別為 5.27 × 10^6 mCi/mg 及 1.25 × 10^5 mCi/mg（另請參閱第四章申論題第 12 題解答）。

8. 臨床上使用的放射性核種，如：^{131}I, ^{133}Xe, ^{99}Mo, ^{155}Sm, ^{156}Sm, ^{117}Pd, ^{137}Cs 等，都是由 ^{235}U 分裂(fission or (n, f)reaction)而來的。反應方程式如下：例如 ^{235}U＋^{1}n→^{236}U→^{131}I＋^{102}Y＋3^{1}n；^{235}U＋^{1}n→^{236}U→^{133}Xe ＋^{101}Sr＋2^{1}n；^{235}U＋^{1}n→^{236}U→^{99}Mo＋^{135}Sn＋2^{1}n；^{235}U＋^{1}n→^{236}U→^{137}Cs＋^{97}Rb＋2 ^{1}n。

三、計算題

1. ^{111}In 的比活性是 4.22 × 10^5 mCi/mg 或 1.56 × 10^4 GBq/mg。

2. 74.3hr

第十章　練習題解答

一、選擇題

01(D)　02(A)　03(B)　04(B)　05(B)　06(D)　07(A)　08(D)　09(C)　10(D)

11(A)　12(D)　13(D)　14(C)　15(B)　16(C)　17(A)　18(D)　19(C)　20(A)

21(D)　22(B)　23(B)　24(D)　25(C)　26(C)　27(B)　28(D)　29(C)　30(D)

31(D)　32(D)　33(D)　34(D)　35(D)　36(D)　37(B)　38(D)　39(A)　40(D)

41(A)　42(D)　43(D)　44(D)　45(D)　46(D)　47(D)　48(C)　49(D)　50(C)

51(B)　52(A)　53(A)　54(C)　55(D)　56(C)　57(A)　58(C)　59(D)　60(D)

61(A)　62(A)　63(C)　64(A)　65(D)　66(D)　67(B)　68(A)　69(C)　70(D)

71(D)　72(D)　73(D)　74(D)　75(D)

二、問答題

1. (一) 基於同位素的輻射能與熱能直接或間接轉換成電能的應用。

   (二) 人工心臟、無人氣象站、人造衛星或太空船等。

2. (一) 將 ^{60}Co 放在一定高度，照射地面並偵測反彈回來的加馬射線，由其強度測定土壤的密度；^{60}Co 的加馬射線反彈回來較多表示土壤密度較大，反之則密度較小。

   (二) 以快中子源將快中子照射土壤，土壤中水分較多的將快中子減速為熱中子的機會較多，因此從熱中子偵測器可知土壤含水分的多寡，此法可不必各處採土壤試樣作地質分析。

3. (一) 正子造影的基本原理乃利用正子衰變同位素標記藥物注入人體內，當釋放的正子遇到細胞之電子時產生「互毀反應」(annihilation reaction)，形成一對方向相反的 511KeV 加馬射線，經正子造影儀測得後，再經電腦運算重組出可供臨床診斷之影像。

   (二) 在癌症方面的診斷功能與應用方面包含：
   1.癌症的早期發現。2.癌症分期、轉移情形判定。
   3.治療效果的評估。4.有否復發。

4. (一) 在人體血漿中以 ^{59}FeCl$_3$ 加以標記，然後再注射入人體並在每隔一段時間後抽出一定量血液，以測量每一血漿所含總鐵含量及 ^{59}Fe 之放射強度，此為血漿中鐵的轉移實驗流程，由血漿中鐵之轉移實驗獲知，需用約 1.5 倍量之更新血漿內之鐵。

   (二) 患紅血球增多症、白血球過多症及貧血症時，鐵的轉移將增加；放射性同位素治療紅血球增多症時，鐵的轉移將減少等。

5. 臨床上使用碘-131 放射性同位素可作為甲狀線掃瞄之影像診斷（如測量甲狀線大小、形狀、位置、冷熱病灶或結結）及甲狀線功能測試（是否吸收正常）；亦可作為治療甲狀腺機能亢進或甲狀腺分化癌等。

6. 輻射照射可以消滅昆蟲、細菌和微生物，減緩及中止其與水果或蔬菜等的生理過程，亦可抑制發芽和老化而延長產品的儲存期限，具有那些優點或特色詳述如下：

(一) 無藥品的殘毒污染而且不會產生任何放射性

(二) 與低溫冷凍儲藏及高溫消毒滅菌相較，能源消耗量極少，費用亦較低。

(三) 與化學處理不同，輻射照射食品不會留下任何痕跡，且其同味與營養可以維持不變。

(四) 應用輻射照射可以抑制馬鈴薯發芽，延長馬鈴薯的儲存期限。

(五) 輻射照射所需費用相對低廉且不會產生毒害污染或影響組織風味。

7. (一) 迅速方便的測定及了解地下水的水源分布、年代、流速、補充水源與流程等。

(二) 水壩與地下道的滲漏；湖與貯水區的動力學；水庫與河水的流出量；河流的廢水污染與擴散、泥沙的追蹤、海港的漂沙流向。

(三) 測定一個地下水源幾年與幾萬年的貯水補充率。

8. (一) x 光機的基本構造主要包含 x 光管、主變壓器、整流管燈絲變壓器、x 光管燈絲變壓器、控制器、限時器等。

(二) x 光產生的基本原理是電子在真空中加速到極高速，然後撞擊在高原子序的陽極靶金屬時，此動能的一部分轉變成 x 光，這是 x 光產生的基本原理。

(三) 診斷用 x 光機的防護包含鉛屏蔽、診斷型管套、濾片光閘或錐形體等，診斷型管套在構造上不論任何指定的功率下操作，拒靶 1 米處之滲漏輻射不可超過每小時 100 毫侖琴。

9. (一) 利用 ^{60}Co 及加馬偵測器，測定輸送低密度汽油和高密度柴油的輸送管兩液體介面，以最低損失方式加以分離，可不必取樣分析且能迅速決定其介面。

(二) 測定兩種沸點不同的混合液體，追蹤了解其分離的效率。

(三) 利用 ^{137}Cs 測定極大長度的紙、玻璃、塑膠或纖維布的厚度及其均勻性。

10. 9.25×10^2 MBq

11. 煙霧偵檢器裝置有放射性同位素 Am-241（鋂－241），主要是利用輻射遇煙粒，放射強度降低原理，造成電路板電流斷續，啟動噴水裝置及警鈴。煙霧偵檢器裝置的通常為阿伐粒子釋出的長半衰期天然核種，阿伐粒子射程極短，不會造成人體嚴重的輻射穿透與曝露，故不需作特別的鉛屏蔽及人員輻射安全防護。

12. 中子活化分析法之基本原理，主要是將無放射性的分析試樣以中子加以撞擊，即可得激發性中間產物(Excited Intermediate)並在 10^{-14} 秒以內放出加馬射線，稱之為瞬發加馬射線(Prompt Gamma Ray)。爾後所得的放射性產物(Radioactive Products)即可以進行阿伐、貝他或加馬射線的衰變模式。此時所觀察到的加馬射線稱為延遲加馬射線(Delayed Gamma Ray)。上述，瞬發加馬射線，延遲加馬射線、阿伐射線及貝他射線等均可以適當的偵測儀器測定之並直接或間接獲得未知物質定性和定量資料。在生物及醫學上的應用：如生物體中微量元素的定量，而這些微量元素卻是為生命所不可缺的。在犯罪學上的應用：非破壞中子活化分析法所需樣品量很少且可保留原證物，所以在犯罪學上特別受到重視，對人體組織如毛髮、血液、指甲等各成分元素分布及其含量之分析，有如 "核子指紋" (Nuclear Finger-printer)一般，具有指標性及特異性。

13～16. 略，敬請參閱本章單元內容及相關參考資料。

17. 一座核能發電廠，通常可將其組成之各系統規屬於兩大部分：第一為核能蒸汽供應系統(nuclear steam supply system, NSSS)，第二部分為電廠平衡系統(balance of plant, BOP)。NSSS 是核能發電廠較獨特部分，且與一般火力電廠主要不同之處，包含有核反應器及其他所有與核能蒸汽之產生有關之系統。BOP 則為 NSSS 以外之電廠部分，主要包含渦輪發電機與冷凝器，是為核能發電廠與火力電廠相類似部分。NSSS 所屬各系統通常均置於鋼筋混凝土建成且厚度達一公尺左右之圍阻體(containment)內以保護之使不受外力之破壞（如颱風、失事飛機撞擊、小型砲彈轟擊等），並防止發生核子意外事故時放射線物質外洩到電廠周圍環境中。NSSS 主要包含核反應器、主冷卻水系統(primary coolant system)與各種輔助系統(auxiliary systems) 。

18. 核反應器(nuclear reactor)俗稱原子爐，乃是對於其內所含核燃料之核分裂反應速率大小，能加以有效控制的一種裝置，簡稱反應器。反應器主要組成部分包含有：反應器壓力槽(reactor pressure vessel)、反應器內部組件(reactor internals)、核燃料組件(nuclear fuel assembly)、控制棒組件(control rod assembly)及冷卻劑兼緩速劑(coolant/moderator)等。

19. 略，敬請參閱本章單元內容及相關參考資料。

20. 原子彈在目的、設計與燃料方面皆與核電廠大不相同。在目的方面：原子彈主要用在軍事戰略或戰術武器用途。核電廠主要利用核能作為和平用途供民生及工業等發電。在設計方面：原子彈有引爆裝置且無控制棒遙控設計，引爆後無法控制使其停止，此外，原子彈產生的威力遠大於核能發電且其能量於極短時間全部釋放出來。在核燃料成分濃度方面：原子彈中需使用純度高達 90%以上的鈾-235。而核能發電廠所使用的鈾-235 只約占 3~4 %，其餘皆為無法以熱中子來產生核分裂的鈾-238。核能發電廠有控制棒來調控核反應釋放能量的速度，使其能量以細水長流的方式釋放出來，以有效控制熱的產生。舉例來說，原子彈好比酒精濃度高的高粱酒，一點火馬上就熊熊燃燒，而核能發電則像是酒精濃度低的啤酒，怎麼點火也燒不起來。

21. 在半導體晶片製作流程中需要使用輻射也會產生輻射線。一般而言，半導體晶片製程包含以下程序：(1)光刻拓影；(2)蝕刻；(3)離子布植；(4)電極生成；(5)晶片檢查；(6)表面打光；(7)光阻塗覆。製程第一個程序是將電路圖利用可見光或紫外光曝射在晶片上的感光物質，再將未感光部分洗掉，留下感光的電路圖形在晶片上。但受限於光源波長，線路間距最小只能達到 0.5 微米。為了提高晶片電路的密度，現在使用 x 光來做電路光刻拓影(Lithography)，電路細微度可達 0.2 微米。x 光可由同步輻射加速器所產生，同步輻射所產生的 x 光強大，準直性高，適合做 x 光之光刻拓影。第三個程序是離子布值，此過程中一般使用加速器將欲布值的帶電質點打在標的材料上，以改變材料的化學性質或物理結構。在半導體晶片製造，可藉此改變晶體表面的性質。第五個程序是晶片檢查，可採用 x 光繞射方法來偵測在晶片處理過程中所造成的晶格缺陷。近年來數位 x 光繞射檢查已廣泛應用於晶片的自動製程中做及時的缺陷辨識與偵測，且成效相當卓著。

22. 鐳-223(Radium-223 dichloride, ^{223}RaCl$_2$)用於核醫放射性同位素治療去勢抗性攝護腺癌(Castration-resistant prostate cancer, CRPC)末期骨轉移。

化學元素的中、英文名稱及原子量

本表係依據 1997 年國際純粹及應用化學聯合會(IUPAC)化學教育委員會公布之國際原子量表加以整理編譯。

原子序	符號	中文名稱	英文名稱	原子量
1	H	氫	Hydrogen	1.008
2	He	氦	Helium	4.003
3	Li	鋰	Lithium	6.941
4	Be	鈹	Beryllium	9.012
5	B	硼	Boron	10.81
6	C	碳	Carbon	12.01
7	N	氮	Nitrogen	14.01
8	O	氧	Oxygen	16.00
9	F	氟	Fluorine	19.00
10	Ne	氖	Neon	20.18
11	Na	鈉	Sodium	22.99
12	Mg	鎂	Magnesium	24.31
13	Al	鋁	Aluminum	26.98
14	Si	矽	Silicon	28.09
15	P	磷	Phosphorus	30.97
16	S	硫	Sulfur	32.07
17	Cl	氯	Chlorine	35.45
18	Ar	氬	Argon	39.95
19	K	鉀	Potassium	39.10

原子序	符號	中文名稱	英文名稱	原子量
20	Ca	鈣	Calcium	40.08
21	Sc	鈧	Scandium	44.96
22	Ti	鈦	Titanium	47.88
23	V	釩	Vanadium	50.94
24	Cr	鉻	Chromium	52.00
25	Mn	錳	Manganese	54.94
26	Fe	鐵	Iron	55.85
27	Co	鈷	Cobalt	58.93
28	Ni	鎳	Nickel	58.69
29	Cu	銅	Copper	63.55
30	Zn	鋅	Zinc	65.39
31	Ga	鎵	Gallium	69.72
32	Ge	鍺	Germanium	72.61
33	As	砷	Arsenic	74.92
34	Se	硒	Selenium	78.96
35	Br	溴	Bromine	79.90
36	Kr	氪	Krypton	83.80
37	Rb	銣	Rubidium	85.47
38	Sr	鍶	Strontium	87.62
39	Y	釔	Yttrium	88.91
40	Zr	鋯	Zirconium	91.22
41	Nb	鈮	Niobium	92.91
42	Mo	鉬	Molybdenium	95.94
43	Tc	鎝	Technetium	(98)

原子序	符號	中文名稱	英文名稱	原子量
44	Ru	釕	Ruthenium	101.1
45	Rh	銠	Rhodium	102.9
46	Pd	鈀	Palladium	106.4
47	Ag	銀	Silver	107.6
48	Cd	鎘	Cadmium	112.4
49	In	銦	Indium	114.8
50	Sn	錫	Tin	118.7
51	Sb	銻	Antimony	121.8
52	Te	碲	Tellurium	127.6
53	I	碘	Iodine	126.9
54	Xe	氙	Xenon	131.3
55	Cs	銫	Cesium	132.9
56	Ba	鋇	Barium	137.3
57	La	鑭	Lanthanum	138.9
58	Ce	鈰	Cerium	140.1
59	Pr	鐠	Praseodymium	140.9
60	Nd	釹	Neodymium	144.2
61	Pm	鉕	Promethium	(145)
62	Sm	釤	Samarium	150.4
63	Eu	銪	Europium	152.0
64	Gd	釓	Gadolinium	157.36
65	Tb	鋱	Terbium	158.9
66	Dy	鏑	Dysprosium	162.5
67	Ho	鈥	Holmium	164.9

原子序	符號	中文名稱	英文名稱	原子量
68	Er	鉺	Erbium	167.3
69	Tm	銩	Thulium	168.9
70	Yb	鐿	Ytterbium	173.0
71	Lu	鎦	Lutetium	175.0
72	Hf	鉿	Hafnium	178.5
73	Ta	鉭	Tantalum	180.9
74	W	鎢	Tungsten	183.8
75	Re	錸	Rhenium	186.2
76	Os	鋨	Osmium	190.2
77	Ir	銥	Iridium	192.2
78	Pt	鉑	Platinum	195.1
79	Au	金	Gold	197.0
80	Hg	汞	Mercury	200.6
81	Tl	鉈	Thallium	204.4
82	Pb	鉛	Lead	207.2
83	Bi	鉍	Bismuth	209.0
84	Po	釙	Polonium	(209)
85	At	砈	Astatine	(210)
86	Rn	氡	Radon	(222)
87	Fr	鍅	Francium	(223)
88	Ra	鐳	Radium	(226)
89	Ac	錒	Actinium	(227)
90	Th	釷	Thorium	232.0

原子序	符號	中文名稱	英文名稱	原子量
91	Pa	鏷	Protactinium	231.0
92	U	鈾	Uranium	238.0
93	Np	錼	Neptunium	(237)
94	Pu	鈽	Plutonium	(244)
95	Am	鋂	Americium	(243)
96	Cm	鋦	Curium	(247)
97	Bk	鉳	Berkelium	(247)
98	Cf	鉲	Californium	(251)
99	Es	鑀	Einsteinium	(252)
100	Fm	鐨	Fermium	(257)
101	Md	鍆	Mendelevium	(258)
102	No	鍩	Nobelium	(259)
103	Lr	鐒	Lawrencium	(260)
104	Rf	鑪	Rutherfordium	(261)
105	Db	𨧀	Dubnium	(262)
106	Sg	𨭎	Seaborgium	(263)
107	Bh	𨨏	Bohrium	(264)
108	Hs	𨭆	Hassium	(265)
109	Mt	䥑	Meitnerium	(266)

註 1.原子序(Z=93)（含）以上元素皆為人造元素，自然界不存在。

2.鎝(Z=43)、鉕(Z=61)及原子序大於 83(Z＞83)的元素，皆具有放射性。

常見物理量及輻射相關劑量單位

一、基本量和單位

	常用的符號	定義的式子	SI 單位	和特殊單位的關係
		基本單位		
1.質量	m	隨意定義的物理單位，它們的量或大小皆保存在國際標準的實驗室裡	公斤或仟克(Kg)	
2.長度	l		米(m)	
3.時間	t		秒(s)	
4.電流	I		安培(A)	
		導出單位		
5.速度	v	$v=\triangle l/\triangle t$	米秒$^{-1}$(ms^{-1})	
6.加速度	a	$a=\triangle v/\triangle t$	米秒$^{-2}$(ms^{-2})	
7.力	F	$F=ma$	牛頓(N)	1N=1kgms^{-2}
8.功或能量	E	$E=Fl=1/2\ mv^2$	焦耳(J)	1J=1kgm^{2}s^{-2}
9.功率	P	$P=E/T$	瓦特(W)	1W=1J/s
10.頻率	f，v	每秒之次數	赫芝(Hz)	1Hz=1s^{-1}
		電學單位		
11.電荷	Q	$Q=It$	庫侖(C)	1C=1As
12.電位	V	$V=E/Q$	伏特或伏(V)	1V=1J/C
13.電容	C	$C=Q/V$	法拉(F)	1F=1C/V
14.電阻	R	$V=IR$	歐姆(Ω)	1Ω=1V/A

註 輻射相關單位，另列表說明。

二、活度與輻射劑量單位

量	符號	新的國際專用單位	國際制單位 (SI Unit)	約相當於舊的輻射單位	備註
活度 (Activity)	A	貝克 (Becquerel, Bq)	1/秒(s^{-1}) 或 dps	2.703×10^{-11} 居里 (Curie, Ci)	1 居里 (Ci)=3.7×10^{10}Bq
曝露 (Exposure)	X	–	庫侖/公斤 (C/Kg)	3876 侖琴 (Roentgen, R)	1R= 2.58×10^{-4} C/kg(air)
吸收劑量 (Absorbed Dose)	D	戈雷 (Gray, Gy)	焦耳/公斤 (J/Kg)	100 雷得(rad)	1rad=0.01Gy
等效劑量 (Dose Equivalent)	H_T	西弗 (Sievert, Sv)	焦耳/公斤 (J/Kg)	100 侖目(rem)	1rem=0.01 Sv $H_T=D\times Q\times N$
有效劑量 (Effective Dose)	H_E	西弗 (Sievert, Sv)	焦耳/公斤 (J/Kg)	100 侖目(rem)	1rem=0.01 Sv $H_E=H_T\times W_T$

說明：

1. 居里(Ci)限用於放射活度（或簡稱為活度或活性），為 1 克 Ra-226 每秒的蛻變數目，其值為每秒蛻變 3.7×10^{10} 次，亦即 1Ci=3.7×10^{10} Bq。

2. 侖琴(R)限用於曝露量，1 侖琴的定義為使質量 1kg 的空氣產生 1/3876 或 2.58×10^{-4} 庫侖的游離電量。主要是測定空氣中的游離程度而推得 X 或 γ 射線的輻射量。

3. 雷得(rad)限用於吸收劑量，克馬(Kerma)及比給與能質(Specific Engergy Imparted)。

4. 戈雷(Gy)為每單位質量所吸收的游離輻射平均能量。

5. 等效劑量(H_T)=吸收劑量(D)×射質因數(Q)×其他修正因子(N)，等效劑量是評估人體單一組織、器官輻射傷害所用的劑量；射質因數(Q)為無因次數值沒有單位，僅代表不同種類的輻射對人體組織造成不同程度的生物傷害；其他任何修正因子(N)通常定為 1，故一般亦可寫為 $H_T=D\times Q$。

6. 依法規訂定，輻射加權因數(W_R)值分別如下：X-ray，γ-ray，貝他粒子 W_R=1；慢中子及能量小於 10KeV 中子 W_R=5；質子能量大於 2MeV，W_R=5；α 粒子 W_R=20；分裂碎片，重核 W_R=20。

7. 依法規訂定，人體主要組織或器官的加權因數(W_T)如下：性腺 W_T=0.20；乳腺 W_T=0.05；紅骨髓 W_T=0.12；肺、胃、結腸 W_T=0.12；甲狀腺、肝、食道、膀胱 W_T=0.05；皮膚 W_T=0.01；骨表面 W_T=0.01；其餘組織或器官 W_T=0.05。

三、常見物理單位、常數及其轉換因子

1. 能量(Energy)及能量相關單位

    1 電子伏特(electron volt, eV)=1.602×10^{-19}焦耳(Joule, J)

    1 百萬電子伏特(MeV)=1.602×10^{-13}焦耳

    1 焦耳(Joule, J)=6.242×10^{18}電子伏特(eV)

    　　　　　　　=6.242×10^{13}百萬電子伏特(MeV)

    　　　　　　　=10^7爾格(erg)

    1 卡(calorie, cal)=4.184 焦耳(J)

    1 瓦特(Watt, W)=1 焦耳/秒(J/s)

    1 馬力(horsepower, HP)=746 瓦特(W)

    1 戈雷(Gray, Gy)=100 雷得(rad)=1 焦耳/公斤(J/kg)

    1 西弗(Sievert, Sv)=100 侖目(rem)=1 焦耳/公斤(J/kg)

    1 雷得(rad)=1×10^{-2}戈雷(Gy)=1×10^{-2}焦耳/公斤(J/kg)

    1 侖目(rem)=1×10^{-2}西弗(Sv)=1×10^{-2}焦耳/公斤(J/kg)

2. 質量(Mass)

    1 公斤(kilogram, kg)=10^3公克(gram, g)

    1 磅(pound, lb)=0.4536 公斤(kg)=453.6 公克(g)

    1 電子質量(m_e)=9.109534×10^{-31}公斤(kg)=9.109534×10^{-28}公克(g)

    1 質子質量(m_p)=1.672649×10^{-27}公斤(kg)=1.672649×10^{-24}公克(g)

    1 中子質量(m_n)=1.674954×10^{-27}公斤(kg)=1.674954×10^{-24}公克(g)

    1 原子質量單位(a.m.u.；u)=1.66053×10^{-27}公斤(kg)

    　=1.66053×0^{-24}公克(g)

    1 道耳吞(Dalton) =(1g/mole)/6.02×10^{23}(units/mole)

    　　　　　　　　=1.66053×10^{-27}公斤(kg)

    　　　　　　　　=1.66053×10^{-24}公克(g)

    　　　　　　　　=1a.m.u.=1u

3. 質能互換(Conversions of Mass and Energy)

　1 靜止電子質量(electron rest mass)=0.511MeV

　1 靜止質子質量(proton rest mass)=938.78MeV

　1 靜止中子質量(neutron rest mass)=939.07MeV

　1 原子質量單位(atomic mass unit,a.m.u.)=931.5MeV

　1 道耳呑(Dalton)=931.5MeV

4. 電荷(Charge)

　1 電荷電量(electronic charge)=4.8×10^{-10} 靜電單位

　(electrostatic unit, e.s.u.)=1.602×10^{-19} 庫侖

　1 靜電單位(e.s.u.)=3.3375×10^{-10} 庫侖(C)=2.083×10^{9} 電荷(charge)

　1 庫侖(Coulomb, C)=6.242×10^{18} 電荷電量(charge)

　1 安培(Ampere, A)=1 庫侖/秒(C/s)

5. 長度(Length)

　1 埃(Angstrom, Å)=10^{-10} 公尺(m)=10^{-8} 公分(cm)

　1 費米(Fermi, F)=10^{-15} 公尺(m)=10^{-13} 公分(cm)

　1 英吋(inch)=2.54 公分(cm)

6. 常數(Constants)

　(1) 亞佛加厥常數(Avogadro's number, N_A)

　　　=6.02×10^{23} 個/莫耳(atoms/g.atom, molecules /g.mole)

　(2) 蒲朗克常數(Planck's constant, h)

　　　=6.626×10^{-34} 焦耳.秒(J.s/cycle)或 4.12×10^{-21} MeV.s

　(3) 雷德堡常數(Rydberg constant, R)

　　　=109678 cm^{-1}

　(4) 光速(Velocity of light, C)

　　　=2.997925×10^{8} 公尺/秒(m/s)=2.997925×10^{10} 公分/秒(cm/s)

7. 數學常數關係

$\pi = 3.1416$

$e = 2.7183$

$e^{-1} = 0.3679$

$e^{-0.693} = 0.5$

$\ln 2 = 0.693$

常見放射性同位素相關特性一覽表

原子序	核種	物理半衰期	衰變模式(%)及能量(MeV)	加馬射線能量(MeV)	加馬射線豐度(%)	一般製備法
1	^{3}H	12.3 yr	β^-(100)/0.0186	–	–	^{6}Li(n, α)^{3}H
4	^{7}Be	53.3 d	EC(100)	0.478	10.3	^{7}Li(p, n)^{7}Be, ^{7}Li(d, 2n)^{7}Be, ^{10}B(p, α)^{7}Be
6	^{11}C	20.4 min	β^+(100)	0.511 (annihilation)	200 (100×2)	^{10}B(d, n)^{11}C, ^{14}N(p, α)^{11}C
6	^{14}C	5730 yr	β^-(100)/0.157	–	–	^{14}N(n, p)^{14}C
7	^{13}N	10 min	β^+(100)	0.511 (annihilation)	200 (100×2)	^{12}C(d, n)^{13}N, ^{16}O(p, α)^{13}N, ^{13}C(p, n)^{13}N
8	^{15}O	2 min	β^+(100)	0.511 (annihilation)	200	^{14}N(d, n)^{15}O, ^{15}N(p, n)^{15}O, ^{16}O(p, pn)^{15}O
9	^{18}F	110 min	β^+(97) EC(3)	0.511 (annihilation)	194 (97×2)	^{18}O(p, n)^{18}F
11	^{24}Na	14.96 hr	β^-/1.391	2.754 1.369	100 100	^{23}Na(n, γ)^{24}Na, ^{27}Al(n, α)^{24}Na
12	^{28}Mg	21 hr	β^-(100)/0.459	0.032 1.346 0.949 0.40	96 70 30 30	^{26}Mg(T, p)^{28}Mg, ^{27}Al(α, 3p)^{28}Mg
15	^{32}P	14.3 days	β^-(100)/1.709	–	–	^{32}S(n, p)^{32}P

原子序	核種	物理半衰期	衰變模式(%)及能量(MeV)	加馬射線能量(MeV)	加馬射線豐度(%)	一般製備法
16	^{35}S	87 d	$\beta^-(100)/0.168$	—	—	$^{34}S(n, \gamma)^{35}S$, $^{35}Cl(n, p)^{35}S$, $^{37}Cl(d, \alpha)^{35}S$
17	^{36}Cl	3.01×10^5 Y	$\beta^-(98.2)/0.709$ EC(1.8) $\beta^+(-)$	no γ, S-x-rays	—	$^{35}Cl(n, \gamma)^{36}Cl$
17	^{38}Cl	37.3 min	$\beta^-(100)/4.913$ 1.103, 2.745	2.17 1.64	100 74	$^{37}Cl(n, \gamma)^{38}Cl$
19	^{40}K	1.28×10^9 Y	$\beta^-(89.33)/1.33$ EC(10.67) $\beta^+(-)$	1.461 Ar-x-rays	11	天然存在的放射核種
19	^{42}K	12.36 hr	$\beta^-(100)/3.52$ 2.0	1.525,0.31		$^{41}K(n, \gamma)^{42}K$, $^{42}Ca(n, p)^{42}K$
20	^{45}Ca	163.8 d	$\beta^-(100)/0.258$	0.0124		$^{44}Ca(n, \gamma)^{45}Ca$, $^{45}Sc(n, p)^{45}Ca$
24	^{51}Cr	27.7 days	EC(100)	0.320	9	$^{50}Cr(n, \gamma)^{51}Cr$
26	^{52}Fe	8.3 hr	$\beta^+(56)$ EC(44)	0.165 0.511 (annihilation)	100 112	$^{55}Mn(n, 4n)^{52}Fe$, $^{50}Cr(\alpha, 2n)^{52}Fe$
26	^{59}Fe	45 days	$\beta^-(100)/0.478$ 0.281	1.099 1.292	53 43	$^{58}Fe(n, \gamma)^{59}Fe$
27	^{57}Co	271 days	EC(100)	0.014 0.122 0.136	9 86 11	$^{56}Fe(d, n)^{57}Co$

原子序	核種	物理半衰期	衰變模式(%)及能量(MeV)	加馬射線能量(MeV)	加馬射線豐度(%)	一般製備法
27	^{58}Co	71 days	β^+(14.9) EC(85.1)	0.811	99.5	^{55}Mn(α, n)^{58}Co, ^{58}Ni(n, p)^{58}Co
27	^{60}Co	5.3 yr	β^-(100)/0.318	1.173 1.332	100 100	^{59}Co(n, γ)^{60}Co
28	^{62}Zn	9.3 hr	β^+(8) EC(92)	0.420 0.511 0.548 0.597	25 31 15 26	^{63}Cu (p, 2n)^{62}Zn
29	^{62}Cu	9.7 min	β^+(97) EC(3)	0.511 (annihilation)	194	^{62}Ni(p, n)^{62}Cu, ^{63}Cu(p, 2n) ^{62}Zn→ ^{62}Cu, ^{62}Zn/^{62}Cu generator
29	^{64}Cu	12.8 hr	β^-(38)/0.573 β^+(19)/0.656 EC(43)	0.0075 Ni-X 0.511 (annihilation) 1.34	— 38 0.5	^{63}Cu(n, γ)^{64}Cu, ^{64}Zn(n, p)^{64}Cu
29	^{67}Cu	2.6 days	β^-(100)	0.185 0.92	49 23	^{67}Zn(n, p)^{67}Cu
30	^{65}Zn	245 d	β^+(1.7)/0.325 EC(98.3)	1.1155, 0.51 0.008Cu-x-rays	49 3.4 —	^{64}Zn(n, γ)^{65}Zn, ^{65}Cu(p, n)^{65}Zn
31	^{67}Ga	78.2 hr	EC(100)	0.093 0.184 0.296 0.388	40 24 22 7	^{68}Zn(p, 2n)^{67}Ga

原子序	核種	物理半衰期	衰變模式(%)及能量(MeV)	加馬射線能量(MeV)	加馬射線豐度(%)	一般製備法
31	^{68}Ga	68 min	β^+(89) EC(11)	0.511 (annihilation)	178	^{68}Zn(p, n)^{68}Ga, ^{69}Ga (p, 2n)^{68}Ge→ ^{68}Ga, ^{68}Ge/^{68}Ga generator
31	^{72}Ga	14.10 hr	β^-(100)/ 0.96, 0.64, 1.51 2.53, 3.17	0.8341, 0.630, 2.201	96 27 26	^{71}Ga(n, γ)^{72}Ga
32	^{68}Ge	270.8 d	EC(100)	–	–	^{66}Zn(α, 2n) ^{68}Ge
34	^{75}Se	119.78 d	no β^+ EC	0.265, 0.136 0.405, 0.121 As-x-rays	–	^{74}Se(n, γ)^{75}Se ^{75}As(d, 2n)^{75}Se, ^{75}As(p, n)^{75}Se
35	^{82}Br	35.3 hr	β^-(94)/0.444 no β^+, no EC	0.55, 0.61, 0.69, 0.77, 1.04, 1.32	–	^{81}Br(n, γ)^{82}Br
36	^{81m}Kr	13 s	IT	190	67	^{79}Br(α, 2n)^{81}Rb→ ^{81m}Kr, ^{81}Rb/^{81m}Kr generator
37	^{82}Rb	75 s	β^+(95) EC(5)	0.511 (annihilation) 0.777 Kr-x-rays	192 9	^{82}Br$\xrightarrow[25.5\ days]{EC}$^{82}Rb, ^{85}Rb(p, 4n)^{82}Sr→ ^{82}Rb, ^{82}Sr/^{82}Rb generator
37	^{86}Rb	18.7 d	β^-(100)/1.78 0.68	1.08	8.7	^{85}Rb(n, γ)^{86}Rb
38	^{82}Sr	25.5 days	EC(100)	–	–	^{85}Rb(p, 4n)^{82}Sr
38	^{89}Sr	50.6 days	β^-(100)	–	–	^{88}Sr(n, γ)^{89}Sr
38	^{90}Sr	28.5 yr	β^-(100)	–	–	^{235}U(n, f)^{90}Sr

原子序	核種	物理半衰期	衰變模式(%)及能量(MeV)	加馬射線能量(MeV)	加馬射線豐度(%)	一般製備法
39	^{90}Y	2.7 days	$\beta^-(100)/2.28$	—	—	$^{89}Y(n, \gamma)^{90}Y$；$^{90}Sr/^{90}Y$ generator
42	^{99}Mo	66 hr	$\beta^-(100)/1.18$ 0.41	0.181 0.740 0.780	6 12 4	$^{98}Mo(n, \gamma)^{99}Mo$ $^{235}U(n,f)^{99}Mo$
43	^{99m}Tc	6.0 hr	IT(100)	0.140	90	$^{99}Mo \xrightarrow[66hr]{\beta-} {}^{99m}Tc$，$^{99}Mo/^{99m}Tc$ generator
47	^{111}Ag	7.5 d	$\beta^-(100)/1.028$ 0.685	0.243 0.343 0.610	— — —	$U(n, f)^{111}Ag$, $^{110}Pd(d, n)^{111}Ag$, $^{110}Pd(n, \gamma)^{111}Pd \rightarrow$ ^{111}Ag
49	^{111}In	67.9 hr	EC(100)	0.173 0.247	89 94	$^{111}Cd(p, n)^{111}In$, $^{112}Cd(p, 2n)^{111}In$
49	^{113m}In	100 min	IT(100)	0.392 In-x-rays	64 —	$^{112}Sn(n, \gamma)^{113}Sn$, $^{113}Sn \xrightarrow[117 days]{EC} {}^{113m}In$， $^{113}Sn/^{113m}In$ generator
53	^{123}I	13.2 hr	EC(100)	0.159	83	$^{121}Sb(\alpha, 2n)^{123}I$, $^{124}Te(p, 2n)^{123}I$, $^{123}Te(p, n)^{123}I$, $^{124}Xe(p, 2n)^{123}Cs$ $^{123}Xe \xrightarrow{EC} {}^{123}I$
53	^{124}I	4.2 d	$\beta^+(23)$ EC(77)	0.511 (annihilation)	46	$^{124}Te(p, n)^{124}I$

原子序	核種	物理半衰期	衰變模式(%)及能量(MeV)	加馬射線能量(MeV)	加馬射線豐度(%)	一般製備法
53	^{125}I	60 days	EC(100)	0.035 IC Te-x-ray (0.027-0.032)	7 140	$^{124}Xe(n,\gamma)^{125}Xe,$ $^{125}Xe \xrightarrow[25\ min]{\beta^-} {}^{125}I$
53	^{128}I	25 min	$\beta^-(93.1)/2.13$ EC(6.9), β^+	0.4429 Te-x-rays	14 —	$^{127}I(n,\gamma)^{128}I$
53	^{131}I	8.0 days	$\beta^-(100)/0.608,$ 0.330, 0.25, 0.81, 0.47	0.284 0.364 0.637	5 81 7	$^{130}Te(n,\gamma)^{131}Te,$ $^{235}U(n,f)^{131}Te,$ $^{131}Te \xrightarrow[25\ min]{\beta^-} {}^{131}I,$ $^{235}U(n,f)^{131}I$
54	^{133}Xe	5.3 days	$\beta^-(100)$	0.081	37	$^{235}U(n,f)^{133}Xe$
55	^{137}Cs	30.0 yr	$\beta^-(100)/0.514$	0.662	85	$^{235}U(n,f)^{137}Cs$
56	^{140}Ba	12.75 d	$\beta^-(100)/1.02, 0.48$	0.5373, 0.030 La-x-rays	34 11 —	Fission
62	^{153}Sm	1.9 days	$\beta^-(100)$	70 103	5 28	$^{152}Sm(n,\gamma)^{153}Sm$
64	^{153}Gd	241.6 d	EC(100)	97 103	28 20	$^{152}Gd(n,\gamma)^{153}Gd$
71	^{177}Lu	6.65 d	$\beta^-(100)$	—	—	$^{176}Yb(n,\gamma)^{177}Yb$ $^{177}Yb \xrightarrow[1.9\ h]{\beta^-} {}^{177}Lu$
74	^{188}W	69.8 d	$\beta^-(100)$	155	15	$^{186}W(n,\gamma)^{187}W,$ $^{187}W(n,\gamma)^{188}W$
75	^{186}Re	3.8 days	$\beta^-(92)/1.07, 0.93$ EC(8)	137 W, Os-x-rays	9 —	$^{185}Re(n,\gamma)^{186}Re$

原子序	核種	物理半衰期	衰變模式(%)及能量(MeV)	加馬射線能量(MeV)	加馬射線豐度(%)	一般製備法
75	^{188}Re	16.9 h	β^-(100)/2.12,1.97	0.155 Os-x-rays	10 –	^{187}Re(n, γ)^{188}Re generator type
77	^{192}Ir	74.2 d	β^-(95.4)/0.672 0.535 EC(4.6%)	0.3165 0.468 0.308	81 49 30	^{191}Ir(n, γ)^{192}Ir, ^{192}Os(d, 2n)^{192}Ir
79	^{198}Au	2.7 d	β^-(100)/0.961 0.29	0.4118 Hg-x(0.07)	99.8 0.2	^{197}Au(n, γ)^{198}Au
81	^{201}Tl	73 hr	EC(100)	0.167 x-ray (0.069-0.083)	9.4 93	^{203}Tl(p, 3n)^{201}Pb, ^{201}Pb$\xrightarrow[9.3\ hr]{EC}$^{201}Tl
81	^{204}Tl	3.78 Y	β/0.7634 EC(2.57)	Hg-x-ray 0.76	– 97.4	^{203}Tl(n, γ)^{204}Tl
82	^{210}Pb	22.3 Y	β^-/0.017, 0.061 α^{++} 1.9×10^{-6}%	0.047 Bi L-x-rays	4	descendant ^{226}Ra
88	^{223}Ra	11.4 d	α(95.3) β^-(3.6)	–	–	^{226}Ra(n, γ)^{227}Ra $\xrightarrow{\beta^-}$^{227}Ac $\xrightarrow{\beta^-}$^{227}Th $\xrightarrow{\alpha}$^{223}Ra

備註:

1. 本表主要參酌 Browne E,Finestone R.B., Table of Radioactive Isotopes, New York:Wiley;(1986)。核種釋出之加馬射線豐度少於 4%或能量小於 20KeV 本表大都省略,沒有予於採錄。

2. d 代表氘粒子(Deuteron),T 代表氚粒子(Tritium),P 代表質子(Proton),n 代表中子(Neutron),F 代表核分裂(Fission),EC 代表電子捕獲(Electron Capture),IT 代表異構物躍遷(Isomeric Transition),α 代表阿伐粒子(Alpha particle)。

附錄 E

索 引

O

附 錄

參考資料

編寫本書內容時，曾參考下列各項書籍及資料並從中獲益良多，謹向所有著作者及出版公司致上十二萬分的敬意和謝意。

1. Radiochemistry and Nuclear Chemistry by G. R. Choppin, J. Liljenzin, and J. Rydberg, 2nd Ed., Butterworth-Heinemann Ltd, Oxford, London, 1996.

2. Fundamentals of Radiochemistry by J. Adloff and R. Guillaumont, CRC Press, Boca Raton, Ann Arber, London, 1993.

3. Radiochemistry and Nuclear Methods of Analysis by W. D. Ehmann and E. Vance, John Wiley & Sons Inc. New York, N. Y., 1992.

4. Nuclear and Radiochemistry By G. Friedlander, J. W. Kenenedy, E. S. Macias, and J. M. Miller, 3rd ED., John Wiley & Sons, New York N. Y., 1981.

5. Radiotracer Methodology in The Biological Environmental and Physical Sciences by C. H. Wang, D. L. Wills and W. D. Loveland, Prentice-Hall Inc. Englewood Cliffs, New Jersey, 1975.

6. Illustrations of Radioisotopes Definitions and Applications by U. S. Atomic Energy Commission, Dev. of Technical Information.

7. Physics and Radiobiology of Nuclear Medicine, Gopal B. Saha, Springer-Verlag, New York, Inc. 2006.

8. Practical Nuclear Medicine, edited by P. F. Sharp, H. G. Gemmell and F. W. Smith, 2nd, Oxford medical publications, 1998.

9. Fundamentals of Nuclear Pharmacy, Gopal B. Saha, 7th ed., Springer-Verlag New York, Inc. 2018.

10. Principles of Radioisotope Methodology by G. D. Chase, Burgess Publishing Company, 1967.

11. Experiments in Nuclear Science, 2nd, by G. D. Chase et. al., Burgess Pulishing Company, 1971.

12. Atoms, Radiation, and Radiation Protection, 2nd by James E. Turner, A Wiley-Interscience Publication, 1995.

13. Inrernational Atomic Energy Agency (IAEA). Therapeutic radionuclide generators: $^{90}Sr/^{90}Y$ and $^{188}W/^{188}Re$ generators. Vienna. Technical Report Series NO. 470, 2009.

14. Browne, E.and R. B. Finestone, Table of Radioactive Isotopes, V. S. Shirley, ed. New York; Wiley, 1986.

15. Browne, E. J. M. Dairiki, and R. E. Doebler, Table of Isotopes, 7th ed., C. M. Lederer and V. S. Shireley, eds. New York; Wiley, 1978.

16. Herman Cerber, Introduction to Health Physics, Pergamon Press Inc., 1983.

17. William D. Ehmann, Diane E. Vance, Radiochemistry and Nuclear Methods of Analysis, John Wiley-Sons, Inc., 1991.

18. Kalos, M. H., and Whitlock, P. A., Monte Carlo Methods, vol.1, Basics, Wiley, New York (1986).

19. Cember, H., Introduction to Health Physics, 2nd ed., Pergamon Press, Elmsford, NY (1983).

20. 簡明化學，田憲儒、吳天賞、黃得時、葉茂榮等合著，匯華圖書出版公司，民 85。

21. 核化學，魏明通著，五南出版社，台北，民 89。

22. 放射藥品學，丁慧枝　編譯，葉錫溶校訂，偉明圖書出版公司，民 89。

23. 游離輻射防護實務，翁寶山、陳為立等編著，中華民國輻射防護協會，台北，修訂第三版，民 87。

24. 非醫用游離輻射防護訓練教材，游澄清、陳宗哲等編著，中華民國輻射防護協會，台北，修訂第四版，民 87。

25. 輻射應用，蘇青森編著，東華書局，初版，台北，民 84。

26. 醫用輻射防護實務，杜慶燻編著，中華民國輻射防護協會，台北，民 82。

27. 放射線同位素利用技術，林秋安編著，東興文化出版社。

28. 化學（上下冊），曾國輝編著，藝軒圖書出版公司，二版，民 77。

29. 普通化學，陳昭雄、林經綸、吳淑黎編著，文京圖書出版公司，修訂六版，民 87。

30. 醫學工程原理與應用，王正一等合著，正中書局，民 85。

31. 中華民國 94 年 12 月修正「游離輻射防護安全標準」， 行政院原子能委員會網站。

32. 中華民國 108 年公告「游離輻射防護法」及「游離輻射防護法施行細則」，行政院原子能委員會網站。

33. 臨床醫學影像與放射治療技術暨輻射安全防護，李文禮、洪茂欽、蔡長書、葉善宏編著，蔡長書主編，慈濟技術學院出版，遠景出版公司編印，ISBN978-986-80489-7-3，初版，民 99。

34. 游離輻射安全防護 A，李文李、葉善宏、洪茂欽、劉威忠、張國平、蔡長書等編著，慈濟技術學院出版，遠景出版公司編印，初版，民 96。

35. 游離輻射安全防護 B，李文李、葉善宏、洪茂欽、劉威忠、張國平、蔡長書等編著，慈濟技術學院出版，遠景出版公司編印，初版，民 97。

36. 核能發電，www.taipower.com.tw，台灣電力公司，民國 101 年

37. 放射線工業應用概論，葉錫溶，非醫用游離輻射防護講習班教材（共同教材），國立清華大學原子科學院編印，新竹，民 79。

38. 核能發電概述，游離輻射防護彙萃，楊經統，核能研究所編印，桃園龍潭，民 81。

39. 同位素的生產與應用，游離輻射防護彙萃，丁幹，核能研究所編印，桃園龍潭，民 81。

國家圖書館出版品預行編目資料

放射化學／葉錫溶、蔡長書編著－四版－
新北市：新文京開發，2020.01
　面；　公分

ISBN　978-986-430-580-3（平裝）

1.放射化學

348.8　　　　　　　　　　108021942

放射化學（第四版）　　　　　（書號：B091e4）

編 著 者	葉錫溶　蔡長書
出 版 者	新文京開發出版股份有限公司
地　　址	新北市中和區中山路二段 362 號 9 樓
電　　話	(02) 22448188（代表號）
Ｆ　Ａ　Ｘ	(02) 22448189
郵　　撥	1958730-2
初　　版	2002 年 10 月 5 日
第 二 版	2008 年 3 月 26 日
第 三 版	2012 年 9 月 15 日
第 四 版	2020 年 1 月 15 日

法律顧問：蕭雄淋律師
ISBN　978-986-430-580-3

New Wun Ching Developmental Publishing Co., Ltd.

New Age · New Choice · The Best Selected Educational Publications — NEW WCDP

新文京開發出版股份有限公司

NEW
WCDP

新世紀‧新視野‧新文京 — 精選教科書‧考試用書‧專業參考書